五南出版

基礎量子力學

Basic Quantum Mechanics

林雲海 著

另有習題解答可提供

五南圖書出版公司 印行

獻給我的家人

妻子　麗華

兒子　冠賢

女兒　容伊

自序

　　筆者幾十年來的教學經驗，發現大學部的學生對量子物理的學習受擾於一些教科書都來自國外英文版，無法容入這些課本內的外國學者撰寫內涵，再加上英文程度薄弱很難體會到真正的物理觀念，同時各大學物理系所採用又是經典的原文版本——原子、分子、固態、原子核以及粒子的量子物理（作者 Eisberg and Resnich），這本書已出版了第一版及第二版，歷經 40 多年了，真的是一本很不錯的書，很詳細闡述量子物理的發展過程以及應用於廣泛的物理科學以及高科技工程師所必備的物理知識。

　　筆者勇於挑戰就上述經典的量子物理書本作為範本，針對本國大學生初學者提供一本基礎量子力學作為入門。這本書的主要用意提供了較為清楚，有效處理較為重要的量子系統的基本知識。伴隨這個目的，我選擇強調理論的應用更勝於理論的本身。我認為量子物理現象的瞭解，對學生將來要從事於高科技工程歷練生涯中會有很大的助益。當學生們獲得洞悉量子力學有這些好的解說功率時，他們將會有動機學習更多的理論，因為這本書可有助於更上一層樓學生們到研究所時容易學習較深的量子力學的課程。

　　這本書提供一年的課程，學生們學習的課程要必備有微積分及高等物理數學、經典力學、電磁學。第一章到第四章介紹早期量子物理的各種不同的現象，而發展出古老量子論的基本觀念。能量的量子化，光的二元象性——波動與粒子行為，粒子的物理現象也比照光的二元象性，獲得實驗的證實電子具有波動行為，因此德布羅意的物質波（或粒子波）的成立，接著進入到原子模型的發展，一直到現在大家所認定的原子模型的定案的

過程，主要是以氫原子的能量譜線為主幹推展各種模型的適合解說。在第五章中解釋物理動力量的不準確性原理的存在。在量測中需要引進粒子波，因此動力量在量子物理方程呈現為算符的運算。量子力學的基礎核心內容是從第五章直到第九章等四個章節。談到粒子波的薛丁格方程式，各種常數位勢函數的粒子波，以及氫原子中電子的庫侖位勢函數的粒子態延伸氫原子電子的能量量子化，這中間涉及到電子軌道角動量以及固有自旋角動量等等。在磁場的作用下有能階的分裂離散狀態，能量譜線的精細結構而導出能階間的躍遷現象必有一定的規範。最後一章敘述位勢能量的微擾的真正的物理能量，就以微擾理論以及變分方法來計算能量的近似值。

　　本書可分上、下兩個學期授課，完成此課程後，學生將來到高科技業界工作就有足夠物理背景供研究發展解決問題。同時要再更上一層物理科學方面的研究所，有此基礎知識可以很順利研修較高等的量子力學課程。

　　非常感謝五南圖書出版公司提供機會並鼓勵我編寫這本課程書供物理學科或理工科的學生學習認識量子物理的真諦，同時也感謝淡江大學物理系陳憬燕教授提供一些珍貴的資料與圖片才能使本書完成較美好的內容。

2014 年春

林雲海

目 錄

第一章　熱輻射

1-1 緒論

　　普朗克（Max Planck）於 1900 年 12 月 14 日參加德國物理學會的研討中，參閱一篇論文——正常光譜能量分配論，他認為這一篇論文可以說是物理的革命，同時將它定為量子物理的生日。在古量子論到現代量子論的一段長時間中，涉及到實驗的現象，這一實驗連結古量子論與經典物理的所有定律性的力學、熱力學、電磁學與統計力學。在量子論理念的基礎上，這些經典物理的定律之矛盾以及爭論的解決都是顯示出我們須要有量子力學來說明。

　　量子物理到經典物理的關係發展可以如此說，相對論與量子物理可以代表經典物理的一般性，即表示經典物理是特例。在經典物理中物體的運動速度 v 如果在高速趨近於光速 c 時，則要以相對論來處理，又若物體很細小到原子尺寸時，其能量與動量將會涉及到一個萬有常數 h（稱為普朗克常數，Planck's Constant）。此時就要以量子論觀點處理。

　　由於有這個萬有常數 h 的存在，它是量子物理的特性，因而導致熱輻射論與能量量子化論的成立。h 是很微小的物理量，即

$$h = 6.626 \times 10^{-34} \text{ J-s}$$
$$\hbar = \frac{h}{2\pi} = 1.055 \times 10^{-34} \text{ J-s}$$
$$= 0.6582 \times 10^{-15} \text{ eV-s}$$

1-2 熱輻射

1.熱輻射（Thermal Radiation）性質

一般輻射有三種類型——無線電波（Radio waves），紅外線波（Infrared waves）以及光波（Light waves），如圖 1-1 所示

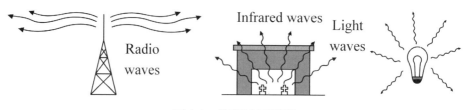

圖 1-1　輻射波三類型

若物體吸收的熱輻射大於發射熱輻射，物體會熱起來，溫度昇高，反之，物體會冷卻下來，溫度下降，但兩者熱輻射相等時，即是物體在當時溫度 T，此時稱為**熱平衡**（Thermal equilibrium）。

在常溫下之所以可以看見物體，主要是熱輻射照射在不透明物體上，有些會被吸收，有些會反射，反射的比吸收的多些時，物體的光色就顯示出。在高溫時，物理才會自我發光。不過 90%的輻射我們肉眼是看不見的，因為它是電磁波的紅外線部份。因此自我發光的物體是很熱的，溫度愈增加，更發射熱輻射，其頻率也愈高。例如加熱物體達到 550℃時，顏色呈現暗紅，再加熱到 700℃時，變成光亮紅色，溫度再提高，顏色會經過橘紅色、黃色、藍白色等等，到最後變成白色，此時溫度相當高的。

2.黑體輻射（Black body radiation）

一般而言，由熱物體所發射的熱輻射光譜多少程度與物體的成分有關。不過，實驗上所顯示出有一類熱物體發射其固有特性的熱輻射光譜，這一類物體可稱為**黑體**（Blackbody），其定義如下：物體表面吸收所有

射進來的熱輻射，即表示物體沒反射光的存在，而呈現「黑」。

　　(1) 黑體的特性：① 在溫度很低下，不會自我發光。② 與物體成分無關。③ 在同溫度下所發射出的熱輻射光譜相同。

　　(2) 黑體的建立：如圖 1-2 所示的空心容器撬上一個針孔，熱輻射進入這個針孔，將在容器的內壁上作來回反射，最後被吸收，而沒有任何熱輻射從針孔出來，這個針孔可視為黑體良好近似體。這個容器壁也可在對應的溫度下再輻射同樣的波長（駐波），因此以駐波波長的能量經過針孔輻射離開。

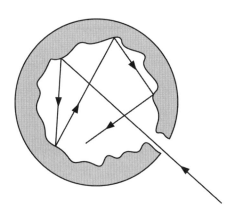

圖 1-2　黑體輻射

3.史特凡－波茲曼輻射定律（Stefan-Boltzmann law of radiation）

　　黑體輻射的特定分佈可由所謂**輻射率**（spectral radiancy）$R_T(v)$來探討。$R_T(v)$的定義如下：

　　$R_T(v)$ = 黑體表面於溫度 T 時，單位面積，單位時間於頻率 v 與 $v+dv$ 間所發射的能量。

因此 $R_T(v)$的單位為 W/m²-Hz。此 $R_T(v)$的測定曲線由實驗結果如圖 1-3 所示

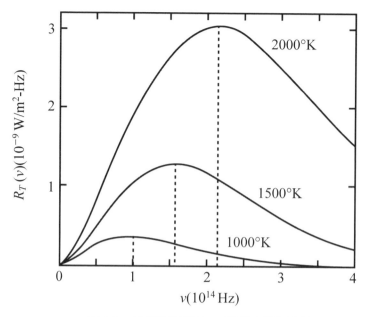

圖 1-3　黑體輻射體的 R_T 與頻率關係曲線圖

　　輻射率 $R_T(v)$ 在某一頻率 v_{max} 達到最大值，而在 v_{max} 的兩邊均趨近於零，同時，v_{max} 與最大值 $R_T(v)$ 聯合言之，溫度愈高 $R_T(v)$ 的最大值也愈高，v_{max} 也愈大，因此黑體在某溫度 T 下的總輻射量 R_T，即單位時間，單位面積的發射能量為

$$R_T = \int_0^\infty R_T(v)dv \qquad\qquad （1\text{-}1）$$

　　今要以空心容器的針孔代替黑體來瞭解熱輻射的能量，這個空心容器視為物體的空腔體而連結針孔到外面。如圖 1-2 所示。空腔體所吸收的熱輻射能可視為針孔的全部吸收。空腔體內壁的溫度視為均勻。將以空腔體所收收的能量替代黑體的輻射能量，因此以頻譜能量密度 $\rho_T(v)$ 取代 $R_T(v)$。$\rho_T(v)$ 的定義如下：

$\rho_T(v)=$能量密度函數

　　　　=於溫度 T，單位體積在 dv 頻率內的吸收能量。

因此

$$\rho_T(v)\sim R_T(v) \tag{1-2}$$

　　於此注意，在空腔體的壁上溫度 T 所吸收的輻射能如同於黑體表面所發射的輻射。

　　在 1900 年以前，瑞立（Rayleight）與斥士（Jeans）兩人依據經典力學，電磁學與統計力學定律所計算出 $\rho_T(v)$ 為

$$\rho_T(v)=\frac{8\pi v^2}{c^3}kT \tag{1-3}$$

此為瑞立－斥士（Rayleight － Jeans）的黑體輻射公式，如圖 1-4 所示。

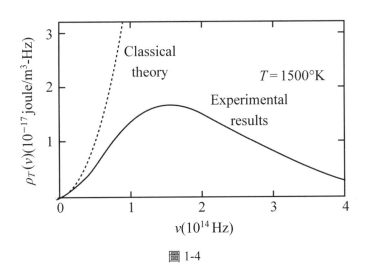

圖 1-4

式中，$k = 1.381 \times 10^{-23}$J/K $= 8.617 \times 10^{-5}$eV/K，為**波茲曼常數**（Boltzmann constant）。圖中虛線為經典物理計算結果，實線為實驗的結果。在低頻率部分兩者相符合，但在頻率增加時，兩條線就無法一致，這表示經典物理的依據計算與實驗結果不符合。同時

$$R_T = \int_0^\infty R_T(v)dv = \int_0^\infty \rho_T(v)dv = \infty$$

但實際上這種頻率積分值是有限的，這可由圖 1-3 進一步討論，其結果於 1879 年發表

$$R_T = \int_0^\infty R_T(v)dv = \sigma T^4 \tag{1-4}$$

此稱為**史特凡－波茲曼定律**（Stefan-Boltzmann law）。式中

$$\sigma = 5.67 \times 10^{-8} \text{W/m}^2\text{-K}^4$$

稱為**史特凡－波茲曼常數**（Stefan-Boltzmann constant）。黑體輻射的總能量 R_T 隨溫度的增加得快速的增加。

4.維恩位移定律（Wien's displacement law）

由圖 1-3 也發現，溫度愈增加時，其 $R_T(v)$ 的最大值時的頻率 v_{max} 愈往外移，即 v_{max} 增加，這結果稱為**維恩位移定律**（Wien's displacement law），即

$$v_{max} \sim T \tag{1-5}$$

式（1-4）與（1-5）都符合早期的實驗結果。這就是說在溫度增加下，熱輻射能的快速增加（式1-4），物體輻射更多的熱能；輻射頻率也變高（式1-5）。物體的顏色產生變化，由暗紅變到藍白色。

5.普朗克的假設

為了解決圖 1-4 理論與實驗的缺失，普朗克於 1900 年提出原子輻射能量非連續，而是**離散變數**（discreted variable），卻最小單位的變化量為 $\Delta\varepsilon = h\nu$，因此原子輻射能量為

$$\varepsilon = nh\nu \text{，} n = 1 \text{、} 2 \text{、} 3 \cdots\cdots \tag{1-6}$$

於此出現一個常數 h。稱為**普朗克常數**（Planck's constant）。其值為

$$h = 6.626 \times 10^{-34} \text{ J-S}$$

將此假設使用於黑體輻射，得出能量密度函數為

$$\rho_T(v) = \frac{8\pi v^2}{c^3} \frac{h\nu}{e^{h\nu/kT} - 1} \tag{1-7}$$

此式稱為**普朗克黑體能譜**（Planck's blackbody spectrum），這個公式符合於圖 1-4。在低頻率時經典論與實驗一致，而對於所有的頻率 v 的總輻射能也符合於史特凡－波茲曼定律，即

$$R_T = \frac{c}{4} \int_0^\infty \rho_T(v)\, dv = \left(\frac{2\pi^5 k^4}{15h^3c^2}\right) T^4 = \sigma T^4$$

$$\sigma = \frac{2\pi^5 k^4}{15h^3c^2} = 5.67 \times 10^{-8} \text{ W/m}^2\text{-K}^4$$

例題 1　(a)根據實驗得知維恩常數爲 2.898×10^{-3} m-K。假設太陽表面溫度爲 6000K，估計太陽的輻射波長 λ_{max}。(b)若北極星的輻射波長 $\lambda_{max} = 3500\text{Å}$，則其表面溫度如何？(c)利用史特凡－波茲曼定律，計算(a)太陽的表面 1cm^2 每秒所輻射能量。

解：　(a) 維恩定律

$$\lambda_{max} T = \text{const} = 2.898 \times 10^{-3} \text{ m-K}$$

則

$$\lambda_{max} = \frac{2.898 \times 10^{-3} \text{m-k}}{6000\text{K}} = 0.483 \times 10^{-6} \text{ m}$$

$$= 4830\text{Å}$$

(b) $T = \dfrac{2.898 \times 10^{-3} \text{m-k}}{\lambda_{max}} = \dfrac{2.898 \times 10^{-3} \text{m-k}}{3500 \times 10^{-10}\text{m}} = 0.828 \times 10^4 \text{ K}$

$$= 8280\text{K}$$

(c) $R_T = \sigma T^4 = (5.67 \times 10^{-8} \text{ W/m}^2\text{-K}^4) \times (6000\text{K})^4$

$$= 7348.32 \times 10^4 \text{ W/m}^2$$

$$= 7348.32 \text{W/cm}^2$$

1-3 空腔輻射的經典論

1.理論基礎——式（1-3）

(1) 係由瑞立與斤士兩人依據經典力學、電磁波與統計熱力學進行計算。

(2) 空腔內部狀況

　　壁上溫度 T 是均勻，電磁波在腔內爲**駐波**（Standing wave），壁上可視爲駐波的**節點**（nodes）。

(3) 每一駐波只對應一個允許頻率。

(4) 能量均配律。

(5) 能量密度（$\rho_T(v)$）的定義

$$\rho_T(v) = \frac{（在\ dv\ 間的駐波數）\times（每一駐波的平均能量）}{腔體體積}$$
$$= 單位體積在\ dv\ 區域間的能量 \qquad （1\text{-}8）$$

2.計算腔體內駐波數密度（Density of states）

(1) 腔體內的駐波存在條件：

在空腔體自由空間的電磁波方程式為

$$\frac{\partial^2 E}{\partial x^2} + \frac{\partial^2 E}{\partial y^2} + \frac{\partial^2 E}{\partial z^2} = \frac{1}{c^2}\frac{\partial^2 E}{\partial t^2} \qquad （1\text{-}9）$$

c 為電磁波波速。在自由空間波速 c 為光速。這個電磁波的解應於腔壁為零振幅，否則會釋出能量而違反壁上的均勻溫度，同時電磁波在腔內來來回回的反射必造成封閉路徑，因而形成駐波。因此依分離變數法與邊界條件可得腔內駐波的電磁波為

$$E\,(x, y, z, t) = E_0 \sin\left(\frac{n_x \pi}{a}x\right) \sin\left(\frac{n_y \pi}{a}y\right) \sin\left(\frac{n_z \pi}{a}z\right) \sin(2\pi vt) \qquad （1\text{-}10）$$

a 為立方體的每邊長（為了討論方便駐波在各邊的節點的位置），如圖 1-5 所示。

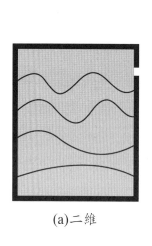

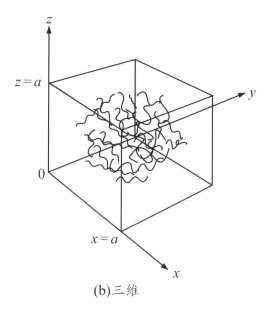

(a)二維 (b)三維

圖 1-5

將式（1-10）帶入式（1-9）可得

$$(\frac{n_x\pi}{a})^2 + (\frac{n_y\pi}{a})^2 + (\frac{n_z\pi}{a})^2 = \frac{1}{c^2}(2\pi v)^2 = (\frac{2\pi}{\lambda})^2 = (\frac{\omega}{c})^2$$

或

$$(n_x)^2 + (n_y)^2 + (n_z)^2 = (\frac{4a^2}{\lambda^2}) \qquad (1\text{-}11)$$

$n_x \cdot n_y \cdot n_z = 0 \cdot 1 \cdot 2 \cdot 3 \cdots\cdots$（$n_x \cdot n_y \cdot n_z$ 不全為零），稱為量子數

(2) 量子數空間

　　我們想知道在這空腔內有多少輻射型態數時，可將這此量子數

（n_x、n_y、n_z）作爲空間，即**量子空間**（quantum-number space）。如圖 1-6
所示。

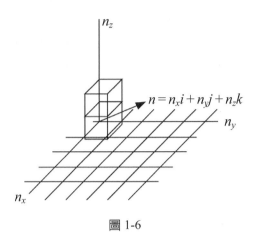

圖 1-6

由式（1-11），在這量子數空間中，n 有正、負值，但電磁波方程式解中
n 只取正值，所以必須取每一象限的體積，即 $\frac{1}{8}$。同時每一個頻率有兩個
獨立的駐波對應於互相垂直平面的極化波。因此在將結果乘上 2。

(3) **頻率於 0 到 v 間的輻射型態數**。

　　$N_T(v)$ 表示頻率 0 到 v 間的總輻射型態數，即

$$N_T(v) = 2 \times \frac{1}{8} \times \frac{4\pi}{3}[(n_x)^2 + (n_y)^2 + (n_z)^2]^{\frac{3}{2}}$$

$$= \frac{8\pi a^3}{3\lambda^3}\frac{8\pi V}{3c^3}v^3 \qquad\qquad (1\text{-}12)$$

因此單位體積，單位頻率的輻射型態數爲

$$N(v) = \frac{1}{V}\frac{dN_T(v)}{dv} = \frac{8\pi}{c^3}v^2 \qquad\qquad (1\text{-}13)$$

此為在腔體內的駐波態的密度（density of states）。

3.瑞立-斤士的腔體輻射理論

(1) 輻射型態（駐波態）的平均能量

依據經典物理的熱力學的**均配定律**（Equipartition law），在腔體內每一個輻射型態的平均能量為 $\bar{\varepsilon} = kT$，這表示在腔體內的所有各種輻射型態都有同樣結果，同時與頻率無關。

這結果來自於**波茲曼分佈定律**（Boltzmann distribution）的計算，即

$$\bar{\varepsilon} = \frac{\int_0^\infty \varepsilon P(\varepsilon)\,d\varepsilon}{\int_0^\infty P(\varepsilon)\,d\varepsilon} = \frac{\int_0^\infty \varepsilon e^{-\varepsilon/kT}\,d\varepsilon}{\int_0^\infty e^{-\varepsilon/kT}\,d\varepsilon} = kT \tag{1-14}$$

式中 $P(\varepsilon)$ 稱為波茲曼分佈公式，即

$$P(\varepsilon) = \frac{e^{-\varepsilon/kT}}{kT} \tag{1-15}$$

(2) 頻譜能量密度

於溫度 T 中，黑體腔體內於頻率 0 到 v 區域中，單位體積的輻射頻率能量稱為頻譜能量密度，即 $\rho_T(v)$。

$$\rho_T(v) = \frac{（每一輻射型態的平均能量）\times（於頻率 0 到 v 區域間的輻射型態數）}{腔體體積}$$

$$= \frac{N_T(v)\bar{\varepsilon}}{a^3} = \frac{\left(\dfrac{8\pi a^3}{c^3} v^2\right) \times (kT)}{a^3}$$

$$= \frac{8\pi v^2}{c^3} kT$$

上式就是式（1-3）的瑞立-斥士的黑體輻射公式。

1-4 空腔輻射的普朗克理論計算

1.普朗克假設——式（1-7）

　　1900 年普朗克設法解決以經典物理能量均配論所推導出空腔輻射的結果與實驗的不符合，而提出平均能量的假設，其條件為

$$\bar{\varepsilon} \xrightarrow{v \to 0} kT \quad 與 \quad \bar{\varepsilon} \xrightarrow{v \to \infty} 0 \tag{1-16}$$

　　普朗克認為黑體輻射的駐波能量如果依上式兩個假設，能量函數 $\bar{\varepsilon}(v)$ 是頻率的函數，而經典物理的能量均配定律的平均能量 $\bar{\varepsilon}$ 是與頻率無關。

2.波茲曼能量分佈函數

　　經典物理的能量是連續，在普朗克假說中認為能量是離散的（discreted）。即

$$\varepsilon = 0hv \ 、 1hv \ 、 2hv \ 、 3hv \ 、 \cdots \cdots nhv$$

此時出現所謂普朗克常數 h，因此能量的計算不是積分式，而是總和式，即

$$P(\varepsilon) = \frac{e^{-\varepsilon/kT}}{kT} = \frac{e^{-nhv/kT}}{kT}$$

$$\bar{\varepsilon} = \frac{\sum \varepsilon P(\varepsilon)}{\sum P(\varepsilon)} = \frac{\sum\limits_{n=0}^{\infty} (nhv) e^{-nhv/kT}/kT}{\sum\limits_{n=0}^{\infty} e^{-nhv/kT}/kT}$$

令 $$\alpha = \frac{hv}{kT}$$

$$\bar{\varepsilon} = kT \frac{\sum\limits^{\infty}(n\alpha)e^{-n\alpha}}{\sum\limits_{n=0}^{\infty} e^{-n\alpha}} \tag{1-17}$$

上式的總和計算可由下列過程來進行：

(1) $$-\alpha \frac{d}{d\alpha} \ln \sum_{n=0}^{\infty} e^{-na} = -\frac{\alpha}{\sum\limits_{n=0}^{\infty} e^{-n\alpha}} \frac{d}{d\alpha} \left(\sum_{n=0}^{\infty} e^{-na} \right)$$

$$= \frac{\sum\limits_{n=0}^{\infty} n\alpha e^{-n\alpha}}{\sum\limits_{n=0}^{\infty} e^{-n\alpha}}$$

(2) $\sum\limits_{n=0}^{\infty} e^{-n\alpha} = 1 + e^{-\alpha} + e^{-2\alpha} + \cdots\cdots$ 為等比級數之和，則

$$\sum_{n=0}^{\infty} e^{-n\alpha} = \frac{1}{1 - 公比} = \frac{1}{1 - e^{-\alpha}}$$

因此式（1-17）為

$$\bar{\varepsilon} = -hv \frac{d}{d\alpha} \ln \sum_{n=0}^{\infty} e^{-na} = -hv \frac{d}{d\alpha} \ln \left(\frac{1}{1 - e^{-\alpha}} \right)$$

$$= \frac{hv\, e^{-\alpha}}{1 - e^{-\alpha}} = \frac{hv}{e^{hv/kT} - 1} \tag{1-18}$$

式（1-18）結果於 $\frac{hv}{kT} \to 0$ 得 $\bar{\varepsilon} \xrightarrow{\ v \to 0\ } kT$，以及 $\frac{hv}{kT} \to \infty$ 得 $\bar{\varepsilon} \xrightarrow{\ v \to \infty\ } 0$，符合於式（1-16）之假設。式（1-18）稱為**普朗克能量分佈函數**（Planck energy distribution function）

3.普朗克能量密度（$\rho_T(v)$）

在普朗克假設之下，能量是量子化 nhv 所得的能量分佈 $\bar{\varepsilon}(v)$ 為式（1-18）。因此量子物理的能量密度為

$$\rho_T(v) = \frac{8\pi v^2}{c^3} \bar{\varepsilon}(v) = \frac{8\pi v^2}{c^3} \cdot \frac{hv}{e^{hv/kT} - 1}$$
$$= \frac{8\pi hv^3}{c^3} \frac{1}{e^{hv/kT} - 1}$$

此為**普朗克黑體輻射能譜**（Planck's Blackbody Spectrum）

4.以波長λ表示 $\rho_T(v)$，即 $\rho_T(\lambda)$

$\rho_T(v)$ 為次頻率為主的輻射能譜，今想以波長為主的輻射能譜 $\rho_T(\lambda)$ 可從 $\rho_T(v)$ 式中頻率 v 與波長 λ 間的關係 $v\lambda = c$ 進行，$\rho_T(\lambda)$ 的定義可從 $\rho_T(\lambda) d\lambda = -\rho_T(v) dv$，$\rho_T(\lambda)$ 與 $\rho_T(v)$ 皆為正數，但負號「−」來自於 $d\lambda$ 與 dv 為相反符號，即

$$dv = d\left(\frac{c}{\lambda}\right) = -\frac{c}{\lambda^2} d\lambda$$

因此 $\rho_T(\lambda) = \rho_T(v)|\frac{dv}{d\lambda}| = \rho_T(v) \frac{c}{\lambda^2}$

$$\rho_T(\lambda) = \frac{8\pi hv^3}{c^3} \frac{1}{e^{hv/kT} - 1} \left(\frac{c}{\lambda^2}\right)$$
$$= \frac{8\pi hc}{\lambda^5} \frac{1}{e^{hc/\lambda kT} - 1}$$
$$\rho_T(\lambda) = \frac{8\pi hc}{\lambda^5} \frac{1}{e^{hc/\lambda kT} - 1} \tag{1-19}$$

$\rho_T(\lambda)$ 與 λ 間的曲線圖如圖 1-7 所示。溫度 T 愈高，曲線上的最大值處的波長 λ 就愈減少，此圖可與圖 1-3 比較一下。

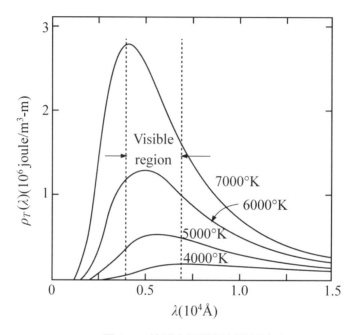

圖 1-7　普朗克黑體輻射能量密度

1-5 史特凡－波茲曼定律的推導

1. $R_T(v)$ 與 $\rho_T(v)$ 關係

由式（1-4）計算 $R_T(v)$ 時，$R_T(v)$ 爲黑體表面積的輻射能量，$\rho_T(v)$ 爲黑體腔體的輻射單位體積能量，兩者關係如何？於圖 1-8 中，輻射源微小區域 $d\tau$ 中於某時刻及 dv 頻率區輻射到 A 面的能量 $dE_T(v)$ 爲

$$dE_T(v)dv = \rho_T(v)dv\,(\frac{d\tau}{4\pi})\Omega$$

Ω 爲輻射源 $d\tau$ 到 A 面上的立體角，即 $\dfrac{A\cos\theta}{r^2}$

$$dE_T(v)dv = \rho_T(v)dv \frac{1}{4\pi} \frac{A\cos\theta}{r^2}(r^2\,dr\sin\theta\,d\theta\,d\varphi)$$

$$= \frac{A}{4\pi}\rho_T(v)dv\cos\theta\,dr\sin\theta\,d\theta\,d\varphi$$

$$E_T(v)dv = \frac{A}{4\pi}\rho_T(v)dv\int_0^{ct}dr\int_0^{\frac{\pi}{2}}\cos\theta\sin\theta\,d\theta\,\frac{A\cos\theta}{r^2}\int_0^{\pi}d\varphi$$

$$= \frac{1}{4}\rho_T(v)dv\,Act$$

因此在上半球上的能量輻射到 A 面的單位時間，單位面積的能量為

$$\frac{1}{At}E_T(v)dv = \frac{c}{4}\rho_T(v)dv$$

則

$$R_T(v)dv = \frac{E_T(v)}{At}dv = \frac{c}{4}\rho_T(v)dv$$

$$R_T(v) = \frac{c}{4}\rho_T(v) \tag{1-20}$$

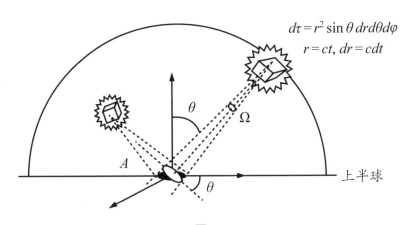

$$d\tau = r^2\sin\theta\,drd\theta d\varphi$$
$$r = ct,\ dr = cdt$$

圖 1-8

2.輻射能量

$$R_T = \int_0^\infty R_T(v)dv = \frac{c}{4} \int_0^\infty \rho_T(v)dv$$

$$= \frac{c}{4} \int_0^\infty \rho_T(\lambda)d\lambda = 2\pi hc^2 \int_0^\infty \frac{1}{\lambda^5} \frac{1}{e^{hc/\lambda kT} - 1} d\lambda$$

令 $x = hc/\lambda kT$，$dx = -\dfrac{hc}{kT} \dfrac{1}{\lambda^2} d\lambda$，則

$$R_T = 2\pi hc^2 \left(\frac{kT}{hc}\right)^4 \int_0^\infty \frac{x^2}{e^x - 1} dx$$

$$= 2\pi hc^2 \left(\frac{kT}{hc}\right)^4 \left(\frac{\pi^4}{15}\right) = \left(\frac{2\pi^5 k^4}{15h^3 c^2}\right) T^4 = \sigma T^4$$

式中 σ 稱爲史特凡－波茲曼常數

$$\sigma = \frac{2\pi^5 k^4}{15h^3 c^2} = 5.67 \times 10^{-8} \text{ W/m}^2\text{-K}^4$$

> **例題 2** (a)假設太陽的輻射當成一黑體輻射，已知太陽的半徑爲 7×10^8 m。計算太陽總輻射的單位時間能量，即多少瓦特（W）。(b)已知地球與太陽間的距離爲 1.5×10^{11} m。有多少能量輻射在地球表面（每 m^2）？

解： (a) 能量密度 ρ_T 相當於效率功率，因此表面的輻射能量爲

$$R_T(v) = \frac{c}{4} \rho_T(v)$$

$$R_T = \int R_T(v) = \frac{c}{4} \int \rho_T(v) \, dv$$

$$= \frac{c}{4} (aT^4) = \sigma T^4$$

$a = 7.57 \times 10^{-16}$ J/m³-k⁴,

$\sigma = \dfrac{c}{4} a = 5.67 \times 10^{-8}$ w/m²-k⁴

則 $R_T = \dfrac{1}{4} \times (3 \times 10^8 \text{ m/s})(7.57 \times 10^{-16} \text{ J/m}^2\text{-k}^4) \times (6000\text{K})^4$

$\qquad = 7.36 \times 10^7$ W/m²

太陽表面積

$A = 4\pi r^2 = 4\pi(7 \times 10^8 \text{ m})^2$

總輻射能

$P = (4\pi r^2)R_T = 4.5 \times 10^{25}$ W

(b) 總共能量輻射落在半徑為 1.5×10^{11} m 的地球表面，因此地球表面每 m² 只佔百分比為 $\dfrac{1}{4\pi D^2}$，$D = 1.5 \times 10^{11}$ m。因此落在地球每 m² 的面積上能量為 $p = \dfrac{P}{4\pi D^2} = \dfrac{4.5 \times 10^{25}\text{w}}{4\pi(1.5 \times 10^{11}\text{m})^2}$

$\qquad = 1.6 \times 10^3$ W/m²

1-6 維恩定律中的推導

於式（1-5）的維恩位移定律，$v_{\max} \sim T$ 這是由圖 1-3 所觀察到，兩者的比例常數不知道，因此改以波長 $\lambda_{\max}$ 與 T 的直接關係，兩者的比例常數可導出，因此替代式（1-5）。

於圖 1-3 中，$R_T(v)$ 有極大值時，$v_{\max}$ 為何值，不知道。今以轉換 $\dfrac{c}{4}$ $\rho_T(\lambda)$ 有極大值時，波長 $\lambda_{\max}$ 為何值，可以從圖 1-7 中來求 $\rho_T(\lambda)$ 的極值就可得 $\lambda_{\max}$ 值，即

$$\frac{d}{d\lambda}\left[\frac{c}{4}\rho_T(\lambda)\right] = 2\pi c^2 h \frac{d}{d\lambda}\left[\lambda^{-5}\left(e^{hc/\lambda kT} - 1\right)\right]_{\lambda=\lambda_{\max}} = 0$$

$$\left[-5\lambda^{-6}(e^{hc/\lambda kT}-1)^{-1}-\lambda^{-5}(e^{hc/\lambda hT}-1)^{-2}\left(\frac{-hc}{kT\lambda^2}\right)e^{hc/\lambda kT}\right]_{\lambda=\lambda_{\max}}=0$$

令

$$x=\frac{hc}{\lambda kT}\bigg|_{\lambda=\lambda_{max}}=\frac{hc}{\lambda_{\max}kT}$$

因此

$$-5+\frac{xe^x}{e^x-1}=0$$

或

$$x=5(1-e^{-x})$$

這是超越方程式，以數值方法解之，再用計算機處理可得

$$x=\frac{hc}{\lambda_{\max}kT}=4.965$$

或

$$\lambda_{\max}T=\frac{1}{4.965}\frac{hc}{k}=2.898\times10^{-3}\text{ m-K} \tag{1-21}$$

這就是以波長 λ 與溫度 T 直接關係表達維恩定律。以此定律可用實驗觀察太陽與北極星的溫度。

$$太陽：\lambda_{max} \approx 5100Å \rightarrow T = 5700K$$

$$北極星：\lambda_{max} \approx 3500Å \rightarrow T \approx 8300K$$

同時也可以史坦福定律量測出在這些星球上 1 平方公分表面輻射出能量

$$太陽：R_T = \sigma T^4 = (5.67 \times 10^{-8} W/m^2\text{-}K^4) \times (5700K)^4$$

$$= 5.90 \times 10^7 \ W/m^2$$

$$\approx 6000 W/cm^2$$

$$北極星：R_T = \sigma T^4 = (5.67 \times 10^{-8} W/m^2\text{-}K^4) \times (8300K)^4$$

$$= 2.71 \times 10 \times 10^{-8} \ W/m^2$$

$$= 27000 W/m^2$$

1-7 普朗克的假設與意涵

1.一般的假設敘述

任何物理實體的一個自由度（degree of freedom）的座標是正餘弦的時間函數時，就進行簡諧振盪，它所擁有的總能量為

$$\varepsilon = nhv，n = 0、1、2、3……$$

v為振盪頻率，h為普朗克常數，n為量子數。此處所謂的「座標」稱為物理實體的瞬時條件的任何「量」。例如單擺的線長，擺錘角位置，波的振幅等等。

2.能量示意圖

(1) 經典物理：能量是「連續」的。

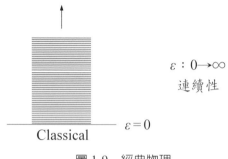

圖 1-9　經典物理

(2) 普朗克假設：能量是「不連續」，而是「離散性」。

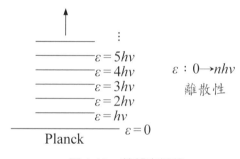

圖 1-10　普朗克假設

結論：(1) 能量為量子化，$\varepsilon = nh\nu$

　　　(2) 每一允許能量階態為量子態

　　　(3) 整數 n 為量子數

3.經典物理與普朗克的一致性條件

普朗克假設→經典物理

（微觀物體）　（宏觀物體）

例如，質量為 0.01kg，擺長 0.1m 的單擺的振盪時，擺錘最大位置角度為 0.1 弧度，其頻率與能量分別為

$$v = \frac{1}{2\pi}\sqrt{\frac{g}{\ell}} = 1.6 \ /秒$$
$$\varepsilon = mgh = mg\ell(1 - \cos\theta) = 5 \times 10^{-5}\,J$$

量子化時，

$$\Delta\varepsilon = hv = 10^{-33}\,J$$

能量比值，

$$\frac{\Delta\varepsilon}{\varepsilon} = \frac{10^{-33}J}{5 \times 10^{-5}J} = 2 \times 10^{-29}$$

能量比值稱為解析度，確實太小了，不易偵測量到。
又若以量子數 n 計

$$n = \frac{\varepsilon}{hv} = \frac{5 \times 10^{-5}J}{10^{-33}J} = 5 \times 10^{28}$$

確實又太多了。所以單擺能量應屬於連續性，又是宏觀系統，就不能用於普朗克假設的量子化。

例題 3   一個質量為 $m = 2.0\text{kg}$ 的木塊連結於一不計質量的彈簧，其

力常數為 $k = 25\text{N/m}$。將此彈簧拉伸 0.4m 而靜止釋放。

(a)依經典物理力學，計算這木塊來回震盪的頻率與總能量。

(b)假設此木塊震盪體的能量是量子化，則量子數 n 為何？

(c)若能量量子化，能量的變化會發生於不連續跳躍，其大小

為何？

解： (a)1.總能量 $E = \dfrac{1}{2}kA^2$

$$= \dfrac{1}{2}(25\text{N/m})(0.4\text{m})^2 = 2.0\text{J}$$

2.頻率：$v = \dfrac{1}{2\pi}\sqrt{\dfrac{k}{m}} = \dfrac{1}{2\pi}\sqrt{\dfrac{25\text{N/m}}{2\text{kg}}} = 0.56\text{Hz}$

(b) $E = nhv$

$$n = \dfrac{E}{hv} = \dfrac{2.0\text{J}}{(6.63 \times 10^{-34}\text{J}-\text{s})(0.56\text{Hz})} = 5.4 \times 10^{23}$$

(c) $\Delta E = hv = (6.63 \times 10^{-34}\text{ J-s})(0.56\text{Hz})$

$$= 3.7128 \times 10^{-34}\text{ J}$$

則

$$\dfrac{\Delta E}{E} = \dfrac{3.7128 \times 10^{-34}\text{J}}{2.0\text{J}} = 1.85 \times 10^{-34}$$

$\dfrac{\Delta E}{E}$ 稱為解析度，確實太小了，不易偵測到，且量子數 n 又

太大了，所以木塊振盪應屬於連續性。就不能用普朗克假設

的量子化。

4.經典物理與量子物理的不同觀點

在一熱容腔體內的輻射行能來瞭兩者的不同之處，輻射型態爲駐波型。

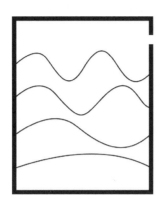

圖 1-11　腔內駐波

從經典統計──波茲曼分佈定律，氣體動力論以及能量均配定律等到量子統計的不同處分析如下表

	單位體積、單位頻率的駐波數	應有的駐波型的機率	每一駐波型的平均能量
經典物理	$\dfrac{8\pi v^2}{c^3}$	所有駐波型都相同	kT
量子物理	$\dfrac{8\pi v^2}{c^3}$	量子化駐波型需要 hv 能量才需要激發到應有駐波型	$\dfrac{hv}{e^{hv/kT}-1}$

 習題

1. 太陽半徑爲 6.96×10^8 m，它輻射出總功率爲 3.85×10^{26} W。

    (a)假設太陽表面可當作黑體，計算表面的溫度。

(b)同時也計算太陽的 $\lambda_{\max}$。

2. (a)假設太陽表面的溫度爲 5700K。利用史特凡定律計算太陽靜止質量
每秒有多少因此輻射出去。

(b)計算太陽每年所輻射出去的總質量佔多少比率。

註：太陽總靜止質量爲 2.0×10^{30} kg，太陽直徑 1.4×10^9 m。

3. 假設你的皮膚溫度 36℃，則：

(a)計算所輻射出去時的高峰值波長 $\lambda_{\max}$。

(b)若一輻射體大小尺寸爲 3m×0.3m×0.2m，在此溫度 36℃時，輻射
的總功率爲多少？

4. 依圖 1-3 所示，兩條溫度線分別爲 $T_1 = 1000$K 與 $T_2 = 2000$K，則：

(a)計算這兩條溫度線的黑體輻射的輻射量 R_T 之比。

(b)計算這兩條溫度線的黑體輻射的高峰值的波長比與頻率比。

5. 在一已知溫度，黑體腔體的 $\lambda_{\max} = 6500$Å。若黑體腔體的壁上的溫度一
直增加而達到原來輻射的兩倍時，此時 $\lambda_{\max}$ 變成多少？

6. 若一腔體的輻射密度 $\rho_T(\lambda)$ 於 $\lambda = 2000$Å 時爲 $\lambda = 4000$Å 時的 3.82 倍，則
此時腔體的溫度如何？

7. 單擺的擺長 1.0m，擺錘質量爲 0.1kg。單擺的振幅爲 3.0cm。計算此單
擺能量量子化時，量子數爲多少？因此能量量子化時，能量的改變量
爲 $\Delta E = h\nu$，以致於單擺能量會減少，計算能量改變量的損失百分比，
即 $\dfrac{\Delta E}{E}$，能否量測得此結果？

第二章　光的粒子行為

2-1 緒論

1.光與物質的交互作用

　　一光波射進一塊平板玻璃時，將會建立起分子的振動而產生一連串的吸收與再放射，因此將光能量穿越物質而到另一邊。因為吸收與再放射間有時間的延遲，光在玻璃內緩慢行進。

　　一般所看到光的現象可解釋為波行為，例如干涉，繞射及極化等等，而也沒有須要啟示有粒子行為。但是確實光與物質間交互作用時有呈現出粒子行為。這種交互作用過程可分為兩大狀況與五個過程。

　　(1) 光輻射的散射（scattering）與吸收（absorption）

　　　　① 光電效應過程。

　　　　② 康普頓效應過程。

　　　　③ 對生過程（pair production）。

　　(2) 光輻照的產生（production of radiation）

　　　　① X-光產生的過程，稱為制動輻射（Bremsstrahlung）。

　　　　② 對滅過程（pair of annihilation）。

2.光的輻射性質與現象

　　(1) 光的輻射可分為

　　　　① 波動行為——傳播。

　　　　② 粒子行為——與物質交互作用。

(2) 光的現象

表 2-1

現象	波的解釋	粒子的解釋
Reflection（反射）	〰️ ✓	● → ✓
Reflection（折射）	〰️ ✓	● → ✓
Interference（干涉）	〰️ ✓	● → ⊗
Diffraction（繞射）	〰️ ✓	● → ⊗
Polarization（極化）	〰️ ✓	● → ⊗
Photoelectric effect（光電效應）	〰️ ⊗	● → ✓

2-2 相對論觀念

一般上，物理學中定律均有不變性存在，也就是說物理定律不因所取的「時」、「空」的轉變而有所變化其性質，此乃所謂不變性的觀念。通常「時」、「空」的轉換有四大項：①空間平移（translation），②空間轉動（rotation），③空間反射（inversion）以及④時間平移。對此四種轉換所產生的物理定律不變性，皆會相對地產生另外守恆定律（conservation law）。我們就以力學中罕米爾吞（Hamiltonian）H 對上述四種轉換之不變性所產生對應的守恆定律列表如下：

H 對轉換之不變性	守恆定律
空間平移	線動量
空間轉動	角動量
空間反射	宇稱性
時間平移	能量

　　物理定律的不變性是相對論中基本性的觀念。相對論並不是**愛因斯坦**首先提出，早先就有**伽利略**（Galileo）與**羅倫茲**（Lorentz）兩人提出「時」、「空」轉換的物理定律不變性。

1.伽利略轉換（Galilean Transformation）

　　在經典力學中，伽利略假設兩座標系中，沿 x 軸方向以等速度 v 作相對運動，而時間在兩座標系中是同一的絕對時，因此兩座標系的關係，如圖 2-1 所示。

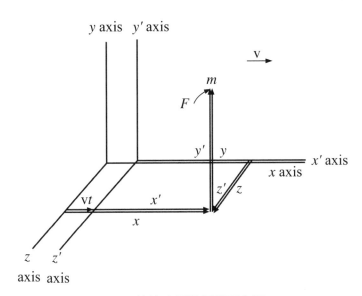

圖 2-1　等速度相對運動兩座標

$$x' = x - vt$$
$$y' = y$$
$$z' = z$$
$$t' = t \qquad\qquad (2\text{-}1)$$

　　式（2-1）稱爲伽利略轉換式（Galilean Transformation），(x', y', z', t') 系以等速度 v 沿 x 軸對(x, y, z, t)系運動。在此轉換中，有關質點的力學定律——牛頓運動定律是不變的，即

$$(F = ma')_{(x', y', z', t')} = (F = ma)_{(x, y, z, t)} \qquad （2\text{-}2）$$

因爲在(x, y, z, t)系中

$$F_x = m\frac{d^2x}{dt^2} \text{，} F_y = m\frac{d^2y}{dt^2} \text{，} F_z = m\frac{d^2z}{dt^2}$$

而依式（2-1），

$$\frac{d^2x}{dt^2} = \frac{d^2x'}{dt'^2} \text{，} \frac{d^2y}{dt^2} = \frac{d^2y'}{dt'^2} \text{，} \frac{d^2z}{dt^2} = \frac{d^2z'}{dt'^2}$$

因此在(x', y', z', t')系中

$$F_{x'} = m\frac{d^2x'}{dt'^2} \text{，} F_{y'} = m\frac{d^2y'}{dt'^2} \text{，} F_{z'} = m\frac{d^2z'}{dt'^2}$$

所以

$$F_x = F_{x'} \text{，} F_y = F_{y'} \text{，} F_z = F_{z'}$$

符合於式（2-2）這表示牛頓運動定律在兩座標系是等同的。

　　力學的基本定律對於伽利略轉換的不變性中所提及的時間性是絕對時間，但時間的絕對性是不能存在，因為在高速度運動情形可以證實絕對時間是錯誤的。例如在宇宙射線中發現到的高能**介子**（mesons），其時間的流逝則比實驗室的時間慢了 9 倍之多，亦就是介子上所測得的時間間隔若為 1 微秒（10^{-6}秒），在實驗室的時鐘實際已走了 9 微秒，此種現象稱為**時間的延伸**（time dilation），又在高速度運動狀態下伽利略轉換式對經典力學也不能適用。例如運動粒子的速度高速到與光速 c 有所比較時，粒子能量的增加不能使速度無限度的增加，而只能近似地趨近於光速 $c = 3 \times 10^8$ m/s。所以經典力學中物體以速度 v 行進的動能之描述 $\frac{1}{2}mv^2$ 就不再是正確了。又例如速度相加情形也是成問題。根據伽利略轉換式，向量的加法可應用於速度的相加。若一火車乘客在車內以 v_1 速度前走，火車的速度為 v_2，則此乘客與地面的相對速度為 $v_1 + v_2$。然而此種簡易的速度加法，我們發現在核子反應中，粒子速度幾近光速時就不再正確，因為粒子速度不可能超過光速 c，當然更是小於 $v_1 + v_2$ 值。

2.**羅倫茲轉換**（Lorentz Transformation）

　　伽利略轉換式也不能適用電磁場中。根據電磁波方程式，在真空中之的波速為 $v = \dfrac{1}{\sqrt{\epsilon_0 \mu_0}} = 3 \times 10^8$ m/s，即光速 c。光波也是電磁波的一種。因為過去一些實驗證實波運動需要有介質以傳遞波的進行，而產生所謂波的傳播，例如聲波在空氣、液體或固體中傳播。因此很自然的想到，光也需要介質來傳播，就光的已知事實來看，這種傳播光波的介質稱為**以太**（ether），而之充滿於所有空間，亦無與其他物質互相作用，且很微弱的密度幾乎可忽略，也幾乎是無質量性，因為電磁波也可在真空中傳播，但知也必有彈性物質以在固有的波動中傳導振動。

　　曲吞（Trouton）和**諾伯**（Noble）的實驗以及**賈西瓦－賈本－墨雷－**

湯奈斯（Jaseva-Javan-Murray-Townes）實驗等，有兩個共通點：他們皆欲測得地球通過以太之速度的效應——以太是靜止抑或被地球繞日運行拖曳著，但均未得到預期的結果，其他很多目的相同的實驗亦皆如是——恆星的光行差（像差），菲左實驗（流體運動中的光速），**邁克森－摩黎**實驗（地球穿過以太的運動）。這個以太拖曳的假設的不存在而導致愛因斯坦的相對論的產生。

在愛因斯坦的相對論中，他假設絕對靜止的以太觀念在物理學上是為一無意義的觀念；有物理意義者，僅為對於有形物體的運動。他接著又考慮這個假設如何可與已知的光學定律相和諧。在任何論證中，發生矛盾的可能性，均涉及到光的速度。因此他提出「光的速度與該光源的運動無關」，此稱為**光速不變原理**（The principle of constancy of the velocity of light），並解釋了有關相互作成等速運動的兩個慣性系的**羅倫茲轉換式**。愛因斯坦的相對論不只說明在真空中的光速一定，所表示只是光的傳播法則，而且他又提出另一假設「物理現象的定律，就相互等速運動的兩慣性系中任一者述之，均為相同，可以不必涉及在以太中的運動，即主張在羅倫茲轉換式中，一些的物理定律保持不變，此稱為特殊相對論原理（The theory of special relativity）。因此就此觀念，電磁波的馬克斯威方程式在此特殊相對論下的羅倫茲轉換式中可有不變性。

就圖 2-1 等速度相對運動兩座標中(x, y, z, t)與(x', y', z', t')之關係式為

$$x' = \gamma\,(x - vt)$$
$$y' = y$$
$$z' = z$$
$$t' = \gamma\left(t - \frac{v}{c^2}x\right) \tag{2-2}$$

式中 $\gamma = \dfrac{1}{\sqrt{1 - \dfrac{v^2}{c^2}}}$。式（2-2）稱為**羅倫茲轉換式**。

3.同時性

假使觀察者 O_1 看到兩個事件 A、B 在同一時間 $t_{A_1} = t_{B_1}$，發生在同一位置 $x_{A_1} = x_{B_1}$，則他必堅認此二事件是同時發生的。而對於另名觀察者 O_2 來說，依羅倫茲轉換式

$$t_{A_2} = \gamma\left(t_{A_1} - \frac{v}{c^2}x_{A_1}\right) = \gamma\left(t_{B_1} - \frac{v}{c^2}x_{B_1}\right) = t_{A_1} \tag{2-3}$$

因此，對於一觀察者而言，兩事件若發生在 x 的相同值上為同時的話，對另一觀察者而言也是同時性。當然，此二事件不一定發生在完全相同的位置，因為 y 軸及 z 軸的定位是可以有差異的。

若事件不在 x 的相同值的位置上，則對 O_1 而言，仍是同時的，則 $t_{A_1} = t_{B_1}$，但因 $x_{A_1} \neq x_{B_1}$，對 O_2 來說，此兩事件即不再是同時了，因為 $t_{A_2} \neq t_{B_2}$。事實上，由參考座標(x', y', z', t')系所看到的時間差異是

$$t_{A_2} - t_{B_2} = \gamma\left(\frac{v}{c^2}\right)(x_{A_1} - x_{B_1}) \tag{2-4}$$

4.長度的收縮（contraction of length）

假設有一直尺靜止於 $S'(x', y', z', t')$系中，其兩端的位置為 x_1' 及 x_2'，因此靜止於 S' 系中的長度為 $L_0 = x_2' - x_1'$。但在某一時刻 $t = t_1$，於 $S(x, y, z, t)$ 系中，它的長度 $L = x_2 - x_1$，依羅倫茲轉換式（2-2）

$$x_2' - x_1' = \gamma\,(x_2 - vt_1) - \gamma\,(x_1 - vt_1)$$
$$= \gamma\,(x_2 - x_1)$$

或

$$L_0 = \gamma L \,\text{，}\, L = \frac{1}{\gamma}\,L_0 \qquad\qquad (2\text{-}5)$$

因此，在 S 系所量得直尺長度 L 為在 S' 系中所量得直尺 L_0 的 $\frac{1}{\gamma}$ 倍，表示長度縮短了，這種現象稱為**羅倫茲收縮**（Lorentz contraction），這說明在靜止系 S 觀察運動系 S' 中的長度，縮短了 $\frac{1}{\gamma}$ 倍，而此收縮並不隨直尺至於何處而變，且若將直尺置於座標系 S 的 x 軸，則在運動系 S' 中量它，亦得收縮 $\frac{1}{\gamma}$ 倍。

5.時間的延伸（time dilation）

若 $S'\,(x',\,y',\,z',\,t')$ 系中有一時鐘靜止於其中，S' 系以一等速度 v 對 $S\,(x,\,y,\,z,\,t)$ 系沿 x 軸做相對運動。在靜止 S 系中觀察者量測 S' 系的時間間隔比較長，即表示時間走得比較慢。換言之，在 S' 系的時間間隔 $\Delta t'$，在 S 系中所量得時間間隔 Δt，因此

$$\Delta t > \Delta t'$$

或

$$\Delta t = \gamma \Delta t' = \frac{\Delta t'}{\sqrt{1 - \dfrac{v^2}{c^2}}} \qquad\qquad (2\text{-}6)$$

　　我們以一個不穩定的基本粒子的壽命來比喻時鐘的時間間隔。假設介子（meson）在 S' 中靜止的壽命為 τ_0，S' 系以一等速度 v 對 S 系作相對運動。我們假定在 $t'=t=0$ 時，介子在 S' 系的原點產生，如從 S 係來看介子的位置已知在 $x=vt$ 處。當介子在 S' 系中生存了 τ_0 時間，然後在它瞬時蛻變，則

$$t'=\tau_0=\left.\frac{t-\dfrac{v}{c^2}x}{\sqrt{1-v^2/c^2}}\right|_{x=vy}=t\sqrt{1-v^2/c^2} \qquad (2\text{-}7)$$

此處 t 為在 S 系中量測到介子壽命 τ，結果

$$\tau=\frac{\tau_0}{\sqrt{1-\dfrac{v^2}{c^2}}} \qquad (2\text{-}8)$$

式（2-8）表示，從 S 系中觀看運動中的介子生存較長於它靜止在 S 系中。因此從鐘表來看，運動中的鐘表時間走地比較慢於它的靜止。這就是所謂「時間的延伸」原理。

6.相對論的質量

　　根據愛因斯坦的相對論中有關於質能關係為 $E=mc^2$。實際上粒子質量與其運動速度有關。假設粒子在作線性運動時所受的力為（牛頓第二定律）

$$F=\frac{dp}{dt}=\frac{d}{dt}(mv)=\frac{dm}{dt}v+m\frac{dv}{dt} \qquad (2\text{-}9)$$

根據質能關係，作用力使粒子移動一小位移所作之功將會使粒子質量增 dm，因此

$$F \, ds = (dm)c^2 \tag{2-10}$$

或

$$F = c^2 \frac{dm}{ds} = c^2 \frac{dm}{dt} \frac{dt}{ds} = c^2 \frac{dm}{dt} / \frac{ds}{dt}$$

$$= \frac{c^2}{\text{v}} \frac{dm}{dt} \tag{2-11}$$

綜合式（2-9）與（2-11）

$$(c^2 - \text{v}^2) \frac{dm}{dt} = m\text{v} \frac{dv}{dt} \tag{2-12}$$

上式積分

$$\int \frac{dm}{m} = \int \frac{\text{v}dv}{c^2 - \text{v}^2}$$

$$\ln m = -\frac{1}{2} \ln (c^2 - \text{v}^2) + 常數$$

或 $\qquad m \, (c^2 - \text{v}^2)^{1/2} = 常數$

因為在 $t = 0$ 時，m 為靜止質量，即 m_0，而 v $= 0$，因此

$$常數 = m_0 c$$

則 m 與 v 的關係爲

$$m = \frac{m_0}{\sqrt{1 - \dfrac{v^2}{c^2}}}$$　　　　　　　（2-13）

此爲 m 是運動中的粒子質量

7.相對論的能量 E

依經典力學的功能定理，

$$
\begin{aligned}
k &= \int_{v=0}^{v=v} F \, ds = \int_0^v \frac{dp}{dt} \, ds = \int_0^v \frac{d}{dt} \frac{m_0 v}{\sqrt{1 - v^2/c^2}} \, ds \\
&= \int_0^v \frac{d}{dt} \left(\frac{m_0 v}{\sqrt{1 - v^2/c^2}} \right) \frac{ds}{dt} \, dt = \int_0^v v \, d \left(\frac{m_0 v}{\sqrt{1 - v^2/c^2}} \right) \\
&= m_0 \int_0^v v \left[\frac{dv}{\sqrt{1 - v^2/c^2}} + \frac{v^2/c^2 \, dv}{(1 - v^2/c^2)^{3/2}} \right] \\
&= m_0 \int_0^v \frac{v \, dv}{(1 - v^2/c^2)^{3/2}} = m_0 c^2 \left[\frac{1}{\sqrt{1 - v^2/c^2}} - 1 \right]
\end{aligned}
$$

或

$$K = mc^2 - m_0 c^2 = (m - m_0)c^2$$　　　　　　　（2-14）

因此粒子的動能乃等於 c^2 乘上運動而獲得之質量 $\Delta m = m - m_0$。此一關係式暗示我們可以想像能量的增加，乃爲質量增加之眞實原因。從而可以作爲一突破之假設，即靜止質量 m_0 亦係由於內部儲存之 $m_0 c^2$ 的能量所致。

mc^2 量即是相對論性總能量 E，而差值 $mc^2 - m_0 c^2$ 則叫做相對論性的

動能。此能值在 $c \gg v$ 時，退化成經典力學的動能形式 $\frac{1}{2}mv^2$。式（2-14）告訴我們有關相對論性的總能量 E，相對論性的動能 K 以及靜止能量 m_0c^2 間的關係

$$E = K + m_0c^2 \qquad\qquad (2\text{-}15)$$

但是往往未方便表示相對論性的總能量 E 能明顯地含蓋動量 p 來呈現它們間的關係，因此再計算下列量

$$
\begin{aligned}
m^2c^4 - m_0^2c^4 &= m_0^2c^4\left[\frac{1}{1-v^2/c^2} - 1\right] \\
&= m_0^2c^4\left[\frac{v^2/c^2}{1-v^2/c^2}\right] = \frac{m_0^2\,c^2\,v^2}{1-v^2/c^2} \\
&= \left(\frac{m_0}{\sqrt{1-v^2/c^2}}\right)^2 c^2v^2 = m^2c^2v^2 = (m^2v^2)c^2 \\
&= p^2c^2
\end{aligned}
$$

或

$$E^2 = p^2c^2 + m_0^2\,c^4 \qquad\qquad (2\text{-}16)$$

例如，介子的速度為 $0.999c$，其靜止質量 $m_0 = 1.9 \times 10^{-28}\,kg$，我們來計算相對論性一些物理量

$$
\begin{aligned}
\text{靜止能量：} m_0c^2 &= 1.9 \times 10^{-28}\,kg \times (3 \times 10^8\,m/s)^2 \\
&= 1.7 \times 10^{-11}\,joule
\end{aligned}
$$

$$總能量：E = mc^2 = \left[\frac{m_0}{\sqrt{1 - \dfrac{v^2}{c^2}}}\right] c^2 = 22 m_0 c^2$$

$$= 3.8 \times 10^{-10} \, \text{joule}$$

$$動能：K = mc^2 - m_0 c^2 = 3.63 \times 10^{-10} \, \text{joule}$$

$$動量：p = mv = (22 m_0) c^2 \left(\frac{v}{c}\right) / c$$

$$= 22 \, (m_0 c^2) \left(\frac{v}{c}\right) / 3 \times 10^8 \, \text{m/s}$$

$$= 22 (1.7 \times 10^{-11} \, \text{joule})(0.999) / 3 \times 10^8 \, \text{m/s}$$

$$= 1.3 \times 10^{-18} \, \text{kg m/s}$$

2-3 光電效應

1. 光的波動與粒子行為發現確定者

(1) 波動

1867 年**馬克士威**（Maxwell）預測光是電磁波。

1887 年**赫茲**（Hertz）展示出電磁波的存在。

(2) 粒子行為

實驗說明：勒納（Lenard）的貢獻是對光電效應的研究。他根據他在高眞空下所作的這一效應的實驗，分析了這一效應的本質。

他証明，當紫外線照射到一塊金屬上時，紫外線會使電子從金屬表面逸出，然後這些電子會在眞空中行進，在電場的作用下電子得到加速或減速，或用磁場可以使電子軌跡彎曲。

解釋： 1905 年愛因斯坦提出了光量子定律並發展了光量子理論時，才完滿解釋了這個事實。

分析： 愛因斯坦論預測實驗中的截止電壓 V_0（stopping potential）與入射紫外線的頻率 v 是線性關係，其斜率爲：

$$\frac{h}{e} = \frac{2.1\text{V} - 0.1\text{V}}{11.0 \times 10^{14}/\text{s} - 6.0 \times 10^{14}/\text{s}} = 4.0 \times 10^{-15} \text{ V-s}\ （實驗結果）$$

由此得 $h = 6.4 \times 10^{-34}$ J-s。從許多的分析當中者，**密里根**（Millikan）的發現 $h = 6.57 \times 10^{-34}$ J-s 較爲準確，誤差度爲 0.5%。

2.光電效應（photoelectric effect）——（**參考維基百科**）

(1) 現象說明

金屬表面在光輻照作用下發射電子的效應，發射出來的電子叫做**光電子**（photoelectrons），光波長小於某一臨界值時方能發射電子，即**極限頻率**或**極限波長**。臨界值取決於金屬材料，而發射電子能量取決於光的波長而與光強度無關，這一點無法用光的**波動性**解釋。還有一點與光的波動性相矛盾，即光電效應的**瞬時性**，按波動性理論，如果入射光較弱，照射時間要長一些，金屬中電子才能累積足夠的能量，飛出金屬表面。可是事實，只要光的頻率高於金屬的極限頻率，光的亮度無論強弱，光電子的產生都幾乎是瞬時的，不超過十的負九次方。正確的解釋是光必定是由與波長有關的嚴格限定之能量單位（即光子或光量子）所組成。這種解釋爲愛因斯坦所提出。光電效應由德國物理學家赫茲於 1887 年發現，對發展量子理論起了根本性作用。

(2) 光電效應的摘要

① 光照射到金屬表面時，電子即刻逸出來，沒有時間延遲。

② 當光的頻率低於某特定值時，電子卻跑不出來。

③ 不同金屬有不同的極限頻率。

④ 頻率夠高，即使微弱的光輻照，也會有電子逸出。

⑤ 在高頻的光輻照射下，電子比較容易被擊出金屬表面。跳出來的電子之最大動能也越大，且和頻率呈線性關係。

(3) 波動論的經典解釋

　　對應光源的電場電子會振盪。光源的強度愈增加時，能量的吸收率與電子發射率會越增加。

3.光電效應的實驗

(1) 實驗裝置如圖 2-2 所示。

　　A 與 *B* 為兩電極，電位差為 *V*。利用可交互反向電鍵可將 *A*、*B* 兩電極正負反過來，*G* 為電流錶。

　　當入射的紫外線光輻照 *A* 極時，管內有電子流產生。

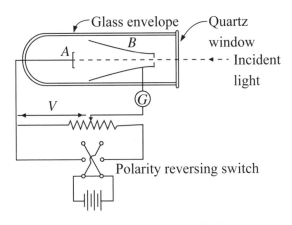

圖 2-2　光電效應實驗裝置

但當入射頻率小於極限頻率時，無論輻照時多長或入射光強度多強，不會有電子流產生。管內為真空狀態，因此電子不會跟空氣中分子碰撞而失去能量。

(2) 實驗目的

　　量測入射光源的波長與放射出的電子能量間的關係。

(3) 實驗結果

　　逸出的電子能量與入射光的頻率成線性關係，即

$$K = h v - W \tag{2-17}$$

K為逸出的電子動能，hv為入射光子被吸收的能量，W為從金屬移出電子所需要的功。

(4) 實驗中的現象

① 截止電壓 V_o

a. 於圖 2-2 中，若 A、B 間的電位差 V 達到相當大時，光電子從 A 跑出來所形成的光電流會達到一極限值（即飽和光電子），因此圖 2-3 中的 I_3 曲線的電流是電位差 V 的函數。

b. 若將電壓 V 的正負極倒過來，光電流不會即刻掉到零值，因為從 A 跑出來的光電子仍然還有動能，雖然有逆向電場。但當反過來的電壓 V 達到某一電位差 V_0 時，此時光電流就掉到零值。這時候 V_0 稱為截止電壓，如圖 2-3 的 I_3 線。

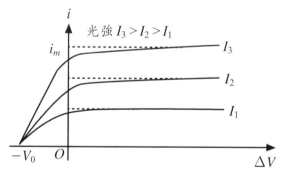

圖 2-3　電流與電位差的曲線圖

c. 光電子的最大動能為

$$K_{\max} = e V_0 \tag{2-18}$$

d. 由實驗得知 V_0 與入射光的強度無關。在曲線 I_2、I_1 表示入射光的強度減半，而所獲的飽和電流 I_2 或 I_1 為的 $\frac{2}{3}$ 或 $\frac{1}{3}$ 的直接關係而已。

② 極限頻率（門檻頻率）——cutoff（or Threshold）frequency.

　　由圖 2-4 顯示 V_0 是入射光頻率的函數。若 $V = V_0$ 時，此時光電效應會發生，因此入射光的頻率稱為**極限頻率**或**門檻頻率** v_0，即說明入射光的頻率 v 低於 v_0 時（$v < v_0$）光電效應不會發生，不管入射光的強度如何。

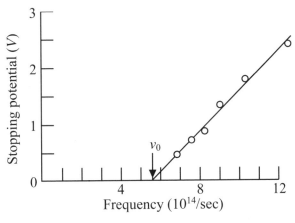

圖 2-4　截止電壓與頻率關係圖

例題 1　1W 的微弱光源距離鉀板前 1m 處，假設逸出的光電子能夠集中收集於半徑為 r 的圓形板面區域中，r 相當於原子半徑，約為 $r \sim 1 \times 10^{-10}$ m。今將電子移出鉀表面所需要能量為 2.1eV，因此須要多少時間鉀靶從光源吸收這些能量？

解：　1. 靶區域面積 $= \pi r^2 = \pi \times 10^{-20}$ m^2

　　　　2. 1m 處光源輻射到靶區域的面積為
$$A = 4\pi R^2 = 4\pi (1\text{m}^2) = 4\pi \, \text{m}^2$$

3. 因此靶區域面積所吸收的能量爲

$$R = 1（W）\times \frac{\pi r^2}{A} = 1（W）\times \frac{\pi \times 10^{-20}\,m^2}{4\pi\,m^2} = 2.5 \times 10^{-21}\,W$$

4. 假設這些吸收的能量會爲光子逸出的能量，時間 t 爲

$$t = \frac{2.1eV}{2.5 \times 10^{-21}W} = \frac{2.1eV \times 1.6 \times 10^{-19}J/eV}{2.5 \times 10^{-21}J/s}$$

$$= 1.4 \times 10^2\,s \approx 2\min$$

但光電效應是瞬時發生的。例如以紫外線所發生光電效應的時間爲 $t = 10^{-2}\,s$。

4.愛因斯坦的量子論

愛因斯坦認爲光的古典論——波動，無法用於解釋光電效應，因此集中注意力於光的傳播有粒子行爲。他接受了普朗克的黑體輻射的振子的量子論的觀念，因而振盪的電磁波也有「粒子」的樣子，他稱這種粒子爲**光子**（photon），並且有能量 E 和動量 p

$$E = h\nu \tag{2-19-1}$$

$$p = \frac{h}{\lambda} \tag{2-19-2}$$

因此愛因斯坦提出光子量子論來解釋光電效應的結果，而提下列四點：

(1) 當頻率 ν 的電磁波的輻射源從 $nh\nu$ 態改變到 $(n-1)h\nu$ 態時，他會射出離散的電磁能量。

(2) 這一離散的能量以光速 c 傳播。

(3) 這一束電磁波的能量爲 $E = h\nu$

(4) 在光電效應的過程中，一光子完全被一電子吸收，而逸出的光電子的動能爲

$$K = hv - W \qquad\qquad (2\text{-}20)$$

於此注意，從金屬中逸出的電子，首先需要克服**束縛能**（binding energy）。若是從內部移出則其束縛能很大，而所獲得的電子動能很小。移出一個電子的所需的最小能量稱爲**功函數**（work function）W_0，因此射出電子的最大動能爲

$$K_{\max} = hv - W_0 \qquad\qquad (2\text{-}21)$$

但是電子最大動能 $K_{\max}$ 與實驗中的截止電壓 V_0 有關式（2-18），則式（2-21）可寫爲

$$eV_0 = hv - W_0 \qquad\qquad (2\text{-}22)$$

5.光電效應的一些資訊

(1) 各種金屬的功函數，如表 2-1：

元素	功函數 W_0 (eV)	元素	功函數 W_0 (eV)	元素	功函數 W_0 (eV)
Al（鋁）	4.08	Au（金）	5.1	K（鉀）	2.3
Be（鈹）	5.0	Fe（鐵）	4.5	Pt（鉑）	6.35
Cd（鎘）	4.07	Pb（鉛）	4.14	Se（硒）	5.11
Ca（鈣）	2.9	Mg（鎂）	3.68	Ag（銀）	4.73
C（碳）	4.81	Hg（汞）	4.5	Na（鈉）	2.28
Ce（鈰）	2.1	Nb（鈮）	4.3	U（鈾）	3.6
Co（鈷）	5.0	Ni（鎳）	5.01	Zn（鋅）	4.3
Cu（銅）	4.7				

(2) 自由電子不能吸收光子

$$能量與動量關係：p = \frac{h}{\lambda} = \frac{h v}{c}$$

$$E^2 = p^2 c^2 + (m_0 c^2)^2 = (h v)^2 + (m_0 c^2)^2 \qquad （A）$$

$$電子能量：E = K + m_0 c^2 = h v + m_0 c^2$$

$$E^2 = (h v + m_0 c^2)^2 \qquad （B）$$

上列二式 A, B 彼此互相矛盾！

(3) 經典波動論解釋光電效應之困難處

① 缺少 K_{max} 與入射光強度間的關係，即 $K_{max} = e V_0$ 為實驗結果，但與光強度無關。

② 實驗中有 v_0（極限頻率）的存在。

假設入射光的頻率 $v = v_0$ 時，剛好足夠能量將光電子射出而沒有其他動能額外出現，因此

$$K_{max} = h v_0 - W_0 = 0 ， h v_0 = W_0$$

即表示有極限頻率 v_0 的存在。因此入射光的 $v < v_0$ 時，即使有多餘入射光子（指強度）也沒有出現光電子（即 $K = 0$）。

③ 光電子的產生是瞬時的，沒有時間延遲。例如距鉀金屬板 1m 之處有 1w 的點光源，其波長為 5890Å（黃光）。單位面積輻照鉀金屬板上的輻射能率為

$$R = 1\text{J/s} \times \frac{\pi r_2^2}{4 \pi r_1^2} = \frac{1\text{J/s} \times 10^{-20} \, \text{m}^2 \pi}{4 \pi (1\text{m})^2}$$

$$= 2.5 \times 10^{-21} \, \text{J/s}$$

此處為鉀原子半徑為 1×10^{-10} m。$r_1 =$ 光源距鉀金屬板距離 1m。

今鉀的功函數為 2.3eV 即 3.68×10^{-19} J。因此電子從鉀原子跑來的時間為

$$t = \frac{3.68 \times 10^{-19} \text{J}}{2.5 \times 10^{-21} \text{J/s}} = 1.47 \times 10^2 \text{ s} = 147 \text{ 秒}$$

光電子的產生時間相當長。早期實驗測出時間延遲小於 10^{-9} 秒。

(4) 普朗克常數 h──光電效應的結果。

在光電效應產生時，

$$K_{\max} = eV_0$$
$$\therefore eV_0 = h\nu - W_0$$

或

$$V_0 = \frac{h}{e}\nu - \frac{W_0}{e} \tag{2-23}$$

因此，V_0 與 ν 呈線性關係，如圖 2-4 所示，而實驗線性的斜率

$$\frac{h}{e} = \frac{2.1\text{V} - 0.1\text{V}}{11.0 \times 10^{14}/\text{s} - 6.0 \times 10^{14}/\text{s}} = 4.0 \times 10^{-15} \text{ V-s}$$
$$h = 4.0 \times 10^{-15} \text{ v-s} \times 1.602 \times 10^{-19} \text{ (coul-v)-s} = 6.4 \times 10^{-34} \text{ J-s}$$

而密立根（Millikan）的值為 6.57×10^{-34} J-s，誤差為 5%，且現代值為 6.626×10^{-34} J-s。

6.光電效應與功函數

(1) 要從重原子內深層的電子激發出來所需要能量約 10^5 eV 的級數。

(2) 微波的光子的波長$\lambda = 10$m，其光子的能量$h\nu = 1.24 \times 10^{-5}$ eV。這個能量太小不足夠激發出電子，因此不會有光電效應。

(3) x 射線或 γ 射線的光子能量約爲 10^6 eV 或高一點，此能量可產生光電效應。

(4) 可見光的能量約爲 1～5eV，此能量不可能產生光電效應。

例題 2 紫外線光波長 350nm 落在鉀表面，而射出光電子的最大動能爲 1.6eV。計算鉀的功函數。

解： $E = h\nu = K + W_0$

$$W_0 = h\nu - K = \frac{hc}{\lambda} - K = \frac{12.408 \times 10^{-7} \text{eV} - \text{m}}{350 \times 10^{-9} \text{m}} - 1.6\text{eV}$$

$$= 3.55\text{eV} - 1.6\text{eV} = 1.95\text{eV}$$

例題 3 波長 $\lambda = 2000$Å 的光輻照在鋁表面上，但要移出光電子的能量爲 4.2eV，則：(a)放射出的光電子的快速動能爲？(b)截止電壓爲？(c)截止波長爲？(d)若光的強度爲 2.0w/m²，計算單位面積，單位時間有多少平均光子落在鋁表面上。

解： (a) $K = h\nu - W_0 = \frac{hc}{\lambda} - W_0 = \frac{12.408 \times 10^{-7} \text{eV} - \text{m}}{350 \times 10^{-9} \text{m}} - 4.2\text{eV}$

$$= 6.2\text{eV} - 4.2\text{eV} = 2.0\text{eV}$$

(b) $K_{\max} = eV_0 = h\nu - W_0 = 2\text{eV}$

$$V_0 = 2\text{volt}$$

(c) $h\nu_{\text{cut}} = W_0$

$$\frac{hc}{\lambda_{cut}} = W_0 \text{ , } \lambda_{cut} = \frac{hc}{W_0} = \frac{12.408 \times 10^{-7}\text{eV}-\text{m}}{4.2\text{eV}} = 2954\text{Å}$$

(d) $I = 2.0\text{W/m}^2 = 2.0 \frac{\text{J/s}}{\text{m}^2} = 2.0 \frac{\text{J}}{\text{m}^2-\text{s}}$

$$I = N(h\nu) = N\left(\frac{hc}{\lambda}\right) = N\ (6.2\text{eV} ／光子)$$

$$N = \frac{I}{6.2\text{eV} ／光子} = \frac{2.0\text{J/m}^2-\text{s}}{6.2\text{eV} ／光子 \times 1.602 \times 10^{-19}\text{J/eV}}$$

$$= 2.0 \times 10^{18} \frac{光子}{\text{m}^2-\text{s}}$$

2-4 康普頓效應

1.康普頓效應（The Compton Effect）的特性敘述

(1) 在 1923 年，康普頓（Arthur H. Compton）在他的實驗中觀察到 X 射線射入碳靶的電子時，發現 X 射線的散射（scattering），結果散射光的波長 λ' 比原來入射光的波長 λ 還要長，即 $\lambda' > \lambda$，因此有所謂的康普頓波長偏移（shift）：$\Delta\lambda = \lambda' - \lambda$。

(2) 由圖 2-5 所示，實驗結果中可發現

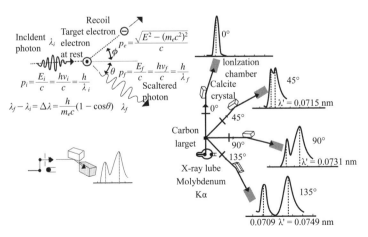

圖 2-5　康普頓實驗結果

① 散射 X 射線的強度呈現兩個峰值（peak），各對應兩個波長。其中一個波長與入射 X 射線相同，另一個波長比原來入射波長較長，因此就有差額：$\Delta\lambda = \lambda' - \lambda$

② 差額波長 $\Delta\lambda$ 與 X 射線的入射角度有關係，即

$$\Delta\lambda = \lambda' - \lambda = \frac{h}{m_e c}(1 - \cos\theta) \tag{2-24}$$

(3) 康普頓效應中的波長偏移 $\Delta\lambda$ 說明了 X 射線中的光子呈現粒子行為。

① 若將入射的 X 射線視為經典的電磁波，因此入射波的頻率 ν 會將靶的電子引起振盪而產生相同的頻率，再以此頻率 ν 輻射出去。這樣一來入射波的波長與散射波的波長相同，因此就沒有波長的偏移 $\Delta\lambda = 0$，這種散射稱為**湯姆生散射**（Thomson Scattering）。其實，湯姆生散射是康普頓散射在某些近似下的一種現象。

例如(a).入射線波長遠大於可見光波段（$\lambda \gg 1000\text{Å}$），康普頓散射的波長偏移 $\Delta\lambda \approx 0.0243\text{Å}$，較為不明顯。因此呈現波動的湯姆生散射現象，此時靶上的電子被視為束縛電子。(b).入射波長遠小於可見光波段（$\lambda \ll 1000\text{Å}$），康普頓散射波長偏移 $\Delta\lambda \approx 0.0243\text{Å}$ 極為明顯，故呈現量子的康普頓散射現象，此時靶上的電子被視為自由電子。

② 康普頓解釋他的實驗結果來自於假設入射的 X 射線不是頻率為 ν 的電磁波，而是由一光子與靶上的自由電子做碰撞，（彈珠球碰撞），每一光子的能量為 $h\nu$。從這種碰撞觀點，被反彈出現的光子再形成散射輻射。因為入射光子會將其能量轉移一些給靶上電子，因此散射的光子必會有能量減少。

散射能量爲 $E'=hv'$ 比入射能量 $E=hv$ 小時，則散射頻率 v' 會較小於入射頻率 v。因爲散射波長 λ' 會大於入射波長 λ，因此有波長的偏移 $\Delta\lambda=\lambda'-\lambda$。

(4) 物理量也可說明光子是粒子行爲。

入射波的光子的能量爲 $E=hv$。若將光子視爲粒子時，則它具有能量 E 與動量 p。依粒子相對論，能量 E 爲

$$E=mc^2=\frac{m_0c^2}{\sqrt{1-\dfrac{v^2}{c^2}}}$$

m_0 爲粒子靜止質量。但是光子速度爲 c，而能量爲 hv，且是有限值。因此的光子的靜止質量 m_0 必須爲零，即表示光子是沒有質量的。這樣一來，相對論的能量只全爲動能，因此光子的動量的計算應由總相對論能量 E，動量 p 以及靜止質量 m_0 關係中求之，即

$$E^2=p^2c^2+(m_0c^2)^2=p^2c^2$$

$$\therefore E=pc$$

$$p=\frac{E}{c}=\frac{hv}{c}=\frac{h}{\lambda}$$

光子有動量 p 的存在，所以光子具有粒子行爲。

2.康普頓的特量性敘述──康普頓偏移的計算

(1) 康普頓的假設

① 光子與靶中電子做碰撞產生散射。

② 光子作爲粒子行爲。

③ 電子為固定靜止的。

④ 電子不受周遭位能場作用。

(2) 能量守恆與動量守恆

碰撞過程如圖 2-6 所示。

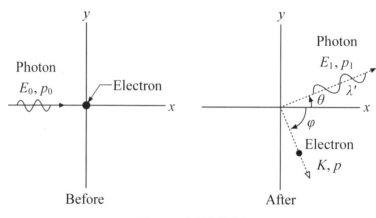

圖 2-6　康普頓散射

動量守恆：p_0 為入射光子動量，p_1 為散射光子動量，p 為回跳電子動量

$$x\,\text{軸分量}：p_0 = p_1 \cos\theta + p \cos\varphi \tag{1}$$

$$y\,\text{軸分量}：0 = p_1 \sin\theta - p \sin\varphi \tag{2}$$

以上三粒子的前後動量的向量和如下，

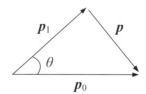

因此

$$p_0{}^2 + p_1{}^2 - 2p_0p_1 \cos \theta = p_2 \tag{3}$$

能量守恆：E_0 為入射光子能量，E_1 為散射光子能量，K 為回跳電子
動能，m_0 為電子靜止質量

碰撞前能量 $E_i = E_0 + m_0c^2$

碰撞後能量 $E_f = E_1 + K + m_0c^2$

因此

$$E_i = E_0 + m_0c^2 = E_f = E_1 + K + m_0c^2$$

$$\therefore E_0 - E_1 = K \tag{4}$$

或

$$c\,(p_0 - p_1) = K \tag{5}$$

回跳電子的相對總能量為

$$E^2 = (K + m_0c^2)^2 = p^2c^2 + (m_0c^2)^2 \tag{6}$$

$$\therefore p^2 = \frac{K^2}{c^2} + 2m_0 K \tag{7}$$

由（5）和（7）將 K 消去，得

$$p^2 = (p_0 - p_1)^2 + 2\,(p_0 - p_1)m_0c \tag{8}$$

聯合（3）與（8）合併得

$$(p_0 - p_1)^2 + 2\,(p_0 - p_1)m_0c = p_0{}^2 + p_1{}^2 - 2p_0p_1\cos\theta$$

或

$$\frac{1}{p_1} - \frac{1}{p_0} = \frac{1}{m_0c}(1 - \cos\theta)$$

或

$$\Delta\lambda = \lambda' - \lambda = \frac{h}{m_0c}(1 - \cos\theta) \tag{9}$$
$$= \lambda_c(1 - \cos\theta)$$

式（9）稱爲康普頓波長偏移公式，而 $\lambda_c = \dfrac{b}{m_0c}$ 稱爲康普頓波長（compton wavelength）

$$\lambda_c = \frac{6.626 \times 10^{-34}(\mathrm{J-s})}{9.109 \times 10^{31}(\mathrm{kg}) \times 3 \times 10^{8}(\mathrm{m/s})}$$
$$= 2.43 \times 10^{-12}\,\mathrm{m}$$
$$= 0.0243\text{Å}$$

3.康普頓公式的討論

(1) 康普頓波長偏移 $\Delta\lambda$ 與散射角 θ 有關，且與入射光子的能量（或波長 λ）無關。

(2) $(\Delta\lambda)_{\max} = 2\lambda_c = 0.0486\text{Å}$

(3) 入射光子的波長很短（即 χ 射線或 γ 射線）時，康普頓波長偏移才有意義。

(4) 入射光子的波長很長時，$\Delta\lambda$ 太小以致不能區別前後波長有變化，這種過程散射光子沒有波長的改變，稱為**瑞立散射**（Rayleigh scattering）。

4.康普頓散射過程光子能量的損失率

光子能量的損失是轉移到靜止靶中電子，使得電子獲得回跳動能 K，即

$$\Delta E = E_0 - E_1 = K$$

$$\therefore K = h v_0 - h v_1 = hc\left(\frac{1}{\lambda_0} - \frac{1}{\lambda_1}\right)$$

$$= hc\left(\frac{1}{\lambda_0} - \frac{1}{\lambda + \Delta\lambda}\right)$$

$$= \frac{hc(\Delta\lambda)}{\lambda_0(\lambda_0 + \Delta\lambda)}$$

損失率為

$$\frac{K}{E_0} = \left(\frac{\lambda_0}{hc}\right)\left[\frac{hc(\Delta\lambda)}{\lambda_0(\lambda_0 + \Delta\lambda)}\right] = \frac{\Delta\lambda}{\lambda_0 + \Delta\lambda} \qquad (2\text{-}25)$$

或

$$\frac{K}{E_0} = \frac{\Delta\lambda}{\lambda_1} \qquad (2\text{-}26)$$

例題 4 0.5MeV 的光子與某金屬自由電子撞擊產生康普頓效應。
(a)碰撞後電子獲得最大動能如何？(b)光子散射後的能量損失的百分比為何？

解： (a) 入射光的波長：

$$E = h\nu = \frac{hc}{\lambda} \ , \ \lambda = \frac{hc}{E}$$

$$\lambda = \frac{12.408 \times 10^{-7} \text{eV}-\text{m}}{0.5 \times 10^6 \text{eV}}$$

$$= 24.816 \times 10^{-13} \text{ m} = 0.0248\text{Å}$$

碰撞後光子的波長與能量

$$\lambda'_{\max} = \lambda + \frac{h}{m_e c}(1 - \cos\theta)\Big|_{\theta=\pi} = \lambda + \frac{2h}{m_e c}$$

$$= 0.0248\text{Å} + 0.0486\text{Å} = 0.0733\text{Å}$$

$$E'_{\min} = \frac{hc}{\lambda'_{\max}} = \frac{12.408 \times 10^{-7}\text{eV}-\text{m}}{0.0733 \times 10^{-10}\text{m}} = 0.17\text{MeV}$$

因此，碰撞後電子獲得最大動能為

$$K_{\max} = E - E'_{\min} = 0.5\text{MeV} - 0.17\text{MeV} = 0.33\text{MeV}$$

(b) 光子能量的損失是 $E - E'_{\min}$ 為電子的動能，因此百分比為

$$\frac{K_{\max}}{E} = \frac{0.33\text{MeV}}{0.5\text{MeV}} = 66\%$$

例題 5 入射光光子能量 E（MeV）撞擊一靜止質子產生光電效應，
(a)試證光子損失最大能量為 K，即碰撞後質子的動能，K 與 E 的關係式為 $\frac{E}{K} = 1 + \frac{m_p c^2}{2E}$。(b)若入射光子的能量為 500MeV，

光子損失最大能量爲何？(c)能量損失百分比爲何？

解： (a) 依光電效應公式，碰撞後散射光子的波長爲

$$\lambda' = \lambda + \frac{h}{m_p c}(1 - \cos\theta)$$

因最大損失能量，即散射後光子波長爲最大值，

$$(\lambda')_{max} = \lambda + \frac{h}{m_p c}(1 - \cos\theta)|_{\theta=\pi} = \lambda + \frac{2h}{m_p c}$$

散射後光子的能量爲最小值，即 E'_{min}，則

$$E'_{min} = \frac{hc}{(\lambda')_{max}} = \frac{hc}{\lambda + \frac{2h}{m_p c}} = \left(\frac{hc}{\lambda}\right)\frac{1}{1 + 2\left(\frac{hc}{\lambda}\right)\frac{1}{m_p c}}$$

$$= \frac{E}{1 + \frac{2E}{m_p c^2}} = \frac{(E)(m_p c^2)}{m_p c^2 + 2E}$$

$$K = E - E'_{min} = E\left[\frac{2E}{2E + m_p c^2}\right]$$

則

$$\frac{E}{K} = \frac{2E + m_p c^2}{2E} = 1 + \frac{m_p c^2}{2E}$$

(b) 由(a)，$E = 500\text{MeV}$，$m_p c^2 = 938.3\text{MeV}$

$$\frac{5000\text{MeV}}{K} = 1 + \frac{938.3\text{MeV}}{2 \times 500\text{MeV}} = 1.9383$$

$$K = \frac{500\text{Mev}}{1.9383} = 257.958\text{MeV}$$

(c) 能量損失百分比爲

$$\frac{257.985\text{MeV}}{500\text{MeV}} \times 100\% = 51.6\%$$

5.電磁輻射的雙重性質──康普頓效應的結論。

(1) 康普頓效應的實驗強有力地說服理論上光子是一個輻射量子具有動

量及能量。

(2) 輻射與物質間的交互作用中，很清楚地解釋光子可視爲粒子行爲，但同時在干涉與繞射現象方面，光子又是波動行爲。

(3) 在康普頓效應實驗方面：

① 利用晶體分光計（crystal spectrometer）量測 *X* 射線的波長，這種量測結果可以繞射的波動理論解釋。

② 在散射方面影響到波長，這一方面的解釋，可將 *X* 射線視爲粒子。因此在物理量表示方面 $E = h\nu$，$p = \dfrac{h}{\lambda}$，則(E, p)視爲粒子量，(ν, λ)視爲波動量。

③ 除了光子有波動、粒子雙重性質外，其他粒子，如電子、質子等也有雙重性質。

2-5 *X* 射線的產生

1.*X* 射線（*X*-ray）的發現（諾貝爾物理學獎百年回顧）

19 世紀末，陰極射線研究是物理學的熱門課。許多物理實驗室都致力於這方面的研究，**倫琴**（Wilhelm Konrad Roentgen）也對這個問題感興趣。1895 年 11 月 8 日，正當倫琴繼續在實驗室裡從事陰極射線的實驗工作，一個偶然事件吸引了他的注意。當時，房間一片漆黑，放電管用黑紙包嚴。他突然發現在不超過一公尺遠的小桌上有一塊亞鉑氰化鋇做成的螢光屏發出閃光。他很奇怪，就移螢光屏繼續試驗。只見螢光屏的閃光，仍隨放電過程的節拍繼續出現。

他取來各種不同的物品，包括書本、木板、鋁片等等，放在放電管和螢光屏之間，發現不同的物品效果很不一樣。有的擋不住、有的起到一定的阻擋作用。倫琴意識到這可能是某種特殊的射線，它具有特別強的穿透

力，從來沒有觀察到過。於是立刻集中全部精力進行徹底的研究。他一連許多天把自己關在實驗室裡，連自己的助手和家人都不告知。他把密封在木盒中的砝碼放在這一射線的照射下拍照，得到了模糊的砝碼照片；他把指南針拿來拍照，得到金屬邊框的痕跡；他把金屬片拿來拍照，拍出了金屬片的內部不均勻的情況。他深深地沉浸在這一新奇現象的探討中，達到了廢寢忘食的地步。平時一直幫助他工作的倫琴夫人感到他舉止反常，以為他有什麼事瞞著自己，甚至產生懷疑。六個星期過去了，倫琴已經確認這是一種新的射線。才告訴自己的親人。1895 年 12 月 22 日，他邀請夫人來到實驗室，用他夫人的手拍下了第一張人手 *X* 射線照片，如圖 2-7。

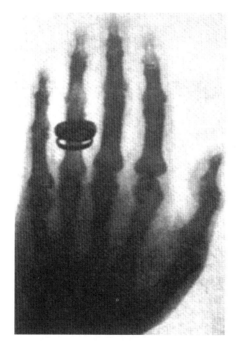

圖 2-7　倫琴夫人手的 *X* 射線照片

攝於 1895 年 12 月 22 日

2.X射線的產生

　　X射線的產生，如圖 2-8 所示之X射線管，一束電子由陰極C經加熱於相當高電壓V中射出，加速到陽極A（靶）而被停止撞擊到靶A。依據經典物理，這些減速的電子在靶材料（銅）上被阻擋下來到停止，結果放射出連續的電磁波。

　　這些電子以庫侖場與帶電的原子核進行交互作用，將動量轉移到原子核。伴隨電子的減速而導致光子的射出。這個靶材的原子核的質量較大，以致於碰撞中所獲得能量可安全的而也可被忽略。

　　X射線的產生可由圖 2-8 的X射線管解說。電子從陰極C加熱放射，經加速前往陽極靶A。正負電極的電位差為V，當電子撞擊靶而停止下來，靶A就放射出X射線。

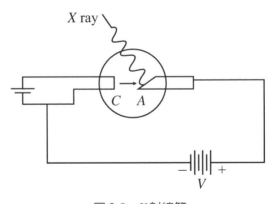

圖 2-8　X射線管

　　X射線產生的機制稱為**制動輻射**（Bremsstrahlung）過程。這個英文字為德語。折開來分析就可得 X 射線產生過程的真正意義了。

Bremsstrahlung（德語）＝Brems（braking 刹車／decelerating（減速）
＋strahlung（radiation 輻射）

這種制動輻射過程可被認爲光電效應的反向操作。在光電效應中，光子被吸收，他的能量和動量轉移給電子和回跳原子核；而制動輻射是光子的產生，他的能量和動量來自於電子和原子核的碰撞。制動輻射過程如圖 2-9 所示。

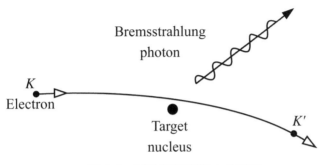

圖 2-9　制動輻射過程中 X 射線

3.X 射線的性質

(1) 發現者：1895 年，W.K.Roentgen 倫琴。

(2) 名稱來源：未知性質的電磁波。

(3) 波長：小於 1Å。

(4) 有極化，干涉及繞射等性質。

(5) 對於入射電子能量的不同值，會產生不同波長 X 射線，但是每一不同能量的電子所產生的波長都有最小的波長 λ_{min}（如圖 2-10 所示）。例如 40KeV 的電子能量，它的最小波長 λ_{min} 爲 0.311Å。

4.X 射線的最小波長 λ_{min} 的計算

對於所有產生 X 射線的靶材料，所產生的 λ_{min} 只能與產生 X 射線的電壓 V 有關。

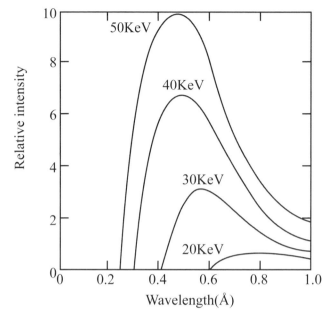

圖 2-10　*X*射線光譜

K＝入射電子的動能。

K'＝電子與靶材遭遇後的動能

v＝光子的頻率

光子能量 $hv = K - K'$

或

$$\frac{hc}{\lambda} = K - K'$$

當電子失去所有能量在減速過程中時，光子就輻射出它的最短波長 λ_{min}，此處 $K' = 0$

$$\therefore \lambda_{min} = \frac{hc}{K}(\mathring{A}) = \frac{hc}{eV}(\mathring{A}) \tag{2-27}$$

λ_{min} 也稱為臨界波長。

於式（2-27）中，若 $h \to 0$，則 $\lambda_{min} \to 0$，這是經典論的預測，但事實上由圖 2-10 中，很顯然地，在各種 X 射線中都有 λ_{min} 的存在，這是量子現象。經典電磁論沒有辦法解釋波長小於 λ_{min} 時而沒有 X 射線產生的現象。

例題 6　(a)已知 2.48eV 的光子的波長為 500nm。若 X 射線光子的波長為 1Å，X 射線能量為何？(b)1KeV 電子的波長為 0.39Å，那麼 1Å 的電子應有多少能量？

解：　(a) 光子能量 $E_{光子} = h\nu = \dfrac{hc}{\lambda_{光子}}$

$$hc = E_{光子}\, \lambda_{光子} = (2.48\text{eV}) \times (500 \times 10^{-9}\,\text{m})$$

$$= 1240 \times 10^{-9}\,\text{eV-m} = 12400\,\text{eV-Å}$$

X 射線能量 $E_x = \dfrac{hc}{\lambda_x} = \dfrac{12400\text{eV}-\text{Å}}{1\text{Å}} = 12400\,\text{eV}$

$$= 0.124\,\text{MeV}$$

(b) 電子能量：$E = \dfrac{p^2}{2m} + m_0 c^2$

因為 $1\text{KeV} \ll 0.511\text{MeV}$（$m_0 c^2$），因此屬於經典物理能量計算。

$$E_{電子} = \dfrac{p^2}{2m} = \dfrac{p^2 c^2}{2mc^2}$$

$$pc = \sqrt{(2mc^2)E} = \dfrac{hc}{\lambda}$$

$$\therefore hc = \lambda\sqrt{(2mc^2)E} = 0.39\text{Å}\sqrt{2(0.511\text{MeV})(10^{-3}\,\text{MeV})}$$

$$= 1.24683 \times 10^{-2}\,\text{MeV-Å}$$

今電子的波長 1Å 時，能量的計算為

$$E^2 = p^2 c^2 + (m_0 c^2)^2$$

$$= \frac{h^2 c^2}{\lambda^2} + (m_0 c^2)^2$$

$$= \frac{(1.24683 \times 10^{-2} \text{MeV} - \text{Å})^2}{1 \text{Å}^2} + (0.511 \text{MeV})^2$$

$$= 0.2613 (\text{MeV})^2$$

$$\therefore E = 0.5112 \text{MeV}$$

在光電效應中，利用式（2-23）的線性的斜率 h/e 計算普朗克常數 h。現在以 X 射線產生的最小波長 $\lambda_{\min}$ 的式（2-27）來計算 h。利用圖 2-10 中的 $V = 40 \text{KeV}$ 所產生 X 射線所得的 $\lambda_{\min} = 0.311 \text{Å}$ 來計算 h

$$h = \frac{K \lambda_{\min}}{c} = \frac{(40 \text{KeV})(0.311 \times 10^{-10} \text{m})}{3 \times 10^8 \text{m/s}}$$

$$= \frac{(1.6 \times 10^{-19} \text{coul})(4 \times 10^4 \text{V})(0.311 \times 10^{-10} \text{m})}{3 \times 10^8 \text{m/s}}$$

$$= 6.64 \times 10^{-34} \text{ J-s}$$

此結果與光電效應的 h 值有良好的一致。

2-6 對生與共滅

1.對生（pair production）

(1) 光子與物質間的交互作用過程——光子失去能量

光電效應與康普頓效應中光子是失去能量的，但也有另一種現象也是光子失去能的，即**對生**的過程。而且這三種過程都具有粒子行為的有力證明。在這三種過程中光子失去能量的程度不一樣。光電效應中，光子被原子吸收，光子是低能量（eV）；康普頓效應中，光子被電子散射，光子是中能量（KeV）；但在對生過程中，光子是被原子核吸收，光子具有高能

量（MeV）。

(2) 對生

① 對生過程

1930 年起**安德森**（Carl David Anderson）就負責用雲室（cloud chamber）觀測宇宙射線。他將雲室置於磁場中，發現有兩個粒子成對產生，在磁場作用下，兩粒子呈現相同且不同彎曲的軌跡，即一條是電子軌跡，而另一條與電子軌跡相似，卻又具相反方向，這顯示是某種帶正電的粒子。從曲率判斷，又不可能是質子。於是他果斷地得出結論；這是帶正電的電子，稱為**正電子**（positron）。這種由光子與原子核遭遇失去所有能量，而創生成對的電子與正電子，而後給予他們動能的過程稱為**對生過程**（pair production process）。如圖 2-11 所示

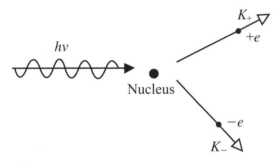

圖 2-11　對生過程

② 正電子（positron）e^+

電性與電荷量：帶正電，且與電子相同電量。

質量：與電子相同的靜止質量。

能量：正電子動能稍微大於電子動能。這完全正電子與原子核的庫侖作用下產生加速關係，而電子方面卻是減速。

③ 物理量的機制——守恆定律

相對論的總能量守恆，動量守恆與電荷守恆，光電子產生對生過程中能量守恆（忽略原子核的回跳能量，因爲它質量太大）如下；參考圖 2-11。

$$hv = E_+ + E_-$$
$$= (m_0 c^2 + K_+) + (m_0 c^2 + K_-)$$
$$= K_+ + K_- + 2m_0 c^2 \qquad\qquad (2\text{-}28)$$

E_+ 與 E_- 爲相對論總能量，K_+ 與 K_- 爲動能。因此光子產生對生的最低能量（極限能量或門檻能量）爲

$$hv_{\min} = 2m_0 c^2 = 2 \times 0.511 \text{MeV}$$
$$= 1.02 \text{MeV}$$

此能量相當於光子的波長 $\lambda_{\min}$，即

$$h\left(\frac{c}{\lambda_{\max}}\right) = 1.02 \text{MeV}$$
$$\lambda_{\max} = 0.012 \text{A}$$

所以光子的波長 $\lambda < \lambda_{\min}$ 時才能產生對生。光子的能量級數爲 MeV。另外，電子的對生現象會發生在原子核附近，無法在眞空發生，因爲在眞空條件下無法同時維持能量守恆和動量守恆。

④ 光子又有另一種對生現象，即產生質子（proton）與反質子（anti-proton）。

$$\gamma \to p^+ + p^-$$

　　質子與反質子的質量相同，但電性相反的電荷量，依能量守恆，光子
要產生這種對生的最低能量為

$$hv_{\min} = 2m_p c^2 = 2 \times (938.3\text{MeV})$$
$$= 1876.6\text{MeV}$$

所以光子要有相當大的能量，這個能量遠大於電子一正電子對生的能量。

例題 7　伽瑪射線產生電子與正電子成對，卻在一個靜止的電子鄰近
和原子核。試證伽瑪射線的低限能量為 $4m_0c^2$（m_0 為電子質
量）。撞擊後的電子要考慮與正負成對體合在一起運動，即
$$\gamma + e^- \rightarrow (e^+ + e^-) + e^-$$

解：　依能量守恆：

$E_\gamma + m_0c^2 = 3K + 3m_0c^2$（$K = K_\pm$）

依動量守恆：

$\dfrac{E_\gamma}{c} = p_+ + 2p_- = 3p$（$p_+ = p_- = p$）

而電子或正電子能量為

$E_\pm^2 = p_\pm^2 c^2 + (m_0c^2)^2 = (K_\pm + m_0c^2)^2$

則

$p_\pm = \dfrac{1}{c}\sqrt{K_\pm^2 + 2K_\pm m_0 c^2}$

因此

$E_\gamma = 3p_\pm c = 3\sqrt{K_\pm^2 + 2K_\pm m_0 c^2} = 3K_\pm + m_0c^2$

兩邊平方，得

$$9\,(K_\pm{}^2 + 2K_\pm m_0 c^2) = 9K_\pm{}^2 + 12K_\pm m_0 c^2 + 4\,(m_0 c^2)^2$$

$$6K_\pm m_0 c^2 = 4\,(m_0 c^2)^2$$

$$K_\pm = \frac{2}{3}m_0 c^2$$

代入

$$E_\gamma = 3K_\pm + 2m_0 c^2 = 2m_0 c^2 + 2m_0 c^2 = 4m_0 c^2$$

2.共滅（Pair Annihilation）

(1) 發生的過程

共滅過程是與對生過程有相當緊密關係的反向過程。基本上，一個電子與一個正電子於靜止地極緊靠在一起，而合在一起時產生互毀，同時兩者消失不見，而在它的空間我們可獲得輻射能，即光子能量。

(2) 成對互滅產生光子

因起始，電子與正電子是靜止，因此系統起始動量於零。在這個過程必需符合於動量守恆，故不可能會只創生出一個光子，因為單一光子不可能有零動量。所以最有可能的是兩個光子的創生，兩個光子具有相同的動量，但方向且相反。不過仍有三個光子的產生，但較少可能性。如圖 2-12 所示。

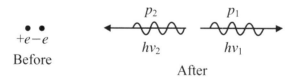

圖 2-12　共滅過程產生兩個光子

(3) 共滅過程的物理量

動量守恆：$0 = p_1 + p_2$，$p_1 = -p_2$

故　$|p_1| = |p_2|$，則 $\dfrac{h}{\lambda_1} = \dfrac{h}{\lambda_2}$

$\lambda_1 = \lambda_2 = \lambda$ 與 $v_1 = v_2 = v$

能量守恆：以相對論之能量計。

$$m_0 c^2 + m_0 c^2 = hv + hv$$
$$hv = m_0 c^2 = 0.51\text{MeV}$$

因此光子（γ 射線）的能量、動量、波長及頻率等為

能量　$hv = m_0 c^2 = 0.51\text{MeV}$

動量　$p = \dfrac{E}{c} = \dfrac{m_0 c^2}{c} = m_0 c$

波長　$\lambda = \dfrac{h}{p} = \dfrac{h}{m_0 c} = 0.024\text{Å}$

頻率　$v = \dfrac{c}{\lambda} = 125 \times 10^{18}\,\text{Hz}$

(4) 正子電子聯合系的原子（positronium）

從對生過程中所產生的正電子，在經過物質連續碰撞中損失能量，最後與電子耦合成正子電子聯合系原子。但這個原子很快於 10^{-10} 秒中消失煙滅而蛻變成光子。

例題 8　依圖 2-12 所示的坐標系 *S*。電子與正電子靜止僅僅靠在一起而產生共滅過程，因此產生共滅光子沿著 *x* 軸放射。
試求光子的波長 λ。

解： 依動量守恆，兩光子相反方向放射，每一光子有同樣能量、頻率與波長。因此

$$E_i = E_+ + E_- = 2m_0c^2 = E_{電子}$$

$$E_f = (h\nu)_1 + (h\nu)_2 = 2h\nu = E_{光子}$$

$E_i = E_f$，則 $h\nu = m_0c^2$，因此

$$h\nu_{光子} = m_0c^2 \ , \ \nu_{光子} = \frac{m_0c^2}{h}$$

$$\frac{c}{\lambda_{光子}} = \frac{m_0c^2}{h} \ , \ \lambda_{光子} = \frac{h}{m_0c}$$

📖 習題

1. (a)從鈉原子移出電子的能量為 2.3eV，鈉光的波長為 $\lambda = 5890\text{Å}$。鈉光能否證明光電效應？(b)計算從鈉進行光電效應的截止波長。

2. 從某金屬表面放射出光電子的截止電壓為 0.71V，而入射光波長為 4910Å。當入射光波長改變，截止電壓變成 1.43V 時，新入射光波長為何？

3. 在光電效應實驗中，以單色光與鈉陰極板進行。入射光的波長 $\lambda = 3000\text{Å}$，截止電壓為 1.85V；改以入射光的波長 $\lambda = 4000\text{Å}$ 截止電壓變成 0.82V。從這些數據中，(a)計算普朗克常數 h。(b)鈉的功函數 W_0。(c)截止波長（針對鈉）。

4. 波長為 $\lambda = 0.71\text{Å}$ 的 X 射線，照射於金鉑而放出光電子。光電子在磁場 B 中進行半徑為 r 的圓形軌道。實驗中顯示

$$rB = 1.88 \times 10^{-4} \text{ tesla-m}。$$

(a)計算光電子的最大動能。(b)計算金鉑的功函數。

5. 紫外線燈炮放射出波長為 4000Å 的光，紅外線燈泡放射出波長為 7000Å

的光。兩者燈泡皆爲 40W。

(a)哪一個燈泡射出光子率較大？(b)兩者相差多少光子？

6. 輻射波長 $\lambda = 290nm$ 輻照在金屬表面，金屬的功函數爲 $W = 4.05eV$，需要多少的電位差來阻止這光電子的產生？

7. (a)於康普頓效應中，入射光子被質子散射，波長最大偏移如何？(b)若 100MeV 光子被質子散射，計算光子最大損失能量。

8. 100KeV 光子與靜止電子碰撞，光子經 90°散射。

(a)光子散射後的能量爲何？(b)碰撞後電子的能量爲何？

(c)電子的方向如何？

9. 一束 X 射線被靜止電子散射，散射角爲 60°。X 射線散射後的波長爲 0.035Å。入射的 X 射線能量爲何？

10.1Å 的 X 射線與靜止的自由電子碰撞，被散射到 90°方向

(a)計算康普頓波長的偏移。(b)碰撞後電子的動能。

(c)X 射線碰撞散射的損失百分比。

11.若光子的能量剛好爲電子的靜止能，則光子的頻率、波長與動量爲何？

12.證明入射光子與靜止電子碰撞後，θ 角與 φ 角間的關係爲

$$\cot \frac{\theta}{2} = \left(1 + \frac{hv}{m_0 c^2}\right) \tan \varphi$$

13.(a)於康普頓效應中，入射光子的能量 E 與電子回跳的動能 K 間的關係爲

$$\frac{K}{E} = \frac{\left(\dfrac{2hv}{m_0 c^2}\right) \sin^2 \dfrac{\theta}{2}}{1 + \left(\dfrac{2hv}{m_0 c^2}\right) \sin^2 \dfrac{\theta}{2}}$$

試證之。

(b)若入射光子 0.2MeV，經過自由電子的散射而損失 10%能量，其散射角如何？

14.康普頓效應中，光子能量的損失率$\Delta E/E$又可寫為$\frac{hv'}{m_0 c^2}(1-\cos\theta)$，試證之。

15.(a)10KeV 電子於X射線管中撞擊靶而產生X射線。計算X射線的截止波長。

(b)若產生X射線的最小波長為 0.08nm，則X射線管中的電壓多少？

16.利用X射線的最小波長計算普朗克常數h。以電子 40KeV 撞擊靶產生X射線，其波長為3.11×10^{-11} m。

17.於雲室中的照片，光子經過物質時顯示電子與正電子在磁場$B=0.2$W/m^2中有相反的軌跡，它們的半徑為2.5×10^{-2} m。計算光子的能量與波長。

18.一電子 20KeV 行進中，放射兩次的制動式光子，即第一次減速放出第一光子，而後再度第二次減速再放出第二光子，最後靜止下來。若第二次光子的波長較第一次光子波長長為 1.3Å。

(a)試求第一次減速後的電子能量。(b)第一次與第二次光子的波長為何？

19.假設電子與正電子成對形成，係由光子造成，這個過程有它的低限能量。

(a)計算光子的動能轉移原子核。

(b)假設原子核是鉛原子核，計算經光子作用後原子核的動能。

第三章　物質波──德布羅意假說

3-1 物質波

1.背景說明

　　出生於法國兩位兄弟檔物理學家，兄長為**莫里斯德布羅意**（Maurice de Broglie）。弟弟為**路易斯德布羅意**（Prince Louis-Victor de Broglie），兩位都從事物理方面的研究。兄長是一位研究X射線的專家，支持康普頓效應中的光子粒子行為說。弟弟路易斯原本是文學才華顯著的學者，曾隨他兄長一道研究X射線，兩人經常討論有關理論問題。1911 年第一屆索爾維會議（Solvay conference）中，兄長負責整理一些文件，而這些文件中的一些物理問題是有關輻射和量子論，因此對路易斯有很大啟發。同時兄長和另一位X射線專家**亨利－布拉格**聯繫密切，亨利－布拉格曾主張過X射線的粒子性。這個觀點對兄長莫里斯很有影響，所以他經常跟弟弟路易斯討論**波**和**粒子**的關係。這些條件促使路易斯德布羅意深入思考波粒二象性問題。1923 年，德布羅意發表幾篇有波動和量子的論文。第一篇題目是──輻射：波與量子，提出實物粒子也有波粒二象性，認為與運動粒子相應的還有一正弦波，兩者總保持相同的位相（Phase）。後來他把這種假想的非物質波稱為「相波」（Phase Wave）。第二篇題目是──光學：光量子繞射和干涉，提出這樣設想：在一定情形中，任一運動質點能夠被繞射。穿過一個相當小的針孔的電子群會表現出繞射現象。正是在這一方面，有可能尋得我們觀點的實驗驗證。

　　德布羅意並沒有明確提出物質波這一概念，他只是用位相波或相波的概念，認為可以假想有一種非物質波。可是究竟是一種什麼波呢？後來於

1924 年在他的博士論文提出物質波的存在。這種物質波概念後來在**薛丁格方程式**（Schroedinger Equation）建立以後，詮釋波函數的物理意義。再有，德布羅意並沒有明確提出波長 λ 和動量 p 之間的關係，即 $\lambda = \dfrac{h}{p}$，h 為普朗克常數。只是後來人們發覺這一關係在他的博士論文中已經隱含了，就把這一關係稱為**德布羅意公式**。

德布羅意在論文答辯中，有人提出物質波沒有辦法驗證這一新觀念。他說：「通過電子在晶體上的繞射實驗，應當有可能觀察到這種假定的波動效應」。後來有人將這一篇博士論文寄給愛因斯坦，愛因斯坦看到後非常高興。他沒有想到，自己創立的有關光的波粒二象性觀念，在德布羅意手裡發展到如此豐富的內容，竟擴展到了運動粒子，因此立刻引起其他物理學家注意。

德布羅意的物質波假設後來於 1927 年經過美國的戴維森（Davisson）和**革末**（L.H.Germer）及英國**湯姆遜**（G.P.Thomson）通過電子繞射實驗各自證實了電子確實具有波動性。

2.德布羅意的學說與關係式

(1) 學說——波和粒子的二象性

宇宙（天體物萬）是由輻射（radiation）和物質（matter）所組成。輻射的行為也相同應用於物質。就是光子有光波相隨運動，電子有物質波相隨運動，因此德布羅意提意是這是自然的完美的對稱性。

(2) 德布羅意的關係式

① 物質或輻射的總能量 E 與其運動中伴隨頻率 v 的關係為

$$E = hv \tag{3-1}$$

② 於電磁輻射的粒子觀念的能量 E 和動量 p 連結普朗克常數 h 而到物質波的概念中的頻率 ν 和波長 λ 爲

$$E = h\nu = pc \text{，} p = \frac{h\nu}{c} = \frac{h}{\lambda}$$

③ 物質波的波長 λ 與粒子動量 p 的關係爲

$$\lambda = \frac{h}{p} \tag{3-2}$$

式（3-2）稱爲**德布羅意關係式**（de Broglie relation），這表示一物質波的德布羅意波長 λ 伴隨著粒子運動中的動量 p。

3.光粒子與物質波存在的條件

(1) 光的傳播有兩種性質——射線與波動。物理光學顯示波動性質，幾何光學顯示射線性質，如何區別呢？假設 a 代表光學裝置（例如透鏡、平面鏡、狹縫）的寬度，λ 爲光穿過這些裝置的波長。因 $\frac{\lambda}{a}$ 相當於繞射效應的 $\cos\theta$，因此

① $\theta = \frac{\lambda}{a} \to 0$，光是以射線傳播前進，如同經典粒子的運動軌跡，顯示出射線性質，這屬於幾何光學（geometrical optics）。

② $\theta = \frac{\lambda}{a} \geq 1$，光是以波動傳播前進，顯示出波動性質，這屬於物理光學（physical optics）。

(2) 粒子的運動如何鑑定爲波動性質？爲了觀測出粒子的波動行爲，我們須要取孔徑或障礙物系統較爲適當地很小尺寸。一般取 $a \simeq 1\text{Å}$ 相當於固體的兩相鄰近的原子平面的空間。

例如：

① 質量為 0.1kg，速度為 10m/s 的棒球，其德布羅意波長

$$\lambda = \frac{h}{p} = \frac{h}{m\mathrm{v}} = 6.6 \times 10^{-34}\,\mathrm{m}$$
$$= 6.6 \times 10^{-24}\,\text{Å}$$

② 電子的動能為 100eV，其德布羅意波長

$$\lambda = \frac{h}{p} = \frac{h}{\sqrt{2mK}} = 1.2 \times 10^{-10}\,\mathrm{m}$$
$$= 1.2\text{Å}$$

因此與原子平面空間 $a = 1\text{Å}$ 比較：

棒球：$\dfrac{\lambda}{a} = \dfrac{6.6 \times 10^{-24}\text{Å}}{1\text{Å}} = 6.6 \times 10^{-24} \rightarrow 0$

　　棒球運動顯不出波性質

電子：$\dfrac{\lambda}{a} = \dfrac{12\text{Å}}{1\text{Å}} = 1.2 \approx 1$

　　電子運動顯出波性質

因此，於 1926 年**愛莉莎舍**（Elsasser）指出，粒子要顯出波性質時，最好以合適的能量落在約 1Å 的晶格物上。

例題 1　一個子彈質量為 40g 以 1,000m/s 行進，(a)它伴隨的波長如何？(b)為什麼子彈的波性質不能顯示完全地繞射效應？

　　解：　(a)從式（3-2）

$$\lambda = \frac{h}{p} = \frac{6.6 \times 10^{-34} \text{J-s}}{4.0 \times 10^{-3} \text{kg} \times 1000 \text{m/s}} = 1.65 \times 10^{-31} \text{ m}$$
$$= 1.65 \times 10^{-21} \text{ Å}$$

(b) 若取觀測子彈運動的尺度為 1cm，則

$$\frac{\lambda}{a} = \frac{1.65 \times 10^{-21} \text{Å}}{10^8 \text{Å}} = 1.65 \times 10^{-29} \rightarrow 0$$

因此沒有繞射效應

4.實驗證實電子的波性質存在

(1) 戴維森－革末實驗（1927 年）──反射式

實驗裝置如圖 3-1 所示。

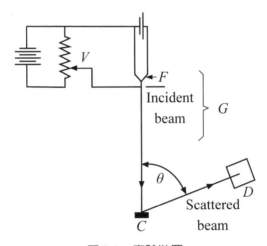

圖 3-1　實驗裝置

　　一束電子從電熱絲射出，經過可變的電位差 V，垂直碰擊到鎳的單晶 C 上。從 C 以一角度 θ 散射到偵測計 D，而讀取不同加速電位 V，所測到散射電子的強度，如圖 3-2 所示。

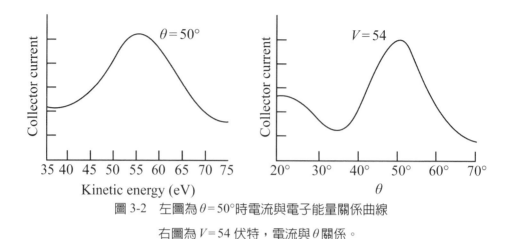

圖 3-2　左圖為 $\theta = 50°$ 時電流與電子能量關係曲線

右圖為 $V = 54$ 伏特，電流與 θ 關係。

$V = 54$ 伏特時，於 $\theta = 50°$ 處所取得的最強的電子束。依此實驗結果的數據，可得知電子的繞射（即散射電子）所對應的德布羅意波長 $\lambda = 1.65\text{Å}$，這可解釋爲電子視爲波相所產生的散射波的建設性干涉的結果

(2) 理論公式解釋實驗的結果

① **布勒格**（Bragg）的波繞射條件（圖 3-3）。

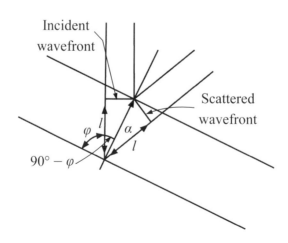

圖 3-3　布勒格的波繞射條件

兩反射波（散射波）的波程差為

$$2d \sin \varphi = n\lambda，n = 1、2、3\cdots \qquad (3\text{-}3)$$

此時兩反射波產生建設性干涉，d為內部有效平面間的距離，λ為入射波長。

② 布勒格電子繞射條件（圖 3-4）

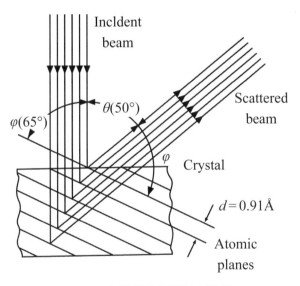

圖 3-4　布勒格的電子繞射條件

d為原子平面間的距離，相當於式（3-3）中的d。取$d = 0.91\text{Å}$，從布勒格電子散射公式，相當於式（3-3），以及實驗數據

$$2\varphi + \theta = 180°，\theta = 50°，因此 \varphi = 65°$$

則取$n = 1$時，得

$$\lambda = 2d \sin \varphi = 2 \times (0.91\text{Å}) \sin 65°$$
$$= 1.65\text{Å}$$

此結果相當一致於德布羅意公式中的 λ，p 與 h 間的結果

$$\lambda = \frac{h}{p} = \frac{h}{\sqrt{2mK}} = \frac{6.6 \times 10^{-34}\text{J-s}}{[2 \times 9.1 \times 10^{-31}\text{kg} \times (54\text{eV})]^{1/2}}$$
$$= 1.67 \times 10^{-10}\,\text{m} = 1.67\text{Å}$$

5.德布羅意波／速度的關係

　　針對非相對論粒子運動，其速度爲 v，而它伴隨的德布羅意波的前進波速度爲 W，即

$$W = \lambda v \quad 德布羅意波速$$

而粒子波的波長與速度頻率分別爲

$$\lambda = \frac{h}{p} = \frac{h}{m\text{v}}$$

$$v = \frac{E}{h} = \frac{\frac{1}{2}m\text{v}^2}{h}$$

$$\lambda v = \frac{h}{m\text{v}} \times \frac{\frac{1}{2}m\text{v}^2}{h} = \frac{1}{2}\text{v} \neq W$$

這說明德布羅意波的波速不等於粒子的運動速度。這主要因整個運動爲非相對運動，即慢速粒子運動掌控運動狀態。

例題 2　在戴維森-革末實驗中

(a)證明第二及第三階的繞射束對應第一階不會發生。(b)假使加速電壓由 54V 變到 60V 時，第一階的繞射會發生時，則散射角 θ 爲何？(c)若於 $\theta=50°$ 產生第二階繞射，加速電壓爲何？

解：　(a) $n=1$（第一階）：$\lambda=1.65\text{Å}$

      $n=2$（第二階）：$\lambda=d\sin\varphi=0.825\text{Å}$

      $n=3$（第三階）：$\lambda=\dfrac{2}{3}d\sin\varphi=0.35\text{Å}$

      而德布羅意波 $\lambda=1.65\text{Å}$，因此不一致，不會發生

(b) 入射電子的波長

$$\lambda=\frac{h}{p}=\frac{h}{\sqrt{2mK}}$$

$$=\frac{6.6\times10^{-34}\text{J-s}}{[2\times9.1\times10^{-31}\text{kg}\times60\text{eV}\times1.6\times10^{-19}\text{J/eV}]^{1/2}}$$

$$=\frac{6.6\times10^{-34}\text{J-s}}{10^{-25}\times4.18\text{kg-m/s}}=0.158\times10^{-9}\text{ m}$$

$$=1.58\text{Å}$$

第一階繞射：$n=1$

$\lambda=2d\sin\varphi$

$$\sin\varphi=\frac{\lambda}{2d}=\frac{1.58\text{Å}}{2\times0.19\text{Å}}=0.868$$

$\varphi=60°$，則 $\theta=2(90°-60°)=60°$

(c) $\varphi=90°-2\times50°=65°$，$\sin65°=0.906$

第二階繞射，$n=2$，繞射波長 $\lambda=d\sin65°$

$\lambda=0.91\text{Å}\times0.906=0.824\text{Å}$

$$p = \sqrt{2mK} = \frac{h}{\lambda} = \frac{6.6 \times 10^{-34} \text{J-s}}{0.824 \times 10^{-10} \text{m}} = 8.01 \times 10^{-24} \text{kg-m/s}$$

$$K = \frac{64.16 \times 10^{-48} (\text{kg-m/s})^2}{2 \times 9.1 \times 10^{-3} \text{kg}}$$

$$= 3.525 \times 10^{-17} \text{J}$$

$$= 3.525 \times 10^{-17} \text{J} \times 6.242 \times 10^{18} \text{eV/J}$$

$$= 220 \text{eV}$$

3-2 波與粒子的二象性

1.二象性各別出現

宇宙萬物中行為係由輻射與物質等行為性所組成。這兩種行為模式——波動模式（輻射）與粒子模式（物質）皆很成功地解釋經典的物理現象。宏觀現象中，水波借由波面傳送能量，這可由波動模式解說。又子彈從槍口射出就轉移能量到靶上，這可由粒子模式解說。微觀現象中，光子的散射（康普頓效應）可解釋由波動模式轉換成粒子模式；X 射線的繞射，又是由粒子模式轉換波動模式。在電子方面，它的 e/m 比例與物質中的離子化的軌跡是屬於粒子模式，但在電子繞射中又屬於波動模式。

因此波-粒二象性可應用於物質與輻射，但是這兩種模式在同現狀中不能同時出現使用，即個別出現使用。

2.波爾的互補原理（Bohr's principle of complementarity）

波-粒二象性是個別出現，但個別出現的依據是什麼？波爾於 1927 年為了解釋此現象提出了互補原理，說明如下：

波動模式與粒子模式是互補的，假使一個量測證實為輻射，或物質具有波動特性，那麼就不可能在同樣的量測下出現粒子特性，反之亦然。

因此在一已知的量測中，只有一種模式可用這量測來做決定。

3.波動模式與粒子模式間的連結──機率的解釋

於輻射情況中，愛因斯坦將波與粒子理論連結，後來**波恩**（Max Born）對於物質也使用近似論據將波與粒子理論連結。

(1) 愛因斯坦的解釋──光子或粒子

在光子或粒子所標示出輻射強度可寫為 $I=Nhv$，即光子的能量，N 為單位時間，光子穿越垂直於傳播方向的單位面積的平均數量。每一光子的能量為 hv。在電磁波方面所標示粒子能量可寫為 $\dfrac{1}{\mu_0\epsilon_0}\overline{\varepsilon^2}$，即電磁波的單位體積輻射能量。同時愛因斯坦將 $\dfrac{1}{\varepsilon^2}$ 解釋為所量測的單位體的光子。

假使我們將兩者波表示等於粒子表示，則

$$I=\left(\frac{1}{\mu_0\epsilon_0}\right)\overline{\varepsilon^2}=Nhv \tag{3-4}$$

$$\overline{\varepsilon^2}\sim N \tag{3-5}$$

因此，$\overline{\varepsilon^2}$ 與 N 成比例。波動與粒子的連結的結論如下：

① N 解釋為發現光子單位時間，穿過單位面積的機率量測。

② $\overline{\varepsilon^2}$ 解釋為量測光子密度的機率。

(2) 波恩的解釋──物質波

物質波的機率解釋也可將波動與粒子二象性連結起來。物質波就是德布羅意波，其波長 λ，頻率 v 的波函數 $\Psi(x, t)$（薛丁格方程式的波）為

$$\Psi(x, t)=A\sin2\pi\left(\frac{x}{\lambda}-vt\right) \tag{3-6}$$

而類比於電磁波為

$$\varepsilon(x, t) = A \sin 2\pi \left(\frac{x}{\lambda} - vt \right) \tag{3-7}$$

$\Psi(x, t)$ 與 $\varepsilon(x, t)$ 兩者間的類似與不同處分析如下表。

$\varepsilon(x, t)$——輻射波	$\Psi(x, t)$——物質波
沿正 x 方向傳播	沿正 x 方向傳播
輻射波伴隨光子	物質波伴隨材料粒子
$\overline{\varepsilon^2}$ 為於已知地方，時間在單位體積發現光子的機率量測	$\|\Psi(x, t)\|^2$ 相同解釋而針對材料粒子
波動方程式	薛丁格方程式
重疊原理：$\varepsilon = \varepsilon_1 + \varepsilon_2$	重疊原理：$\Psi = \Psi_1 + \Psi_2$
干涉與繞射	干涉與繞射

$|\Psi(x, t)|^2 = $ 於位置、時間發現粒子的機率密度。

$|\varepsilon(x, t)|^2 = $ 於位置、時間發現光子的光子數的密度。

波動的相速度（phase velocity）：

當波動傳波時，波函數的相（Phase）固定時，即

$$2\pi \left(\frac{x}{\lambda} - vt \right) = 常數$$

因此相速 v_p 為

$$v_p = \left(\frac{dx}{dt} \right)_{phase} = \lambda v = 波速 \tag{3-8}$$

3-3 不準確原理

1.物理的確定性與機率性觀念

(1) 經典物理——確定性觀念（牛頓力學）

　　若一物體在運動時承受一已知力以及起始條件等，則繼續的運動狀況將是可確定性瞭解，即可得任何時刻，物體的位置、速度以及動量。在這一方面宏觀的世界，力學已是運用的很成功。

(2) 量子物理——機率性觀念（海森堡與波爾物理）

① 愛因斯坦的**同時性**的解釋：

　　同時性不是絕對觀念，而是相對觀念。例如有兩件事的發生對你來講是同時性發生，但另外一人對你有相對運動時，這兩件事的發生對他來講就有時間差了，因此可延伸到沒有辦法正確地同時性量測粒子的位置（position）與動量（momentum）。也就是說任何實驗不能同時性確定動量的正確值以及所對應的共軛座標的正確值。

② 海森堡的不準確原理（The uncertainty principle）：

a. 第一種不準確原理——粒子的位置與動量不能同時性量測正確值，但是在精細的量測方面應有其極限，及位置精確時，動量有不準確 Δp 存在，反之亦然。因此兩者的不準確性關係為

$$(\Delta p_x)(\Delta x) \geq \frac{1}{2}\hbar, \quad \left(\hbar = \frac{h}{2\pi}\right) \tag{3-9}$$

這個限制不是正確性針對 x 和 p 的量測，而是說兩者同時性量測的乘積。於動量 p 量測中有不準確 Δp_x 的量存在，同時間中位置 x 也有不準確量 Δx 的存。

同理，式（3-9）也可延伸到下列結果，即

$$(\Delta p_y)(\Delta y) \geq \frac{1}{2}\hbar \quad , \quad (\Delta p_z)(\Delta z) \geq \frac{1}{2}\hbar \qquad (3\text{-}10)$$

式（3-9）與式（3-10）的物理意義可以說，假使粒子的動量 p_x 很正確知道，因此就沒有不準確量存在，即 $\Delta p_x = 0$，那麼粒子的不準確量 Δx 就無窮大了。即 $\Delta x = \infty$。

b. 第二種不準確原理——系統能量 E 和時間 t 的量測。在一有限定時間間隔 Δt 中，系統的能量量測不可能有定確性正確能量。對一個光子能量會有 ΔE 能量的傳播從一原子中發射出來，兩者間的關係為

$$(\Delta E)(\Delta t) \geq \frac{1}{2}\hbar \qquad (3\text{-}11)$$

2.實驗說明不準確原理（Ｉ）——$(\Delta p_x)(\Delta x) \geq \frac{1}{2}\hbar$

(1)波爾的顯微鏡假想實驗（以圖 3-5 說明）

圖 3-5 解說：

(a)光子動量 $p = \dfrac{h}{\lambda}$，其 x 分量之範圍 $-p\sin\theta' \leq p_x \leq p\sin\theta'$

(b)光子散射：$\Delta p_x \cong 2p\sin\theta' = \left(\dfrac{2h}{\lambda}\right)\sin\theta'$

最小的空間鑑別率 $\Delta x \cong \dfrac{\lambda}{\sin\theta'}$

(c)電子繞射模式：$(\Delta x)(\Delta p_x) \cong 2h$

這個結果與不準確原理最大極限 $\dfrac{1}{2}\hbar$ 是合理可接受。

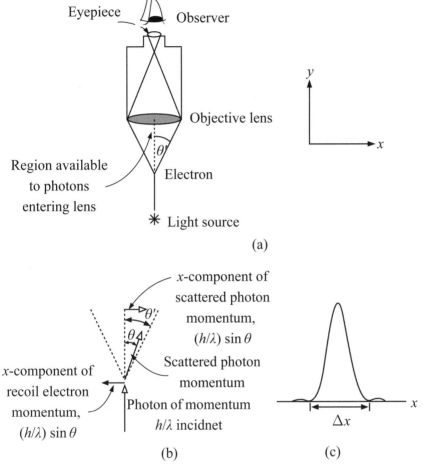

圖 3-5　(a)實驗裝置；(b)光子散射；(c)電子繞射模式

(2) 電子的繞射──以圖 3-6 說明

單狹縫寬度：Δy

第一條暗線的路程相差：$\dfrac{1}{2}\Delta y \sin\theta = \dfrac{\lambda}{2}$

電子落在第一條暗線的動量：

$$\Delta p_y \cong p_y = p \sin\theta$$

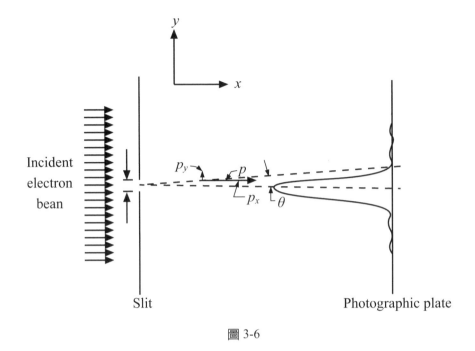

圖 3-6

因此

$$(\Delta p_y)(\Delta y) \cong (p \sin \theta)\left(\frac{\lambda}{\sin \theta}\right) = p\lambda = h$$

這個結果也與不準確原理極限有一致性結果。此處電子繞射相當於波動，不準確原理對於粒子，這提供了電子的二象性現象。

3.不準確原理（Ⅱ）──$(\Delta E)(\Delta t) \geq \frac{1}{2}\hbar$

對於一電子以速度 v 運動時，其能量為

$$E = \frac{1}{2}mv^2 = \frac{p^2}{2m}$$

因為動量有不準確值Δp，因此能量的不準確值為

$$\Delta E = \left(\frac{p}{m}\right)\Delta p = \mathrm{v}\Delta p$$

v為在光的照射下，電子在某一位置量測之速度。因此若在Δt時距下的量測，位置的不準確性Δx為$\Delta x = \mathrm{v}\Delta t$，則

$$\Delta E = \mathrm{v}\Delta p = \left(\frac{\Delta x}{\Delta t}\right)\Delta p$$

$$(\Delta E)(\Delta t) = (\Delta p)(\Delta x) \geq \frac{1}{2}\hbar$$

這個結果與原始的敘述式（3-9）和式（3-11）一致性。

例題 3　質量為 50 克的子彈與電子的速度均為 300m/s，同時不準確率皆為 0.01%。假使位置與速度皆同時性量測，兩者的位置的基本正確如何？

解：　電子方面

$p = m\mathrm{v} = 9.1 \times 10^{-31}\,\mathrm{kg} \times 300\mathrm{m/s} = 2.7 \times 10^{-28}\,\mathrm{kg\text{-}m/s}$

不準確量

$\Delta p = p \times 0.01\% = 0.0001 \times 2.7 \times 10^{-28}\,\mathrm{kg\text{-}m/s}$

$\quad = 2.7 \times 10^{-32}\,\mathrm{kg\text{-}m/s}$

因此

$\Delta x \geq \dfrac{1}{2}\hbar\,\dfrac{1}{\Delta p} = \dfrac{1.055 \times 10^{-34}\,\mathrm{J\text{-}s}}{2 \times 2.7 \times 10^{-32}\,\mathrm{kg\text{-}m/s}} = 2 \times 10^{-3}\,\mathrm{m}$

$\quad\quad = 0.2\mathrm{cm}$

子彈方面：

$p = m\mathrm{v} = 50 \times 10^{-3}\,\mathrm{kg} \times 300\mathrm{m/s} = 15\mathrm{kg\text{-}m/s}$

不準確率為

$$\Delta p = 0.01\% p = 0.0001 \times 15 \text{kg-m/s}$$

$$= 1.5 \times 10^{-3} \text{ kg-m/s}$$

因此

$$\Delta x \geq \frac{1}{2} \hbar \frac{1}{\Delta p} = \frac{1.055 \times 10^{-34} \text{ J-s}}{2 \times 1.5 \times 10^{-3} \text{ kg-m/s}}$$

$$= 3 \times 10^{-32} \text{ m}$$

子彈方面是屬於宏觀物體，其位置不準確性較小多了，Δx 約為原子核直徑的 10^{-17} 倍，沒有合乎事實用的極限，但在電子方面，Δx 約為原子直徑的 10^7 倍，這表示多較符合有實用的極限。簡單的說，子彈的位置準確大，電子的位置準確性較小。

3-4 物質波的性質

1.粒子的速度 v 與其所對應的德布羅意波的波速 W 間的關係：

粒子的能量與動量分別為

$$E = \frac{1}{2} m v^2 \text{ , } p = m v$$

而波的波速為

$$W = \lambda v$$

而德布羅意粒子波的動量與能量分別為

$$p = \frac{h}{\lambda} \text{ , } E = h v$$

所以波速

$$W = \lambda v = \left(\frac{h}{p}\right)\left(\frac{E}{h}\right) = \frac{E}{p} = \frac{\frac{1}{2}mv^2}{mv} = \frac{1}{2}v$$

結果，粒子的速度 v 與其所對應的德布羅意波的波速 *W* 是不同的。

2.粒子的德布羅意波的想像——波群（wave group）

　　我們期望一運動粒子的波的想像符合於**波包**（wave packet）**或波群**（wave group），而它的組成波也有振幅，其振幅的變化可能性與偵測到粒子有關，如圖 3-7 所示。

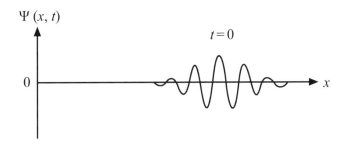

圖 3-7　粒子的德布羅意波

波群的速度 v_g 是粒子速度，而這些波的個別振盪的速度為 *W*，兩者是不一樣。這表示說，粒子波（或物質波）是以一群波的形狀沿著某一方向行進，其速度如同粒子速度。接著我們來描述物質波狀況。

(1) 常數單位振幅的個體波

　　常數單位振幅的個體波是以正弦波來表示，

$$\Psi(x, t) = \sin 2\pi\left(\frac{x}{\lambda} - vt\right) \tag{3-12}$$

v為頻率，λ為波長，沿著x軸從 $-x$ 到$+x$以等速度移動。上式（3-12）又可改寫爲

$$\Psi\,(x,\,t)=\sin 2\pi\,(kx-vt) \qquad\qquad（3\text{-}13）$$

式中$k=\dfrac{1}{\lambda}$，爲波長的倒數。現在來看看移動波的情況：

① 位置x固定於某一值x_0，波動在該處做時間函數的振盪，振盪頻率 v如圖 3-8 所示。

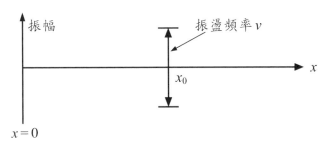

圖 3-8　x_0處的上下振盪

② 針對某一時間固定，波動的震盪隨x變化，其波長爲λ（或$k=\dfrac{1}{\lambda}$） 如圖 3-9 所示。

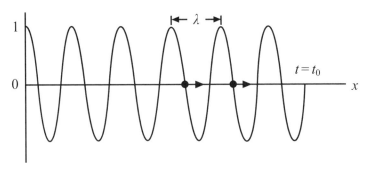

圖 3-9　某時刻 t 的波移動

③ 在 x 軸上有些點（即節點 node），其振盪位置爲零，這些點位置可由函數零值得知，即

$$2\pi\ (kx_n - vt) = n\pi \ , \ n = 0 \ 、 \pm1 \ 、 \pm2$$

則

$$x_n = \frac{n}{2k} + \frac{v}{k}t$$

因此這些節點沿 x 軸運動，其運動速度（及波速）爲

$$W = \frac{dx_n}{dt} = \frac{v}{k} = \lambda v$$

這是與一般波動的波速一樣

(2) 可調節振幅的波，組成的群波情況（如圖 3-10）

圖 3-10　可調節振幅波的群波

一群波沿著 x 軸傳播，類似於如圖 3-7 所示的物質波，以無限多的波加在一起形成的波函數爲

$$\Psi\ (x, t) = \sin 2\pi\ (kx - vt)$$

而每一個波間的頻率 v 與波長 λ（或 $k = \dfrac{1}{\lambda}$）以微小的不同組成「節拍」（Beat）波形，即暫以兩波相加

$$\Psi (x, t) = \Psi_1 (x, t) + \Psi_2 (x, t)$$
$$= \sin 2\pi (kx - vt) + \sin 2\pi [(k + dk)x - (v + dv)t]$$
$$= 2\cos 2\pi \left[\frac{1}{2} dk\, x - \frac{1}{2} dv\, t \right] \sin 2\pi \left[\frac{(2k + dk)}{2} x - \frac{(2v + dv)}{2} t \right]$$

因為 $2v \gg dv$ 及 $2k \gg dk$，則上式為

$$\Psi (x, t) = 2\cos 2\pi \left(\frac{1}{2} dk\, x - \frac{1}{2} dv\, t \right) \sin 2\pi (kx - vt) \qquad （3\text{-}14）$$

上式（3-14）波函數所成形波型如圖 3-11 所示。

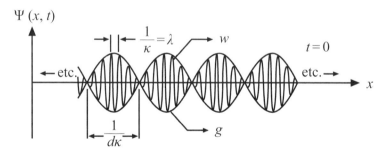

圖 3-11　兩個稍微不同頻率與波長倒數 k 的正弦波的相加合成波

式中第二項是 $\sin 2\pi (kx - vt)$ 所表示為個別波，其波速為 $W = v\lambda = \dfrac{v}{k}$。第一項 $\cos 2\pi \left(\dfrac{1}{2} dk\, x - \dfrac{1}{2} dv\, t \right)$ 使得合成波 $\Psi (x, t)$ 落在週期性變化振幅的封套內，因此造成一前進的「群」（Group），而這一「群」前進的速度

$$v_g = g = \frac{\frac{1}{2}dv}{\frac{1}{2}dk} = \frac{dv}{dk} \qquad (3\text{-}15)$$

稱爲**群速**。

式（3-14）所顯示的是一大堆的波組成一前進的波型（相當於波包）其波速爲 W，群波速爲 $v_g = g = \dfrac{dv}{dk}$。針對最簡單狀況，即單一波，則

$$W = v_g = g\left(= \frac{dv}{dk}\right) = \frac{v}{k}$$

爲一般有效的表示。

(3) **群波波速與粒子速度等同。**

依德布羅意與愛因斯坦關係

$$E = hv \text{，} p = \frac{h}{\lambda} = kh$$

$$dv = \frac{1}{h}dE \text{，} dk = \frac{1}{h}dp$$

則

$$g = v_g = \frac{dv}{dk} = \frac{dE}{dp}$$

針對粒子而言，$E = \frac{1}{2}mv^2$，$p = mv$

則

$$\frac{dE}{dp}=\frac{mvdv}{mdv}=v$$

這說明物質波的群速剛好是粒子的速度，亦可說粒子在物質波內合在一起傳播。群波中波包內的個別波的波速 W 是由波函數 $\Psi(x,t)$ 中的第二項評計之，而群波波速 g 由 $\Psi(x,t)$ 中的第一項評計之。

3.不準確關係

(1) 常數振幅粒子波

針對伴隨粒子的德布羅意波中，其振幅為常數（即非可調節振幅）的波函數為

$$\Psi(x,t)=A\sin 2\pi(kx-vt)$$

或

$$\Psi(x,t)=A\cos 2\pi(kx-vt)$$

式中波長為 $\lambda=\dfrac{1}{k}$，頻率為 v。假若波長 λ 為一定長，則 $\Delta\lambda=0$，依 $p=\dfrac{h}{\lambda}$，$\Delta p_x=0$，根據波恩論，發現粒子的機率是與波的振幅有關，而不是關注在於特殊的 x 範圍，這表示粒子的位置是完全地未知數，那麼 $\Delta x=\infty$。

同樣敘述，波長為一定值，頻率也會一定值，因此 $\Delta v=0$，$E=hv$ 也為定值，所以 $\Delta E=0$，而依經典物理波，其能量 $E\sim A^2$，則波的振幅是與時間無關的完整的常值，那麼我們必須保持這個波一段很長的時間，即 $\Delta t=\infty$。

針對這簡單情況，在極限下 $\Delta p_x = 0$，$\Delta x = \infty$ 或 $\Delta E = 0$，$\Delta t = \infty$，也可符合於不準確原理

$$(\Delta p_x)(\Delta x) \geq \frac{1}{2}\hbar，(\Delta E)(\Delta t) \geq \frac{1}{2}\hbar$$

(2) 調節性振幅粒子波

對於可調節振幅的德布羅意波，振幅 A 是位置 x 或時間 t 的函數，可將一些不同波長或頻率的單色波疊置而造成一系列的節拍波（beat）現象。

今將 7 個稍微不同 k 值的餘弦波重疊在一起，合成波爲

$$\Psi(x, t) = \sum_{k=1}^{7} A_k(x, t) \cos 2\pi(kx - v_k t)$$

令 $t = 0$ 時，取 k 值從 $k = 9$ 到 $k = 15$，其所對應的振幅爲

$$A_9 = \frac{1}{4}A，A_{10} = \frac{1}{3}A，A_{11} = \frac{1}{2}A，A_{12} = A$$

$$A_{13} = \frac{1}{2}A，A_{14} = \frac{1}{3}A，A_{15} = \frac{1}{4}A$$

則合成波爲

$$\Psi(x, 0) = \Psi_9 + \Psi_{10} + \cdots + \Psi_{15}$$

$$= \frac{1}{4}A\cos(2\pi \times 9x) + \frac{1}{3}A\cos(2\pi \times 10x)$$

$$+ \frac{1}{2}A\cos(2\pi \times 11x) + A\cos(2\pi \times 12x)$$

$$+ \frac{1}{2}A\cos(2\pi \times 13x) + \frac{1}{3}A\cos(2\pi \times 14x)$$

$$+ \frac{1}{4}A\cos(2\pi \times 15x)$$

如圖 3-12 所示，成為「節拍」波，每一節拍形狀就是粒子波的波包。這合成波有下列現象：

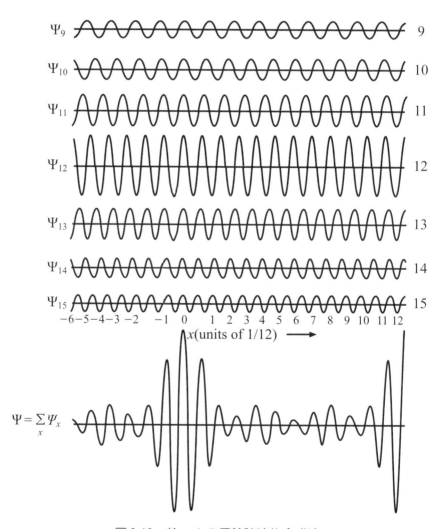

圖 3-12　於 $t = 0$，7 個餘弦波的合成波

① 於 $x=0$ 處，所有的波是同相（in phase）

② 向 $x=0$ 處兩邊互相前進時，所有的波是異相（out of phase）

③ 合成波在 $x=0$ 處的振幅爲最大，而後向兩邊，即沿 x 的增加或減
　少等，將以振盪衰亡一直到部分波的相的關係再爬昇。

(3) 不準確關係

Δx 的定義爲最大振幅到其一半時的 x 寬度

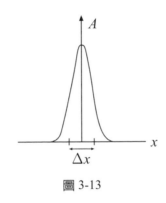

圖 3-13

由圖 3-12 中可知 $\Delta x \geq 0.083 \sim \dfrac{1}{12}$，至於 Δk 可由振幅 A 與 k 的關係圖中

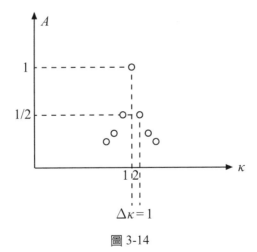

圖 3-14

得知 $\Delta k = 1$，因此 $(\Delta x)(\Delta k) \geq \dfrac{1}{12} \cong \dfrac{1}{4\pi}$

一群波行進於有極限延伸的空間，而在一極限的時間內可穿過任何已知的觀測點，Δt 為這群波歷經時間，而於此 Δt 中，其頻率跨距為 Δv，因此

$$\Delta x = v_g \Delta t$$

$$\Delta k = \Delta\left(\frac{1}{\lambda}\right) = \Delta\left(\frac{v}{v_g}\right) = \frac{1}{v_g}\Delta v$$

$$(\Delta x)(\Delta k) = (v_g \Delta t)\left(\frac{1}{v_g}\Delta v\right) = (\Delta t)(\Delta v) \geq \frac{1}{4\pi}$$

依德布羅意-愛因斯坦關係

$$(\Delta x)(\Delta k) = (\Delta x)\left(\Delta\frac{1}{\lambda}\right) = (\Delta x)\left(\Delta\frac{p}{h}\right)$$

$$= \frac{1}{h}(\Delta x)(\Delta p) \geq \frac{1}{4\pi}$$

則
$$(\Delta x)(\Delta p) \geq \frac{1}{2}\hbar$$

又

$$(\Delta t)(\Delta v) = (\Delta t)\left(\Delta\frac{E}{h}\right) = \frac{1}{h}(\Delta t)(\Delta E) \geq \frac{1}{4\pi}$$

則

$$(\Delta E)(\Delta t) \geq \frac{1}{2}\hbar$$

這些結果也符合原始敘述的不準確原理

> **例題 4** (a)一個激發態的原子核的壽命通常爲 10^{-12} 秒，那麼伽瑪射線光子的放射的能量不準確性如何？(b)原子在激發態的壽命爲 1.2×10^{-8} 秒，而它在第二激發態的壽命爲 2.3×10^{-8} 秒。當電子從這兩能階躍遷而放射出光子，光子能量不準確如何？

解： (a) 依式（3-11）

$$\Delta E \geq \frac{\hbar}{2} \frac{1}{\Delta t} = \frac{1.055 \times 10^{-34} \text{ J-s}}{2 \times 10^{-12} \text{ s}} = 0.527 \times 10^{-22} \text{ J}$$
$$= 0.329 \times 10^{-3} \text{ eV}$$

(b) $\Delta E_1 = \dfrac{\hbar}{2\Delta t_1} = \dfrac{0.6582 \times 10^{-15} \text{ eV-s}}{2 \times 1.2 \times 10^{-8} \text{ s}} = 2.74 \times 10^{-8} \text{ eV}$

$\Delta E_2 = \dfrac{\hbar}{2\Delta t_2} = \dfrac{0.6582 \times 10^{-15} \text{ eV-s}}{2 \times 2.3 \times 10^{-8} \text{ s}} = 1.43 \times 10^{-8} \text{ eV}$

$\Delta E = \Delta E_1 + \Delta E_2 = 4.17 \times 10^{-8} \text{ eV}$

3-5 量子理論的哲理

1.物質粒子具有質量，質量即是能量（愛因斯坦），能量襯出頻率（普朗克）頻率襯出脈動，因此粒子具有脈動！脈動粒子很可能像光子，光子則與光波有關，因此物質必與物質波相關！

2.光的定律──波長愈短則頻率愈高；頻率愈高則光子的能量愈大。

3.使用波長較長的顯微鏡去觀察電子，原意是減少對電子的擾動，但其能力就爲之降低。「不可兼得」的特性在物理的量測中出現了！

4.在量子力學裡，物質的行爲不再是可預測的（至少在微觀世界裡），物理能告訴我們的：只是將來的機率分布情形。這種說法等於否認了「因果律」的存在，因此使不少物理學家與哲學家感到不適。這些物理

學家中，很奇怪地包括了不少當初對量子力學發展甚有貢獻的大人物，如愛因斯坦（Einstein）、薛丁格（Schroedinger），德布羅意（de Broglie）。愛因斯坦在其晚年寫給波恩（Born）信中：我不相信「玩骰子的上帝」，雖然量子力學的成就偉大，但也未使我相信它的解釋法——基本上是個賭博的遊戲。可能年輕的學者以為是由於我年老之故，而無法接受。

5.波爾（Neils Bohr）有名的哥本哈根的釋意：量子論是很有意義的工作，它預測的結果與實驗有非常一致的吻合。

6.海森堡（Heisenberg）的簡潔的敘述：

我們沒有假設量子論是對立於經典物理論，而是很基本地一個統計論，在意義方面，唯有統計的結論可以從正確的數據推論而出。在因果論定律的公式中，即「假使我們知道，現在是正確地，我們能預測未來」它不是結論，寧願是前提，而是錯的。原則上，我們不知道現在的所有詳細內容。

📖 習題

1. (a)電子能量 6eV，其德布羅意波長為何？
   (b)若電子能量為 200MeV，其德布羅意波又如何？
2. 考慮一晶體的原子平面間的距離為 0.32nm，則電子能量的程級如何可觀察到 3 個最大的干涉結果？
3. 鈉原子放射出黃色光的波長 5890Å。電子能量為多少所伴隨的德布羅意波長就是鈉原子的黃色波長。
4. 電子與光子運動的伴隨德布羅意波長皆為 2Å，計算它們的(a)動量和(b)總能量，(c)同時比較兩者動能。
5. 若一粒子運動中的動能等於其靜止能，而它的德布羅意波長為

1.7898×10^{-6}Å。假使動能增加為 2 倍大，其波長為多少？

6. (a)一粒子電量為e，靜止質量為m_0，在一已知加速電壓V下以一相對論速度行進，其德布羅意波長為

$$\lambda = \frac{h}{\sqrt{2m_0 eV}} \left[1 + \frac{eV}{2m_0 c^2} \right]^{-\frac{1}{2}}, \ eV = \text{動能 } k$$

試證之。

(b)試證在非相對論下，$\lambda \to \dfrac{h}{p}$。

(c)若非相對論的德布羅意波長的誤差為 1%，則電子與中子的動能如何？

7. 試證在一相對論粒子中，其靜止能為E_0，則其德布羅意波長為

$$\lambda = \frac{1.24 \times 10^{-12}}{E_0} \frac{(1 - \beta^2)^{1/2}}{\beta}, \ \beta = \text{v}/c$$

8. (a)證明自由粒子的不準確關係式為

$$(\Delta\lambda)(\Delta x) \ge \frac{\lambda^2}{4\pi}$$

(b)若光子的$\Delta\lambda/\lambda = 10^{-7}$，試計算①伽瑪射線$\lambda = 5 \times 10^{-4}$Å，②$X$射線$\lambda = 5$Å，③可見光$\lambda = 5000$Å 等的位置不準確$\Delta x$值。

9. 若一粒子的位置不準確值Δx等於其德布羅意波長，則粒子的不準確速度Δv為何？

10. 利用相對論表示總能量和動量証實物質波的群波速度g等於物質波的粒子速度 v。

11. 若X射線波長為 0.5Å，而於$\theta = 5°$處被偵測到。

(a)那麼晶體原子平面間的距離為何？

(b)在那一角度有第二位置被偵測到？

12. 在常溫下，計算氧分子的平均德布羅意波長。

13. 若一電子的德布羅意波長相當於一光子的能量 10KeV，則電子的動能

如何？

14.質量爲 0.1μg的灰塵經空氣中落下，其速度爲 0.001mm/s。則此灰塵粒子的德布羅意波長爲何？

15.光子的波長爲 500nm，若光子波長的正確度爲百萬分之一時，則光子的位置的不準確值爲何？

第四章　原子模型

4-1 原子結構的演進

1.陰極射線──電子

所有不同物質中所放射出的陰極射線都相同，其結論說明電子是物質的基本成分。在 1897 年，**湯姆生**（J.J.Thomson）在陰極射線管中，量測電子電荷量與其質量的比值 $\dfrac{e}{m}$，以很小心地與定量地量測磁場與電場的效應於陰極射線的運動，湯姆生確認 $\dfrac{e}{m}$ 的比值爲 1.76×10^8 coul/g。在 1909 年，**密立根**（Robert A.Millikan）利用有名的**密立根油滴實驗**，很成功地量測出電子電量。在兩個電極板間，小油滴在落下過程中一路搭載周圍的額外電子，密立根模擬這些滴落的油滴量測兩電極板的電壓要多少伏特而影響下落率。密立根的實驗証實了這些電荷量是 1.6×10^{-19} 庫侖的整數倍。

2.放射性──次原子

在 1896 年，**貝克勒**（Henri Becquerel）研究瀝青鈾礦時發現在瞬時地放射出高能量的輻射。更進一步研究放射性的性質，主要是**拉塞福**（Sir Ernest Rutherford）的研究呈顯示，有三種輻射典型──阿爾發（α），貝他（β）與伽瑪（γ）等輻射。他證實 α 粒子是由氦原子核心的帶正電荷所組成。

3.核原子的原子──拉塞福原子模型

由於繼續發展的證據說明原子係由一些甚小的粒子所組成，且也注意到已知這些粒子如何固定在一起。在早期湯姆生的提議原子係由一個帶正

電的物質圓球組成，其中電子嵌於在內。這個原子模型變成有名的「布丁」模型，但在短暫的生命中被否定。拉塞福研究利用 α 粒子穿越薄金箔，看看 α 粒子被散射的角度，他發現幾乎所有 α 粒子直接穿過沒有偏移。不過，也有少部分有偏移的，甚至也有一些反彈回來。於 1911 年，拉塞福假設原子大部分的質量留在一很小，且極密度地的區域中，即所謂原子核，而原子大部分的體積中是空的空間，在此空間中電子環繞原子核運轉。後來 1919 年拉塞福發現**質子**（proton），1932 年查兌克（James Chadwick）發現**中子**（neutron）。

4-2 湯姆生原子模型

1.原子模型的基本資料

電子：帶負電。

質子：帶正電。

原子：電中性，因此質子數等於電子數。

原子質量幾乎全為質子質量，因為電子質量遠小於質子質量。

2.湯姆生模型

(1)質子的分佈為連續性且均勻地在半徑約為 1Å 的圓球內，而電子則為局部性嵌入在圓球內，如圖 4-1 所示，很像**布丁模型**（plum-pudding model）。

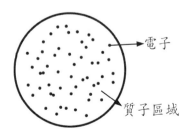

圖 4-1　湯姆生原子模型

(2) 原子能態

　　在原子內，在它的最低可能的能階態，電子固定於其平衡位置，而在激發態，電子對其平衡位置作振盪。依經典的電磁理論，簡諧振盪的電子會放射出它的電磁輻射波，其頻率就是電子振盪頻率。在湯姆生原子模型中，可理解電子在激發態會有放射出輻射波，但是在實驗方面尚欠缺有關這些光譜的觀察。

3.湯姆生原子型的激發態──原子的電磁輻射

(1) 電子在原子內的受力

　　依原子模型的基本資料，帶正電荷的質子均勻分佈於半徑 R 的圓球內，其電荷密度為 ρ。距中心處為 a 的電場為

$$E = \frac{\rho a}{3\epsilon_0} \qquad (4\text{-}1)$$

因此電子在該處承受電力為

$$F = (-e)E = -\left(\frac{\rho e}{3\epsilon_0}\right)a = -ka \qquad (4\text{-}2)$$

k 為力常數，$k = \left(\frac{\rho e}{3\epsilon_0}\right)$。假使電子在 a 處是自由粒子且沒有起始速度時，電子承受電力指向球心，將會產生對球心作簡諧運動沿著圓球直徑，因為它時常指向球心，其強度與距球心 a 處的位移成正比。

(2) 電磁輻射的頻率 ν 與波長 λ

　　假設原子內的總正電荷量是一個電子的電荷量，這樣一來原子內沒有淨電荷量。原子半徑為 R（約為 1Å），因此電荷密度 ρ 為

$$\rho = \frac{e}{\frac{4}{3}\pi R^3} \quad （取湯姆生的氫原子模型）$$

因此力常數 k 值爲

$$k = \frac{e^2}{4\pi\epsilon_0 R^3} = 9.0\times10^9\,\frac{\text{nt-m}^2}{\text{coul}^2}\frac{(1.6\times10^{-19}\,\text{coul})^2}{(1.0\times10^{-10}\text{m})^3}$$

$$\simeq 2.3\times10^2\,\text{nt/m}$$

簡諧運動的頻率 v 爲

$$v = \frac{1}{2\pi}\sqrt{\frac{k}{m_e}} = \frac{1}{2\pi}\sqrt{\frac{2.3\times10^2\text{nt/m}}{9.11\times10^{-31}\text{kg}}} = 2.5\times10^{15}/\text{s}$$

又波長爲

$$\lambda = \frac{c}{v} = \frac{3\times10^8\,\text{m/s}}{2.5\times10^{15}/\text{s}} = 1.2\times10^{-7}\text{m}$$

$$= 1200\text{Å}$$

此爲電磁光譜的遠紫外線部分

4.湯姆生原子模型的問題

(1)在湯姆生的原子模型內，電子以任何半徑在一穩定圓周軌道上運動，其迴轉頻率都相同，因此也以此頻率輻射出去。但是力常數 k 值與原子半徑 R 有關，因此不同的半徑 R 就有不同的 k 值，即表示也有不同的頻率輻射結果。但是事實上，湯姆生原子（氫）只有一個特性的頻率輻射，因而抵觸觀察氫原子光譜時有許許多多不同的頻率。由此可知湯姆生的原子模

型有問題。

(2) α粒子的散射

① 理論基礎

α粒子經過原子時，都會受到正電荷與負電荷的庫侖力，因此會感受到小小的偏轉。如圖 4-2 所示——α粒子經過湯姆生原子模型的偏轉散射。

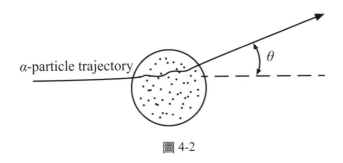

α-particle trajectory

θ

圖 4-2

與圖 4-3 所示——α粒子經過穿越薄膜散射實驗。

θ：α粒子穿越一個原子的偏轉角

Θ：α粒子穿越薄膜箔中所有原子的淨偏轉角

N：在α粒子穿越薄膜箔時，將α粒子偏轉的原子數

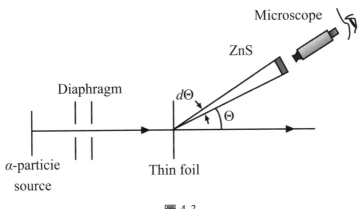

Microscope

ZnS

Diaphragm

$d\Theta$

Θ

α-particie source

Thin foil

圖 4-3

根據統計理論：

a. $(\overline{\Theta})^{1/2} = \sqrt{N} \, (\overline{\theta^2})^{1/2}$

b. $N(\Theta)d\Theta = \dfrac{2I\Theta}{\overline{\Theta^2}} \, e^{-\frac{\Theta^2}{\overline{\Theta^2}}} \, d\Theta$

　　$N(\Theta)d\Theta = \alpha$ 粒子散射於 Θ 和 $\Theta + d\Theta$ 間的 α 粒子數

　　$I = $ 通過薄膜箔的 α 粒子數

② 實驗與觀察結果

使用湯姆生模型，我們計算出一原子所引起的偏轉角度 θ 是

$$\sqrt{\overline{\theta^2}} \le 10^{-4} \, \text{rad} \simeq 0.0057°$$

這個偏角很小原因可由兩方面解釋。第一因為電子的質量遠小於 α 粒，在任何情況，它們只能產生很小的 α 粒子偏轉。第二因為湯姆生原子的半徑約為 1Å，同時正電荷均勻分佈其內，它不能提供強有力的庫侖排斥力足以產生 α 粒子的大角度偏轉

③ α 粒子散射的典型實驗——1909 年**蓋革－馬爾斯汀**（Geiger-Marsden）實驗

α 粒子被一厚度為 10^{-6} m 的金箔散射，金原子的直徑約為 2.7Å。α 粒子所經過的原子數 N 可以近似地等於金箔的厚度除以原子直徑，即

$$N \simeq \dfrac{10^{-6}\text{m}}{10^{-10}\text{m}} = 10^4$$

因此通過一個原子的偏角θ為：若 $(\overline{\Theta^2})^{1/2} \cong 1°$（約 2×10^{-2} rad），則

$$\left(\overline{\theta^2}\right)^{1/2} = \frac{\left(\overline{\Theta^2}\right)^{1/2}}{(N)^{1/2}} \simeq \frac{2 \times 10^{-2} \text{rad}}{10^2} \simeq 2 \times 10^{-4} \text{ rad}$$

與湯姆生原子的結果很大致符合。

實驗的結果：

a. 99%的 α 粒子的散射角小於 3°

b. 若取 $\left(\overline{\Theta^2}\right)^{1/2} \cong 1°$ 時，實驗結果與理論符合

c. 若取 $\left(\overline{\Theta^2}\right)^{1/2}$ 為大角度時，則散射機率的估計卻出現大問題：

　　理論：

$$\frac{N(\Theta > 90°)}{I} = \frac{\int_{90°}^{180°} N(\Theta)\, d\Theta}{I}$$
$$= e^{-(90)^2} \simeq 10^{-3500} \rightarrow 0$$

　　實驗：大角度散射的機率是 $\cong 10^{-4}$

　　結果：有顯著地不同

d. 大角度散射的事實是導致拉塞福原子模型的關鍵！

例題 1　(a)在湯姆生原子模型中，電子在一穩定性圓形軌道旋轉，其頻率為 ν_R，電子沿著直徑經過中心來回振盪，其頻率是 ν_0。證明這兩種頻率一樣。(b)假設湯姆生原子模型為一電子原子時，其電子旋轉所發出的波長為 $\lambda = 6000\text{Å}$，則此一電子原子的湯姆生原子的半徑為何？

解：　(a) 旋轉頻率 ν_R：

　　　　假設原子的正電量均勻分佈於半徑為 R 的圓球內。利用高斯

定律，電子於半徑為 r 的圓形軌道上所受的電力為

$$F = -\frac{1}{4\pi\epsilon_0}\left(\frac{4}{3}\pi r^3 \rho\right)\frac{e}{r^2}$$

$$\rho = \frac{Ze}{\frac{4}{3}\pi R^3}$$

電力等於電子旋轉時的向心力，$m\dfrac{\mathrm{v}^2}{r}$，因此

旋轉頻率：

$$\mathrm{v}T = 2\pi r$$

$$v_R = \frac{1}{T} = \frac{\mathrm{v}}{2\pi r} = \frac{1}{2\pi}\sqrt{\frac{Ze^2}{4\pi\epsilon_0 mR^3}}$$

振盪頻率 v_0：

電子承受力的為虎克力，即

$$F = -\left(\frac{Ze^3}{4\pi\epsilon_0 R^3}\right)r = -kr$$

虎克力的振盪頻率為

$$v_0 = \frac{1}{2\pi}\sqrt{\frac{k}{m}} = \frac{1}{2\pi}\sqrt{\frac{Ze^2}{4\pi\epsilon_0 mR^3}}$$

因此 $v_R = v_0$

(b) 由(a)得知旋轉頻率為 v_R，因此

$$v_R \lambda = c$$

或

$$\left(\frac{1}{2\pi}\sqrt{\frac{e^2}{4\pi\epsilon_0 mR^3}}\right)(6000\text{Å}) = 3\times 10^8 \text{ m/s}$$

得

$$R^3 = \frac{e^2}{4\pi^2(4\pi\epsilon_0)m}\left(\frac{6000\times 10^{-10}\text{m}}{3\times 10^8\text{m/s}}\right)^2$$

$$R \simeq 2.95\text{Å}$$

4-3 拉塞福原子模型

1.拉塞福原子模型

由於湯姆生的原子輻射單一頻率不能解釋氫原子的多頻率的輻射光譜，以及 α 粒大角度偏轉的機率在實驗與理論出現很大的顯著不同，因此導致拉塞福（湯姆生的學生）於 1911 年提出新的原子模型。

正電荷集中於一小區域中，即**原子核**（nucleus），原子的基本質量也在此區域中。α 粒子經過此區域或附近時，會被強大的庫侖力排斥散射到一大角度。例如：區域半徑為 $R = 10^{-10}$ m（1Å）時，最大的散射角 $\theta \cong 10^{-14}$ rad 與湯姆生模型符合，但在區域半徑 $R = 10^{-14}$ m（0.0001Å）時，這相當於原子核的半徑，散射角 $\theta \cong 1$rad。如圖 4-4 所示。

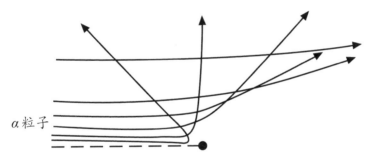

α 粒子

圖 4-4　α 粒子與核原子間的散射角情形

2.α 粒子的散射的一些條件

α 粒子與原子，原子核間的散射原因來自於庫侖力排斥力，即帶正電 α 粒子與原子核中正電質子間的排斥作用力，而忽略與電子間的吸引力。原子核在散射過程中視為固定，沒有回跳的產生，這是因為原子核的質量遠大於 α 粒子的質量。同時假設 α 粒子不會有實際穿越原子核區域，因為 α 粒子與原子核作用視為點電荷，因此就庫侖力而論必須要考慮的。入射

碰撞的 α 粒子的速度小於光速 c （$\dfrac{\mathrm{v}}{c} \cong \dfrac{1}{20}$），因此以非相對論力學計算之。

3. α 粒子的散射機構

(1) 散射示意圖（圖 4-5）

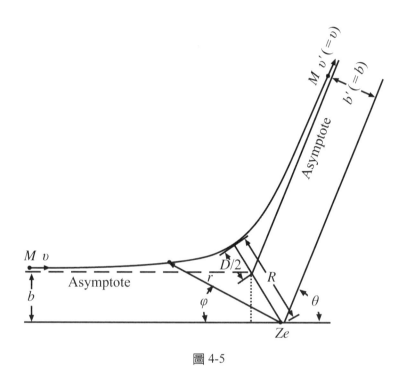

圖 4-5

　　利用極座標軸 (r, φ) 以及參數 b，D 可以導出拉塞福 α 粒子的雙曲線軌跡。在特殊的散射 θ 與 α 粒子行進最靠近原子核距離 D 中，這兩個參數 b 與 D 完全決定這軌跡。

　　在這 α 粒子碰撞軌跡中，α 粒子的角動量是守恆，因為 α 粒子與原子核間的作用力是連心力，即

$$\boldsymbol{F} = \frac{1}{4\pi\epsilon_0} \frac{(Ze)(ze)}{r^2} \hat{r} \tag{4-3}$$

ze 為 α 粒子電荷量，Ze 為原子核電荷量。因此 α 粒子對原子核中心點所承受的力矩為零，則 α 粒子對中心點的角動量為時間常數，即角動量守恆，

$$\frac{d\boldsymbol{L}}{dt} = \boldsymbol{\tau} = \boldsymbol{r} \times \boldsymbol{F} = 0 \tag{4-4}$$

$$\boldsymbol{L} = \text{角動量（時間常數）} \tag{4-5}$$

(2) α 粒子的軌跡與運動方程式

① 衝擊參數（Impact parameter）b 與入射速度。

b 與 b' 分別為 α 粒子入射與散射參數，v 與 v' 分別為 α 粒子入射與散射速度，M 為 α 粒子的質量。依角動量守恆

$$Mvb = Mv'b' \tag{4-6}$$

與能量守恆，指的是動能守恆，因為原子核是維持固定的，因此

$$\frac{1}{2}Mv^2 = \frac{1}{2}Mv'^2 \tag{4-7}$$

則表示

$$b = b' \quad \text{與} \quad v = v' \tag{4-8}$$

假設 $b = 0$，即表示，α 粒子正向碰撞於原子核。

② 軌跡方程式——運動方程

α 粒子的承受庫侖力為

$$\boldsymbol{F} = \frac{1}{4\pi\epsilon_0}\frac{(Ze)(ze)}{r^2}\hat{r} = M\frac{d^2\boldsymbol{r}}{dt^2}$$
$$= M\left[\frac{d^2r}{dt^2} - r\left(\frac{d\varphi}{dt}\right)^2\right]\hat{r} + M\left[2\left(\frac{dr}{dt}\right)\left(\frac{d\varphi}{dt}\right) + r\frac{d^2\varphi}{dt^2}\right]\hat{\varphi} \qquad (4\text{-}9)$$

徑向分量：

$$M\left(\frac{d^2r}{dt^2}\right) - Mr\left(\frac{d\varphi}{dt}\right)^2 = \frac{1}{4\pi\epsilon_0}\frac{(Ze)(ze)}{r^2} = \frac{k}{r^2} \qquad (4\text{-}10)$$

式中 $$k = \frac{Zze^2}{4\pi\epsilon_0}$$

角向分量：

$$M\left(2\frac{dr}{dt}\frac{d\varphi}{dt} + r\frac{d^2\varphi}{dt^2}\right) = 0$$

或改寫爲

$$M\left[\frac{1}{r}\frac{d}{dt}\left(r^2\frac{d\varphi}{dtt}\right)\right] = 0$$
$$d\left(Mr^2\frac{d\varphi}{dt}\right) = 0$$
$$L = Mr^2\frac{d\varphi}{dt} = \text{時間常數} \qquad (4\text{-}11)$$

即表示角動量守恆，符合於式（4-5）

今於式（4-10）將導出 α 粒子的軌跡方程式。設 $u = \frac{1}{r}$，則由式（4-11）

$$\frac{d\varphi}{dt} = \frac{L}{Mr^2} = \frac{L}{M}u^2$$

又

$$\frac{dr}{dt} = \frac{dr}{du}\frac{du}{d\varphi}\frac{d\varphi}{dt} = -\frac{1}{u^2}\frac{Lu^2}{M}\frac{du}{d\varphi}$$

$$= \frac{L}{M}\frac{du}{d\varphi}$$

$$\frac{d^2r}{dt^2} = \frac{d}{d\varphi}\left(\frac{dr}{dt}\right)\frac{d\varphi}{dt} = \frac{d}{d\varphi}\left(-\frac{L}{M}\frac{du}{d\varphi}\right)\left(\frac{L}{M}u^2\right)$$

$$= -\frac{L^2}{M^2}u^2\frac{d^2u}{d\varphi^2}$$

則式（4-10）變成

$$\frac{d^2u}{d\varphi^2} + u = -\frac{Mk}{L^2} = -\frac{Zze^2}{4\pi\epsilon_0 Mv^2 b}$$

$$= -\frac{D}{2b} \tag{4-12}$$

式中

$$D = \frac{1}{4\pi\varepsilon_0}\frac{Zze^2}{\frac{1}{2}Mv^2} \tag{4-13}$$

式（4-12）方程式之解爲

$$u = \frac{1}{r} = -\frac{1}{b}\sin\varphi + \frac{D}{2b^2}(\cos\varphi - 1) \tag{4-14}$$

上式為 α 粒子在極座標中的雙曲線軌跡

③ $D = \dfrac{1}{4\pi\epsilon_0}\dfrac{Zze^2}{\frac{1}{2}Mv^2}$ 的解釋

D 可稱為 α 粒子正向碰撞原子核時，最靠近原子核的距離。此時 α 粒子進入時的動能 $\dfrac{1}{2}Mv^2$，等於 α 粒子停下來時的位能 $\dfrac{1}{4\pi\epsilon_0}\dfrac{Zze^2}{D}$，因此

$$\frac{1}{2}Mv^2 = \frac{1}{4\pi\epsilon_0}\frac{Zze^2}{D}$$

$$D = \frac{1}{4\pi\epsilon_0}\frac{Zze^2}{\frac{1}{2}Mv^2}$$

④ 散射角 θ 與參數 b、D 間的關係

從式（4-14）在開始 α 粒子入射時，r 於無窮遠處，則

$$\frac{dr}{dt} = -v \text{，} L = Mvb$$

且 $\varphi + \theta = \pi$，$\theta = \pi - \varphi$，式（4-14）變成為

$$\frac{1}{b}\sin\theta + \frac{D}{2b^2}(-\cos\theta - 1) = 0$$

$$\sin\theta = \frac{D}{2b}(\cos\theta + 1)$$

或

$$\cot\frac{\theta}{2}=\frac{\cos\dfrac{\theta}{2}}{\sin\dfrac{\theta}{2}}=\frac{2b}{D} \qquad (4\text{-}15)$$

⑤ 非正向碰撞時，α 粒子最靠近於原子核的距離 R（$=r_{\min}$）

在 $r_{\min}=R$ 時，$2\varphi=\pi-\theta$，代入式（4-14）

$$\frac{1}{r_{\min}}=\frac{1}{R}=\frac{1}{b}\sin\left(\frac{\pi}{2}-\frac{\theta}{2}\right)+\frac{D}{2b^2}\left[\cos\left(\frac{\pi}{2}-\frac{\theta}{2}\right)-1\right]$$

$$=\frac{1}{b}\cos\left(\frac{\theta}{2}\right)+\frac{D}{2b^2}\left[\sin\frac{\theta}{2}-1\right]$$

再利用式（4-15）的 b 值代入上式，得

$$R=\frac{D}{2}\left[1+\frac{1}{\sin\dfrac{\theta}{2}}\right] \qquad (4\text{-}16)$$

(3) α 粒子的散射截面——有效的碰撞區域

① α 粒子經原子的散射

由式（4-15）可以知道 α 粒子由單一核子散射情形，可由 b 與 θ 關係瞭解。當衝擊參數 b 增加時，散射 θ 會減少。α 粒子群於 b 與 $b+db$ 範圍間入射將被散射於 θ 與 $\theta+d\theta$ 範圍間，如圖 4-6 所示。

今我們要計算入射 α 粒子群於 db 範圍區域中被散射到 $d\theta$ 範圍區域內的機率 $P(b)db$。

假設薄箔的厚度為 t，單位體積的原子核數 ρ，那麼一粒子穿過寬度為 db 環（如圖 4-7 所示）。

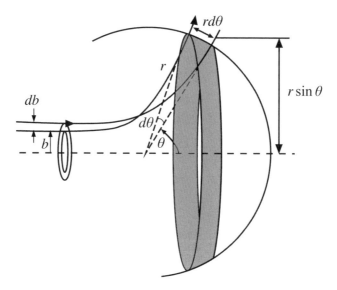

圖 4-6　α粒子經原子散射

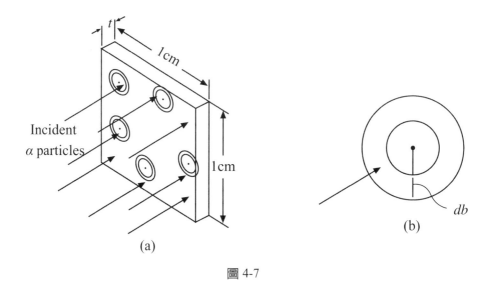

圖 4-7

的機率為 $P(b)db$。每一個 db 環的體積為

$$dV = (2\pi b)(db)t$$

$\rho dV = (\rho t)(2\pi b)db = dV$ 中的原子核數，也是說明一個 α 粒子穿過這些 db 環數中的一個環的機率，則

$$P(b)db = (\rho t)(2\pi b)db \qquad (4\text{-}17)$$

由式（4-15）

$$db = -\frac{D}{2}\frac{1}{\sin^2\frac{\theta}{2}}\left(\frac{1}{2}d\theta\right) = -\frac{D}{4}\frac{d\theta}{\sin^2\frac{\theta}{2}}$$

代入式（4-17），得機率為

$$P(b)db = -\frac{\pi}{8}(\rho t)D^2 \sin\theta \frac{d\theta}{\sin^4\left(\dfrac{\theta}{2}\right)} \qquad (4\text{-}18)$$

於此注意，$-P(b)db$ 稱為入射 α 粒子被散射到散射角 θ 與 $\theta + d\theta$ 範圍間的機率，同時「負號」係由 b 的減少，即「$-db$」，所對應於 θ 角的增加，即「$+d\theta$」。

② α 粒子經薄箔靶的散射

如圖 4-8 所示為 α 粒子入射薄箔而散射到 Θ 與 $\Theta + d\Theta$ 範圍間的情況。I 為入射薄箔的 α 粒子數，$dN(\Theta)$ 為 α 粒子數被散射到 Θ 與 $\Theta + d\Theta$ 間的弧度角 $d\Omega$。$\dfrac{dN(\Theta)}{I}$ 就是散射到 $d\Omega$ 區的機率，因此如同式（4-18）

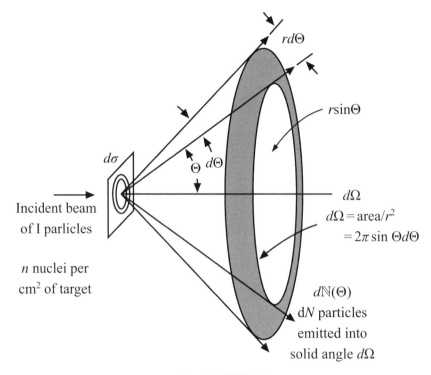

圖 4-8　α粒子經薄箔散射

$$\frac{dN(\Theta)}{I} = \frac{N(\Theta)d\Theta}{I} = -P(b)db$$

$$= \frac{\pi}{8}\,(\rho t)D^2 \sin\Theta\,\frac{d\Theta}{\sin^4\left(\dfrac{\Theta}{2}\right)}$$

$$N(\Theta)d\Theta = \frac{\pi}{8}I\rho t D^2\frac{\sin\Theta\,d\Theta}{\sin^4\left(\dfrac{\Theta}{2}\right)} \qquad (4\text{-}19)$$

於此比較兩種不同原子模型的散射：

a. 湯姆生原子模型

$$N(\Theta)d\Theta = \frac{2I\Theta}{\Theta^2}\,e^{-\frac{\Theta^2}{\Theta^2}}\,d\Theta$$

b. 拉塞福原子模型：

$$N(\Theta)d\Theta = \frac{\pi}{8}I\rho tD^2 \frac{\sin\Theta d\Theta}{\sin^4\left(\dfrac{\Theta}{2}\right)}$$

① 兩個原子模型中角度增加，則角因素會快速減少，而於拉塞福模型的減小比較少多了。

② 在拉塞福模型中從單一核原子的大角散射是比較可能，而在湯姆生模型的布丁式原子的散射屬於小角散射。

(4) α 粒子散射的微分式截面 $\dfrac{d\sigma}{d\Omega}$

定義：dN 數的 α 粒子散射到在散射角 Θ 的弧度角 $d\Omega$ 爲

$$dN = \frac{d\sigma}{d\Omega}\,(Ind\Omega) \tag{4-20}$$

n 爲薄箔靶的單位面積（cm^2）的原子核數，由圖 4-8 中得知

$$d\Omega = 2\pi \sin\Theta d\Theta$$

$$\sigma = 截面$$

$$N = \sigma In = \sigma I\,(\rho t)，n = \rho t$$

將上面這些關係式與式（4-13）等代入式（4-19）

$$dN = N(\Theta)d\Theta = \frac{\pi}{8}\rho tID^2 \frac{\sin\Theta}{\sin^4\left(\dfrac{\Theta}{2}\right)}d\Theta$$

$$= \left(\frac{1}{4\pi\epsilon_0}\right)^2 \left(\frac{Zze^2}{2Mv^2}\right)^2 \frac{I\rho t d\Omega}{\sin^4\left(\dfrac{\Theta}{2}\right)}$$

$$= \frac{d\sigma}{d\Omega}\,(Ind\Omega)$$

因此拉塞福模型的散射微分式截面為

$$\frac{d\sigma}{d\Omega} = \left(\frac{1}{4\pi\epsilon_0}\right)^2 \left(\frac{Zze^2}{2Mv^2}\right)^2 \frac{1}{\sin^4\left(\dfrac{\Theta}{2}\right)} \qquad (4\text{-}21)$$

而總散射截面積為

$$\sigma_{總} = \int \frac{d\sigma}{d\Omega}\,d\Omega \qquad (4\text{-}22)$$

(5) 應用／原子核尺寸大小／上極限

① 原子核尺寸的大小可依式（4-16）

$$R = \frac{D}{2}\left[+ \frac{1}{\sin\dfrac{\theta}{2}} \right]$$

② R 為最小值時，則 $\theta = 180°$，則 $R_{180°} = D$，即表示正向碰撞時，α 粒子以 $\frac{1}{2}Mv^2$ 動能射入到 α 粒子停止下來，此時位能為 $\frac{1}{4\pi\epsilon_0}\frac{Zze^2}{D}$，$D$ 為 α 粒子停下來處到原子核的距離，如圖 4-9 所示。

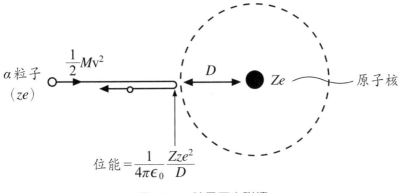

$$位能 = \frac{1}{4\pi\epsilon_0}\frac{Zze^2}{D}$$

圖 4-9　α粒子正向碰撞

則

$$R_{180°} = D = \frac{1}{4\pi\epsilon_0}\frac{Zze^2}{\frac{1}{2}Mv^2} \qquad (4\text{-}23)$$

因此根據α粒子與原子核交互作用力為庫侖力時，原子核的尺寸大
小不會大於D值了。

4.拉塞福原子模型的不穩定性

(1) 原子模型

在原子的中心是原子核，其質量幾乎是原子的質量，電量是等於原子
序數Z乘上e，環繞原子核是存在有Z電子，因此顯示原子整體是電中性。

(2) 原子模型的不穩定性原因

① 假設在原子中的電子是固定的，但它與原子核間有庫侖的吸引力
會使得電子落在原子核，而我們並沒有發現阻止電子落在原子核的
穩定性的安排。我們不能允許原子的崩潰而回到原子核式的布丁模
型，因為它的半徑將會是原子核半徑的等級。而實驗顯示出原子半
徑約為原子核半徑的 10^4 等級，如圖 4-10 所示原子模型。

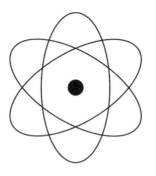

圖 4-10　原子模型

② 假設允許電子環繞原子核的圓形軌道運行，有如太陽系中星球環
　繞太陽運轉的穩定性。但電子的繞行爲等速時，其所產生的加速度
　會產生輻射能（依經典電磁論），這些輻射能的放射會使得繞行的
　電子能量減少，因此繞行半徑減小，進而產生蜘蛛繞行落到原子
　核，因而原子崩潰發生。對於一個直徑爲 10^{-10} m 的原子，其崩潰
　的時間將會是 10^{-12} 秒。如圖 4-11 所示電子蜘蛛繞行與能量輻射。

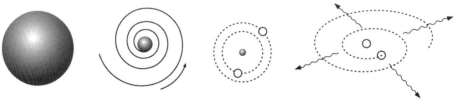

圖 4-11　原子中電子蜘蛛繞行與能量輻射

③ 電子的輻射能造成原子的發射能譜爲連續性,起先是低頻率的紅色
　光，繼續到中頻率的藍色光等等，因此產生連續帶狀光譜，但是實
　驗上卻是離散線狀光譜。

　以上這些原子穩定性的困難直到 1913 年由**波爾**（Niels Bohr）提出
　一些假說來解決。

> **例題 2**　半徑為 R 的固定圓球，有一個很小的球體射到固定圓球做彈性散射。計算散射截面積

解：　散射過程如圖 4-12 所示

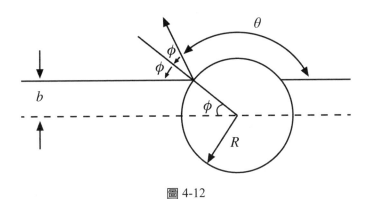

圖 4-12

依幾何圖形，散射角 θ 與 ϕ 角及衝擊參數 b 間的關係為

$$\theta = \pi - 2\phi，b = R\sin\phi = R\cos\left(\frac{\theta}{2}\right)$$

由式（4-20）

$$dN = \frac{d\sigma}{d\Omega}\,(Ind\Omega) = In(2\pi b)db$$

$$= 通過半徑 b 環帶體積的粒子數$$

$$\frac{d\sigma}{d\Omega} = 2\pi b\,\frac{db}{d\Omega} = 2\pi b\,\frac{db}{2\pi\sin\theta\,d\theta}$$

$$= \frac{b}{\sin\theta}\,\frac{db}{d\theta}$$

而 $\dfrac{db}{d\theta} = -\dfrac{R}{2}\sin\dfrac{\theta}{2}$（取正值）

$$\frac{d\sigma}{d\Omega} = \frac{R^2\sin\dfrac{\theta}{2}\cos\dfrac{\theta}{2}}{2\sin\theta} = \frac{1}{4}R^2$$

總截面積爲

$$\sigma = \int \frac{R^2}{4} \sin\theta \, d\theta \, d\phi = 2\pi \int_0^\pi \frac{R^2}{4} \sin\theta \, d\theta$$

$$= \pi R^2$$

此面積剛好是固定圓球把在垂直於入射面的投影面積。

例題 3 (a)試證，在拉塞福散射中，α粒子被Θ角散射的粒子數爲

$$\left(\frac{1}{4\pi\epsilon_0}\right)^2 \pi I \rho t \left(\frac{Zze^2}{Mv^2}\right)^2 \cot^2\left(\frac{\Theta}{2}\right)$$

(b)一束 5.0MeV α 粒子入於厚度 1.0×10^{-6} m 的金箔。入射電流爲 1.0×10^{-9} 安培。計算每秒能有多少 α 粒子被散射到不超過 60°。

解： (a) 依式（4-19），α粒子的散射數爲

$$d\alpha = N(\Theta)d\Theta = \frac{\pi}{8} I \rho t D^2 \frac{\sin\Theta}{\sin^4\left(\dfrac{\Theta}{2}\right)} d\Theta$$

$$= \frac{\pi}{8} I \rho t \left(\frac{1}{4\pi\epsilon_0} \frac{Zze^2}{\frac{1}{2}Mv^2}\right)^2 \frac{\sin\Theta}{\sin^4\left(\dfrac{\Theta}{2}\right)} d\Theta$$

$$\alpha = \int d\alpha = \frac{\pi}{8} I \rho t \left(\frac{1}{4\pi\epsilon_0} \frac{Zze^2}{\frac{1}{2}Mv^2}\right)^2 \int_\Theta^\pi \frac{\sin\Theta}{\sin^4\left(\dfrac{\Theta}{2}\right)} d\Theta$$

$$= \pi I \rho t \left(\frac{1}{4\pi\epsilon_0} \frac{Zze^2}{\frac{1}{2}Mv^2}\right)^2 \cot^2\frac{\Theta}{2}$$

(b) 依(a)的結果計算之

$$\left(\frac{1}{4\pi\epsilon_0} \frac{Zze^2}{\frac{1}{2}Mv^2}\right)^2 = \left[9 \times 10^9 \times \frac{2(79) \times (1.602 \times 10^{-19})^2}{(5.0 \times 10^6)(1.602 \times 10^{-19})}\right]^2$$

$$= 20.758 \times 10^{-28} \left(\frac{\text{nt-m}^2}{\text{joule}} \right)^2$$

$$t = 1.0 \times 10^{-6}\,\text{m}$$

$$I = \frac{1.0 \times 10^{-9}\,\text{coul/s}}{2 \times 1.6 \times 10^{-19}\,\text{coul/}\alpha} = 3.125 \times 10^9\,\alpha/\text{s}$$

$$\rho = \frac{(6.02 \times 10^{23}\,\text{nuclei/mole})(19.3\text{g/cm}^3)}{197\text{g/mole}} = 5.9 \times 10^{22}\,\text{nuclei/cm}^3$$

因此，α 粒子數

$$\alpha = \frac{\pi}{4} I \rho t \left[\frac{1}{4\pi\epsilon_0} \frac{Zze^2}{\frac{1}{2}Mv^2} \right]^2 \cot^2 30°$$

$$= \frac{3\pi}{4} (3.125 \times 10^9\,\alpha/\text{s})(1.0 \times 10^{-6})(5.9 \times 10^{28}/\text{m}^3)$$

$$\times 20.758 \times 10^{-28} \left(\frac{\text{nt-m}^2}{\text{jaule}} \right)^2$$

$$= 9.02 \times 10^5\,\alpha/\text{s}$$

4-4 原子能譜

1.原子能譜的量測裝置（圖 4-13）

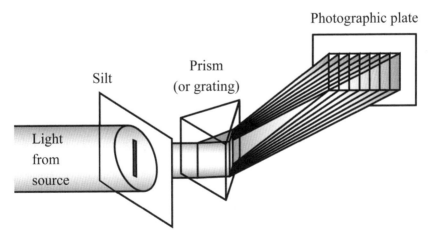

Photographic plate

Prism
(or grating)

Silt

Light
from
source

圖 4-13　原子能譜量測裝置圖

　　實驗光源係由單原子的氣體分子經過放電產生。由於電子間互相地碰撞，有的原子在放電過程中進入到某一態狀，其能量遠大於正常態。在回到正常態原子時，會將其超額能量以電磁輻射放出。這些輻射直準對著狹縫而經過稜鏡折射產生各種不同波長譜記錄在感光板上。

　　高溫物體表面發出的電磁輻射，為連續譜，而個別受激發的自由原子發出電磁輻射，一般集中於許多特定離散性的波長為**離散性能譜**（discrete spectrum）每一波長成分被稱為一光譜線，此線乃是該波長成分光在照相底片上所形成之「狹縫影像」。

2.原子能譜（Atomic Spectra）

　　每一種原子都有它自己特性的能譜，能譜由數百條光譜線組成，一般上且很複雜的。不過氫原子的光譜是相當簡單，主要是它只含有一個電子的較為簡單的原子。大部分的宇宙係由獨立的氫原子所組成，因此氫原子光譜就成為較有實用的重要性。

　　氫原子的光譜如圖 4-14 所示。

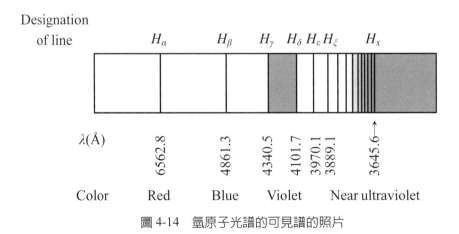

圖 4-14　氫原子光譜的可見譜的照片

兩相鄰臨近光譜線間的距離隨著波長線的減少連續地縮小，這一系列線會收斂到波長 3645.6Å 處的系列極限。最短的波長（含蓋系列極限線）在實驗上很難以觀察到，是因爲線譜間間隔很靠近太緊密關係，再加上它們是屬於紫外線區。

3.巴爾麥公式（Balmer's Formula）

氫原子光譜是比較明顯有規律性，因而引起一些人尋找較有經驗性公式來代表這些譜線的波長。因此，巴爾麥（Johann Balmer）於 1885 年提出下列式

$$\lambda(\text{Å}) = 3646 \frac{n^2}{n^2 - 4} \qquad (4\text{-}24)$$

n 從 3 開始的整數。$n=3$ 爲 H_α 線，$n=4$ 爲 H_β 線，$n=5$ 爲 H_γ 線等，如圖 4-14 中所示。圖中前面 9 條系列線的波長線很符合式（4-24）。

依照馬克士威（James Clerk, Maxwell）的理論，拉塞福的原子應發出所有頻率的光。但是相反地，眞正的原子只有幾種特定的頻率。光譜分析家將氫原子的發射光譜線的頻率定位之後，巴爾麥深爲這謎樣的數字所吸引著。當時僅有屬於可見光範圍內的四條線，其他的則尚未爲人知。巴爾麥竟然成功地寫出了一個能非常完美地符合已知四個頻率的奇怪公式；由於太過異樣，以致於未能立即被人接受（俗稱爲階梯原理）。他更且倡說符合公式的其他頻率也應該存在。一年又一年地過去，更多的頻率也被偵測出，不僅是有氫原子的而已。

巴爾麥提出氫原子光譜線的波長公式（4-24）後，許許多多人也開始尋找類似的公式能適用於其他元素的光譜線。這大部的工作於 1890 年落在利德堡（J.R.Rydberg）身上，爲了方便配合這些波長，他以譜線的波長

倒數，即 $k=\dfrac{1}{\lambda}$ 來替代，因此巴爾麥公式可寫爲

$$\frac{1}{\lambda}=R_H\left(\frac{1}{2^2}-\frac{1}{n^2}\right)，n=3,4,5,\cdots \tag{4-25}$$

稱 R_H 爲氫原子的利德堡常數（Rydberg constant），其值爲

$$R_H=10967757.6\pm1.2\mathrm{m}^{-1}$$

表 4-1 所列氫原子光譜系列中已知 5 系列線的存在。

表 4-1　氫原子系列

名稱	波長範圍	公式	
Lyman	Ultraviolet	$\kappa=R_H\left(\dfrac{1}{1^2}-\dfrac{1}{n^2}\right)$	$n=2,3,4\cdots$
Balmer	Near ultraviolet and visible	$\kappa=R_H\left(\dfrac{1}{2^2}-\dfrac{1}{n^2}\right)$	$n=3,4,5\cdots$
Paschen	Infrared	$\kappa=R_H\left(\dfrac{1}{3^2}-\dfrac{1}{n^2}\right)$	$n=4,5,6\cdots$
Brackett	Infrared	$\kappa=R_H\left(\dfrac{1}{4^2}-\dfrac{1}{n^2}\right)$	$n=5,6,7\cdots$
Pfund	Infrared	$\kappa=R_H\left(\dfrac{1}{5^2}-\dfrac{1}{n^2}\right)$	$n=6,7,8\cdots$

4-5 波爾原子模型

　　20 世紀初物理學革命的重大結果之一就是建立了量子論。1900 年普朗克爲了克服經典物理解釋黑體輻射規律的困難，引入了能量量子概念，

為量子理論奠下了基石。隨後，愛因斯坦針對光電效應實驗與經典理論的矛盾，提出了光量子假說，並在固體比熱問題上成功的運用了能量量子概念，為量子理論的發展打開了局面。光譜學在 19 世紀末得到了長足的發展，繼巴爾麥（J.J.Balmer）發現氫原子光譜的巴爾麥公式之後，利德堡（J.R.Rydberg）和利茲（W.Ritz）先後提出了光譜系理論和組合原理，光譜的規律性明顯地帶來了發自原子內部的資訊。1897 年，湯姆生（J. J. Thomson）根據陰極射線的實驗發現了電子，1911 年拉塞福（Sir Ernest Rutherford）從α粒子射線的大角度散射實驗的反常結果提出原子核概念。量子論，光譜系和原子核的發現這三條線索匯集到了一起，這就是為把量子論運用於研究原子結構提供了理論和實驗的基礎。

　　1913 年，波爾（Niels, Bohr）在拉塞福有核模型的基礎上運用量子化概念，提出態躍遷原子模型的理論，對氫光譜的巴爾麥系統作出了滿意的解釋，這是原子理論和量子論發展中的一個重要里程碑（摘自於科學的榮耀——諾貝爾物理學獎百年回顧）。

1.波爾假說

　　1913 年，**尼爾斯－波爾**提出一個理論的假設來解釋拉塞福原子模型的困難處——能譜連續與不穩定性，同時亦使實驗結果能符合，這個理論相當於**行星模型**，因此提出假設如下：

(1) 放棄馬克士威的理論

　　電子環繞原子核的圓形軌道，期間的交互作用為庫侖力，同時也要遵行經典力學的定律。

(2) 允許特定軌道

　　電子環繞原子核的軌道不是無線數軌道，其軌道應為特定，因此環繞軌道的**角動量** L 是一個 $\hbar$ 的整數倍，即量子化

$$L = n\hbar，n = 1、2、3......$$

$$\hbar = \frac{h}{2\pi}$$

(3) 每一個特定電子軌道雖然有向心加速度，但其能量不輻射電磁波，而維持一定能量，即總能量一定。

(4) 准許電子軌道躍遷而產生電磁輻射，其頻率為

$$v = \frac{1}{h}(E_i - E_f) \tag{4-27}$$

第四個假設實際上是愛因斯坦的假設應用於光子的電磁輻射。光子輻射頻率是等於光子的能量除以普朗克常數 h，即 $v = \frac{E}{h}$。波爾的理論竟然成功地推導出巴爾麥的階梯理論公式——（4-24）。

2.波爾原子模型（The Bohr's Atomic Model）

波爾原子模型是針對質量為 M，電量為 $+Ze$ 的原子核，環繞圓形軌道的單一電子的電量 $-e$，質量為 m。電中性的氫原子，$Z = 1$；一次游離的氦原子，$Z = 2$。二次游離鋰原子，$Z = 3$ 等等。

(1) 第一假設：庫侖力

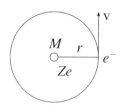

圖 4-15

$$\frac{1}{4\pi\epsilon_0}\frac{Ze^2}{r^2} = m\frac{v^2}{r} \tag{4-28}$$

(2) 第二假設：角動量量子化

$$L = mr\mathrm{v} = n\hbar \qquad (4\text{-}29)$$

綜合式（4-28）與式（4-29）可得軌道半徑 r 與速度 v 分別為

$$r = 4\pi\epsilon_0 \frac{\hbar^2}{mZe^2} n^2 \, , \ n = 1, 2, 3, \cdots \qquad (4\text{-}30)$$

與

$$\mathrm{v} = \frac{n\hbar}{mr} = \frac{1}{4\pi\epsilon_0} \frac{Ze^2}{\hbar} \frac{1}{n} \, , \ n = 1, 2, 3, \cdots \qquad (4\text{-}31)$$

兩者也都**量子化**了。

針對氫原子（$Z = 1$）來討論式（4-30）與（4-31）。

① 軌道半徑

取 $n = 1$，$r \cong 5.3 \times 10^{-11} \, \mathrm{m} \approx 0.5 \text{Å}$，此結果視為氫原子在正常態的軌道半徑，而與原子半徑的尺寸大小的程級相符合，原子半徑約 1Å。

② 軌道上速度

取 $n = 1$，$\mathrm{v}_1 = 2.2 \times 10^6 \, \mathrm{m/s}$，此為氫原子中的電子的最大速度，且約為小於光速的 1%，因此也符合經典力學的範圍與第一假設範圍的規定。

③ 若取 Z 較大值（即重原子）時，則電子速度會加快（可由式（4-31）得知），就要考慮到相對論規範了，因此波爾不能適用於此結果。

(3) 第三假設：總能量一定值。

$$動能：K = \frac{1}{2}mv^2 = \frac{Ze^2}{4\pi\epsilon_0}\frac{1}{2r}$$

$$位能：V = -\frac{1}{4\pi\epsilon_0}\frac{Ze^2}{r}$$

$$總能量：E = K + V = -\frac{1}{4\pi\epsilon_0}\frac{ze^2}{r}$$

將式（4-30）的軌道半徑 r 代入上式，得

$$E_n = -\frac{mZ^2e^4}{(4\pi\epsilon_0)^2 2\hbar^2}\frac{1}{n^2}， \quad n = 1, 2, 3, \cdots \qquad （4\text{-}32）$$

總能量也量子化了！簡單討論氫原子的能諧如下：

① 氫原子能量譜線──能階

如圖 4-16 所示。

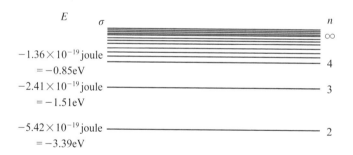

圖 4-16　氫原子的能階圖

② 最低能量階 $n=1$，爲正常態（Normal State），

$$E_1 = -\left(\frac{1}{4\pi\epsilon_0}\right)^2 \frac{me^4}{2\hbar^2}$$

$$= -\frac{(9.0\times10^9\text{nt-m}^2/\text{coul}^2)^2 \times 9.11\times10^{-31}\text{kg} \times (1.6\times10^{-19}\text{coul})^4}{2\times(1.05\times10^{-34}\text{J-s})^2}$$

$$= -2.17\times10^{-18}\,\text{Joule} = -13.6\text{eV}$$

③ 量子數 n 愈大，能量變成很小的負值。

④ $n\to\infty$，$E_\infty\to0$。

(4) 第四假設——輻射頻率或波長

$$v = \frac{1}{h}(E_i - E_f) = \left(\frac{1}{4\pi\epsilon_0}\right)^2 \frac{Z^2e^4m}{4\pi\hbar^3}\left(\frac{1}{n_f^2} - \frac{1}{n_i^2}\right) \tag{4-33}$$

或

$$\frac{1}{\lambda} = \frac{v}{c} = \left(\frac{1}{4\pi\epsilon_0}\right)^2 \frac{Z^2e^4m}{4\pi\hbar^3 c}\left(\frac{1}{n_f^2} - \frac{1}{n_i^2}\right) \tag{4-34}$$

$$= R_\infty Z^2\left(\frac{1}{n_f^2} - \frac{1}{n_i^2}\right) \tag{4-35}$$

式中

$$R_\infty = \left(\frac{1}{4\pi\epsilon_0}\right)^2 \frac{me^4}{4\pi\hbar^3 c} \tag{4-36}$$

$$= 1.09836\times10^7\,\text{m}^{-1}$$

這些結果與前面所討論巴爾麥公式中的經驗式光譜系列有相當一致的符合。

3.氫原子電磁輻射的放射

(1) $n=1$，原子爲正常態，此時電子有最底能量 $-13.6eV$，此時又稱爲基態（ground state）。

(2) $n>1$，在有些放電過程，或因碰撞，原子會接受能量，因而電子會躍遷到較高的能階，此時稱爲激發態（excited state）。

(3) 原子中的電子會放出其多餘的能量，而回到穩定態，或稱爲基態，這些能量以電磁輻射方式放射出去，而產生其對應的頻率或波長譜線。

這種電子能量釋出過程，有的先從高能階到較低能階等等，最後再到最底能階而停止電磁輻射，例如，電子能階爲 $n=7$ 經過連續地到 $n=4$，$n=2$，最後回到 $n=1$ 基態，因此有三條原子譜線的波長，依式（4-35）取得

$$\text{第一條線：} n_i=7 \rightarrow n_f=4 \quad \frac{1}{\lambda_1}=R_\infty\left(\frac{1}{16}-\frac{1}{49}\right)$$

$$\text{第二條線：} n_i=4 \rightarrow n_f=2 \quad \frac{1}{\lambda_2}=R_\infty\left(\frac{1}{4}-\frac{1}{16}\right)$$

$$\text{第三條線：} n_i=2 \rightarrow n_f=1 \quad \frac{1}{\lambda_3}=R_\infty\left(\frac{1}{1}-\frac{1}{4}\right)$$

(4) 氫原子的能譜線

① $n_f=1$，$n_i>1$——來曼（Lyman）系列譜線

② $n_f=2$，$n_i>2$——巴爾麥（Balmer）系列譜線

③ $n_f=3$，$n_i>3$——怕申（Paschen）系列譜線

④ $n_f=4$，$n_i>4$——布拉克（Brackett）系列譜線

⑤ $n_f=5$，$n_i>5$——皮芳（Pfund）系列譜線

以上系列能譜線如圖 4-17 所示

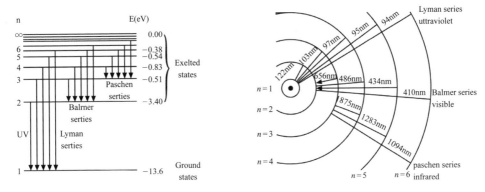

圖 4-17　氫原子能譜線

例題 4　氫原子直接進行從 $n=10$ 躍遷到 $n=1$ 基態，此時放出光子 (a)計算光子的能量、動量、波長。(b)試求氫原子的回跳速率。

解：　(a) 光子能量：$hv = E_{10} - E_1 = -13.6\text{eV}\left[\dfrac{1}{10^2} - \dfrac{1}{1}\right] = 13.464\text{eV}$

光子動量：$E = hv = pc$

$$p = \frac{hv}{c} = \frac{13.464\text{eV}}{3\times10^8\text{m/s}} = 7.2\times10^{-27}\text{ J-s/m}$$

光子的波長：

$$\lambda = \frac{c}{v} = \frac{hc}{hv} = \frac{12.408\times10^{-7}\text{eV-m}}{13.464\text{eV}}$$

$$= 0.9125\times10^{-7}\text{ m}$$

$$= 921.5\text{Å}$$

(b) 依動量守恆

光子的動量 = 氫原子動量

7.2×10^{-27} J-s/m $= m_p\, v_p$

$v_p = \dfrac{7.2 \times 10^{-27} \text{ J-s/m}}{1.67 \times 10^{-27} \text{kg}} = 4.30$m/s

例題 5　二次游離的鋰原子的第一激發態時，其半徑與能量為何？

解：　二次游離的鋰原子，$Z=3$，由式（4-30）及（4-32）

$r_n = \left(\dfrac{4\pi\epsilon_0\hbar^2}{me^2}\right)\dfrac{n^2}{Z} = a_0\left(\dfrac{n^2}{Z}\right)$，$a_0 = 5.29 \times 10^{-11}$ m

$E_n = -\dfrac{me^4}{(4\pi\epsilon_0)^2\, 2\hbar^2}\dfrac{n^2}{Z} = -\dfrac{Z^2|E_1|}{n^2}$

$|E_1|$ = 氫原子的基態能量 = 13.6eV

因此二次游離鋰原子時，$Z=3$，$n=2$

$r_2 = \dfrac{4}{3}\, a_0 = 0.0705$nm $= 0.705$Å

$E_2 = -\dfrac{9}{4}|E_1| = -30.6$eV

4-6 有限質量原子核的修正

　　前章節所討論波爾原子模型中將原子核的質量與電子質量對比之，視為無限大，所以對電子環繞原子核運行時，將原子核定位為固定不動的系統，這討論可適用於氫原子，因為氫原子核質量約 2000 倍於電子質量。不過在波爾原子模型中，假使原子核的實際值量是有限的話，此時電子與原子核組合的運動系行為就要有質心關念存在，電子與原子核皆對質心繞轉運動。為了方便討論，將質心視為靜止。因此尋找一想像的粒子，其質量由電子質量與原子核質量組合，其電量視為電子電量，這種組合系的原

子如同氫原子系。這樣一來，波爾模型中一些物理量將加以修正。

1.折合質量（reduced mass）

(1) 單一粒子的運動——氫原子模型

電子環繞原子核以圓形軌跡運行，其對原子核的角動量為

$$L = mvr = mr^2\omega \qquad (v = r\omega)$$

(2) 雙粒子的運動

電子與原子核組合運動系的質心為

$$r_{CM} = \frac{m_1 r_1 + m_2 r_2}{m_1 + m_2}$$

如圖 4-18 所示，將質心固定為坐標原點，m 與 M 對質心的角速度皆為 ω，則

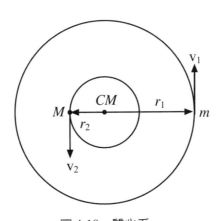

圖 4-18　質心系

$$v_1 = r_1\omega, \qquad v_2 = r_2\omega$$

$r = r_1 + r_2$，為 m 與 M 之間的距離

因此得

$$r_1 = \frac{M}{m+M}\,r\ ,\qquad r_2 = \frac{m}{m+M}\,r$$

$$\mu = \frac{mM}{m+M} \qquad\qquad\qquad (4\text{-}37)$$

此處 μ 稱為雙粒子系變成單粒子系時的單粒子的**折合質量**。此時單粒子系的粒子可稱為**折合粒子**，其質量為 μ，電量為 $-e$，總角動量為

$$L = L_1 + L_2 = (mr_1^2 + mr_2^2)\omega$$

$$= \mu r \mathrm{v}$$

2. 有限質量原子核的修正

當原子核質量 M 為有限值時，就必須以雙粒子系演變成單粒子系處理，以此單粒子的折合質量 μ 來代替波爾模型電子質量 m，因此

(1) 角動量：$L = \mu r \mathrm{v} = n\hbar$

(2) 總能量：$E_n = -\dfrac{\mu}{2}\left[\dfrac{Ze^2}{4\pi\epsilon_0\hbar}\right]^2\dfrac{1}{n^2}$

(3) 輻射頻率：$v = \dfrac{1}{h}\,(E_i - E_f)$

$$= \frac{\mu}{2h}\left[\frac{Ze^2}{4\pi\epsilon_0\hbar}\right]^2\left(\frac{1}{n_f^2} - \frac{1}{n_i^2}\right)$$

(4) 輻射波長：$\dfrac{1}{\lambda} = \dfrac{v}{c}$

$$= \left(\frac{1}{4\pi\epsilon_0}\right)^2\left(\frac{\mu e^4}{4\pi\hbar^3 c}\right)Z^2\left(\frac{1}{n_f^2} - \frac{1}{n_i^2}\right)$$

$$= R_M Z^2\left(\frac{1}{n_f^2} - \frac{1}{n_i^2}\right) \qquad\qquad (4\text{-}38)$$

式中

$$R_M = \left(\frac{1}{4\pi\epsilon_0}\right)^2\left(\frac{\mu e^4}{4\pi\hbar^3 c}\right) = \frac{M}{m+M}R_\infty$$

$$= \frac{\mu}{m}R_\infty \qquad\qquad (4\text{-}39)$$

R_M 稱爲原子核質量爲 M 時的利德堡常數。若針對無限大的原子核時，$M \gg m$，則 $R_M \to R_\infty$。一般上，R_M 是小於 R_∞。

例題6　計算在氫原子的基態中的質子速率。

解：　依圖 4-18，M 視爲質子質量，m 爲電子質量。兩者對 CM 的運轉週期相同。

$$T_{電子} = \frac{2\pi r_e}{v_e}, \quad T_{質子} = \frac{2\pi r_p}{v_p}$$

因此

$$v_p = \left(\frac{r_p}{r_e}\right)v_e$$

又在 CM 系中：

$$0 = m_e r_e - m_p r_p$$

$$\frac{r_p}{r_e} = \frac{m_e}{m_p}$$

則質量速度 v_p 爲

$$v_p = \left(\frac{m_e}{m_p}\right)v_e$$

電子在基態時的速率可由式（4-31）中取 $n=1$

$$v_e = \frac{1}{4\pi\epsilon_0}\frac{e^2}{\hbar} = \frac{e^2}{4\pi\epsilon_0\hbar c}c = \alpha c$$

$$\alpha = \frac{1}{137}$$

因此

$$v_p = \left(\frac{m_e}{m_p}\right)v_e = \left(\frac{m_e}{m_p}\right)\frac{1}{4\pi\epsilon_0}\frac{e^2}{\hbar}$$

$$= \left(\frac{m_e}{m_p}\right)\alpha c$$

$$= \left(\frac{m_e}{m_p}\right)\frac{c}{137}$$

$$= 1.2 \times 10^3 \text{ m/s}$$

例題 7　在氫原子一系列的波長譜中，若已知發現輻射波長為 657nm 時，那麼下兩個波長譜的波長如何？

假設躍遷條件為 $\Delta n = 1$

解：　依式（4-35）

$$\frac{1}{\lambda} = \left(\frac{1}{4\pi\epsilon_0}\right)^2 \frac{me^4}{4\pi\hbar^3 c}\left(\frac{1}{n_f^2} - \frac{1}{n_i^2}\right)$$

或

$$\frac{1}{\lambda} = \frac{1}{2}mc^2\alpha^2\left(\frac{1}{n_f^2} - \frac{1}{n_i^2}\right)$$

$$hc = 12.408 \times 10^{-7} \text{ eV-m}$$

$$mc^2 = 0.511 \text{MeV}$$

因此

$$\frac{1}{\lambda} = \frac{1}{2}(0.511 \times 10^6 \text{ eV})\left(\frac{1}{137}\right)^2 \frac{1}{12.408 \times 10^{-7} \text{ eV-m}} \times \left(\frac{1}{n_f^2} - \frac{1}{n_i^2}\right)$$

或

$$\frac{1}{657 \times 10^{-9}\text{m}} = 1.096 \times 10^7\left[\frac{1}{n^2} - \frac{1}{(n+1)^2}\right]$$

$$\frac{1}{n^2} - \frac{1}{(n+1)^2} = 0.139$$

取 $n=1$ 時，得 0.75，取 $n=2$ 時，得 0.137。所以波長 657nm 係，$n=3$ 躍遷到 $n=2$。因此下兩個波長應由①$n=4 \rightarrow n=2$，②$n=5 \rightarrow 2$

$$\frac{1}{\lambda_1} = 1.096 \times 10^7 \left[\frac{1}{4} - \frac{1}{16} \right], \quad \lambda_1 = 486.6\text{nm}$$

$$\frac{1}{\lambda_2} = 1.096 \times 10^7 \left[\frac{1}{4} - \frac{1}{25} \right], \quad \lambda_2 = 434.5\text{nm}$$

例題 8 氦離子 He^+ 的輻射波長幾乎等於 H_α 譜線（巴爾麥系列的第一譜線）(a)試求在那些能態間進行躍遷才有此譜線。(b)H_α 譜線是否大於 He^+ 譜線（指波長）？(c)計算波長差。

解： (a) H_α 譜線的波長

$$\frac{hc}{\lambda_{H_\alpha}} = h\nu = -13.6\left(\frac{1}{3^2} - \frac{1}{2^2} \right) = 13.6\left(\frac{1}{2^2} - \frac{1}{3^2} \right)$$

即

λ_{H_α} 譜線係由 $n_i = 3$ 躍遷到 $n_f = 2$

今 He^+ 輻射譜線的波長為

$$\frac{hc}{\lambda_{He^+}} = h\nu = 13.6 \times \left(\frac{1}{n_f^2} - \frac{1}{n_i^2} \right)$$

因 $\lambda_{H_\alpha} = \lambda_{He^+}$，因此

$$13.6\left(\frac{1}{2^2} - \frac{1}{3^2} \right) = 13.6\left(\frac{4}{n_f^2} - \frac{4}{n_i^2} \right)$$

$$= 13.6\left[\frac{1}{\left(\frac{1}{2}n_f \right)^2} - \frac{1}{\left(\frac{1}{2}n_i \right)^2} \right]$$

$$\therefore n_i = 6, \quad n_f = 4$$

(b) 依式（4-38）

$$\frac{1}{\lambda} = R_M Z^2 \left(\frac{1}{n_f^2} - \frac{1}{n_i^2} \right) \ , \ R_M = \left(\frac{1}{4\pi\epsilon_0} \right)^2 \frac{\mu e^4}{4\pi\hbar^3 c}$$

令 $R = R_M Z^2$

因此

氫原子：（$Z=1$）

$$R_H = R_M = \left(\frac{1}{4\pi\epsilon_0} \right)^2 \frac{\mu_H e^4}{4\pi\hbar^3 c}$$

氦離子：（$Z=2$）

$$R_{He^+} = 4R_M = \left(\frac{1}{4\pi\epsilon_0} \right)^2 \frac{4\mu_{He^+} e^4}{4\pi\hbar^3 c}$$

$$\frac{R_{He^+}}{R_H} = \frac{4\mu_{He^+}}{\mu_H} \ , \ 或 \ R_{He^+} = 4 \left(\frac{\mu_{He^+}}{\mu_H} \right) R_H$$

又　$\mu_H = \frac{m_e m_p}{m_e + m_p} \ , \ \mu_{He^+} = \frac{4 m_e m_p}{m_e + 4 m_p}$

$$\frac{\mu_{He^+}}{\mu_H} = \frac{4(m_e + m_p)}{m_e + 4m_p} = 1 + \frac{3 m_e}{m_e + 4 m_p} > 1$$

則 $\mu_{He^+} > \mu_H$

在波長方面：

氫原子：

$$\frac{1}{\lambda_H} = \left(\frac{1}{4\pi\epsilon_0} \right)^2 \frac{\mu_H e^4}{4\pi\hbar^3 c} \left(\frac{1}{2^2} - \frac{1}{3^2} \right)$$

$$\frac{1}{\lambda_{He^+}} = \left(\frac{1}{4\pi\epsilon_0} \right)^2 \frac{4\mu_{He^+} e^4}{4\pi\hbar^3 c} \left(\frac{1}{4^2} - \frac{1}{6^2} \right)$$

$$\frac{\frac{1}{\lambda_H}}{\frac{1}{\lambda_{He^+}}} = \frac{1}{4} \left(\frac{\mu_{He^+}}{\mu_H} \right) \frac{\left(\frac{1}{4} - \frac{1}{9} \right)}{\left(\frac{1}{16} - \frac{1}{36} \right)}$$

或

$$\frac{\lambda_{He^+}}{\lambda_H} = \frac{\mu_H}{\mu_{He^+}} < 1$$

則 $\lambda_{He^+} > \lambda_H$

H_α 線大於 He^+ 線。

(c) 由(b)

$$\frac{\lambda_{He^+}}{\lambda_H} = \frac{\mu_H}{\mu_{He^+}} = 0.99959$$

$$\Delta\lambda = \lambda_H - \lambda_{He^+} = \lambda_H \left[1 - \frac{\mu_H}{\mu_{He^+}} \right]$$

$$= \lambda_H (0.00041)$$

$$= (656.3\text{nm})(0.00041)$$

$$= 0.269\text{nm}$$

$$= 2.69\text{Å}$$

4-7 威爾生－索末菲量子規則

1.威爾生－索末菲（Wilson-Sommerfeld）量子規則（1916 年）

物理量的量子化呈現於普朗克黑體輻射能量的量子化以及波爾原子模型中電子的角動量的量子化等等，這些都強調假說的神祕性質，不過這兩個量某種程度都與物理量的特性有關。例如能量中的電子是進行簡諧振盪運動，它是有週期性的，再說波爾模型中電子在軌道運動也有週期性運行的。

威爾生－索末菲兩人有見於物理量有週期性的特質發表一套物理系統的量子規則，敘述如下：

針對任何物理系統，其廣義座標是時間的週期性函數，對於每一座標，都存在一個量子條件，這些量子條件為

$$\oint p_q dq = n_q h \tag{4-40}$$

$q =$ 廣義座標

$p_q =$ 伴隨廣義座標的動量（或稱為與 q 共軛的廣義動量）

$n_q =$ 一整數的量子數

$\oint =$ 針對廣義座標週期的積分

q 與 p_q 兩者關係：$q(t) = \mathrm{q}\,(t + T)$，$p_q = p_q\,(q, \cdots\cdots)$

(1) 例如一維的簡諧運動，利用威爾生－索末菲量子規則導出能量量子化。

系統的總能量 E

$$E = 動能 + 位能 = \frac{p_x^2}{2m} + \frac{1}{2}kx^2$$

或

$$\frac{p_x^2}{2mE} + \frac{x^2}{2E/k} = 1 \text{，或} \quad \frac{p_x^2}{b^2} + \frac{x^2}{a^2} = 1$$

上式針對 x 座標與 p 座標是橢圓方程式，如圖 4-19 所示

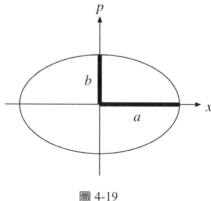

圖 4-19

$$b = \sqrt{2mE} \quad a = \sqrt{\frac{2E}{k}}$$

量子化過程：

$$\oint p\,dx = 橢圓面積 = \pi ab = \frac{2\pi E}{\sqrt{k/m}}$$

$$量子化：\oint p\,dx = nh$$

結果：

$$\oint p\,dx = \frac{2\pi E}{\sqrt{k/m}} = \frac{2\pi E}{2\pi v} = \frac{E}{v} = nh$$

$$E = nhv，\quad n = 1、2、3\cdots\cdots$$

這是普朗克量子定律。

(2) 利用威爾生－索末菲規則導出波爾模型電子角動量的量子化。

電子的角動量：$L = mvr = $ 常數定值

廣義座標：因爲 r 與 L 皆爲常數

因此以極座標來處理。

令 $q \to \theta$，$p_q = p_\theta = $ 角動量 $= L$

量子化過程：$\oint p_q\,dq = \oint p_\theta\,d\theta = L\oint d\theta = 2\pi L = nh$

則

$$L = n\frac{h}{2\pi} = n\hbar$$

這是波爾量子定律。

2.威爾生－索末菲量子規則與德布羅意波長的引進

(1) 例如波爾量子定律中引進德布羅意波長時

$$L = mvr = pr = n\hbar = n\frac{h}{2\pi}$$

$$p = \frac{h}{\lambda}$$

則

$$\frac{h}{\lambda} r = n\frac{h}{2\pi}$$

$$2\pi r = n\lambda，n = 1、2、3\cdots\cdots \tag{4-41}$$

式（4-41）表示說，電子在允許軌道中運轉時，軌道的圓周長是電子波長的整數，即

$$n = 1 \text{ 軌道，波長 } \lambda_1 = 2\pi r_1$$

$$n = 2 \text{ 軌道，波長 } \lambda_2 = \pi r_2$$

$$n = 3 \text{ 軌道，波長 } \lambda_3 = \frac{2}{3}\pi r_3 \text{ 等等}$$

r_1，r_2，r_3 等等軌道半徑可由式（4-30）得知。

這個現象可想像電子以一等速在一圓形軌道運轉時，伴隨的電子波的德布羅意波長環繞圓周重覆地包圍。這也說明電子是駐波（standing wave），或稱爲德布羅意駐波（de Broglie standing wave）。如圖 4-20 所示。

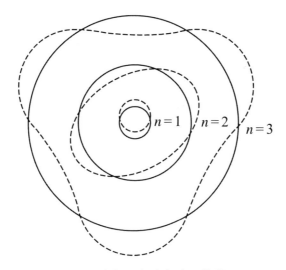

圖 4-20　德布羅意波與波爾軌道

(2) 例如，粒子在 $-\dfrac{a}{2} \le x \le \dfrac{a}{2}$ 中自由來回運動，如圖 4-21。

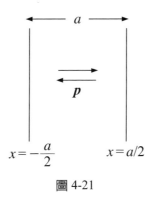

圖 4-21

因自由粒子，則動量 $p =$ 定值，因此依威爾生－索末菲量子規則

$$\oint p_x \, dx = p \oint dx = p(2a) = nh$$

或

$$\frac{h}{\lambda}(2a) = nh$$

$$2a = n\lambda，n = 1、2、3\cdots\cdots$$

於是，德布羅意波長的整數剛好是自由粒子在區域中來回的長度，也說明了粒子波也是駐波。

(3) 結論說明作週期性運動的粒子，其粒子的德布羅意波就是一組的駐波。

4-8 索末菲原子模型

1.波爾模型的失敗

(1) 電子軌道是圓形，每一個量子數 n 只對應一條能譜。

(2) 波爾模型沒有辦法提出解釋為什麼某一能譜線中有「較亮」與「較暗」的區別，也就是沒有機制計算出躍遷的機率。每一能階中的能譜線還有更細的光譜線，就是所謂「精細結構」（Fine structure），這些光譜線緊緊地靠近，且具有同樣的能量。

(3) 波爾模型的電子有確定的半徑與動量，這直接違背不準確原理，這告訴我們電子的位置與動量可同時性量測。

2.索末菲模型——橢圓軌道

1915 年，索末菲量子規則中針對氫原子時，其電子的軌道有可能是橢圓，以致可以解釋氫原子光譜的精細結構。精細結構說明譜線分裂到數條較為清楚可區別的分量。可用較高解析度的裝置觀察到相鄰兩單譜線間的分距到 10^{-4} 程度級，根據波爾模型氫原子的單一能階態的譜線，實際上係由許多更細的譜線緊緊的靠在一起所組成。

(1) 橢圓軌道的大小與型狀可由長軸 a 與短軸 b 來決定（參閱圖 4-19）。

電子的總能量還是由經典力學來計算。

(2) 在橢圓軌道中的座標軸以極座標(r, θ)表示，因此應用兩個量子數，θ方面為n_θ，r方面為n_r，則式（4-40）分別為

$$\oint p_\theta \, d\theta = n_\theta h \, , \quad \oint p_r \, dr = n_r h$$

① θ座標方面的物理量

$$p_\theta = 角動量 = L = 常數 = mr^2 \frac{d\theta}{dt}$$

$$\oint p_\theta \, d\theta = L \oint d\theta = 2\pi L = n_\theta h$$

$$L = n_\theta \hbar \, , \quad n_\theta = 1 \, 、 2 \, 、 3 \cdots\cdots$$

符合於波爾的量子條件及圓形軌道論

② r座標方面的物理量

電子的軌道方程式為

$$\frac{1}{r} = \frac{1 + \varepsilon \cos \theta}{a(1 - \varepsilon^2)} \, , \quad b = a\sqrt{1 - \varepsilon^2}$$

量子規則：

$$p_r = m\mathrm{v} = m\frac{dr}{dt} = m\frac{dr}{d\theta}\frac{d\theta}{dt} = \frac{p_\theta}{r^2}\frac{dr}{d\theta} = \frac{1}{r^2}\frac{dr}{d\theta}$$

$$\oint p_r \, dr = L\oint\left(\frac{1}{r^2}\frac{dr}{d\theta}\right)dr = L\oint\frac{1}{r^2}\frac{dr}{d\theta}\frac{dr}{d\theta}\, d\theta$$

$$= L\oint\left(\frac{1}{r}\frac{dr}{d\theta}\right)^2 d\theta$$

軌道方程式的微分

$$-\frac{1}{r^2}\frac{dr}{d\theta}=\frac{-\varepsilon\sin\theta}{a(1-\varepsilon^2)}$$

$$\frac{1}{r}\frac{dr}{d\theta}=r\frac{\varepsilon\sin\theta}{a(1-\varepsilon^2)}$$

$$=\frac{a(1-\varepsilon^2)}{1+\varepsilon\sin\theta}\frac{\varepsilon\sin\theta}{a(1-\varepsilon^2)}$$

$$=\frac{\varepsilon\sin\theta}{1+\varepsilon\cos\theta}$$

代入上式得

$$\oint p_r\,dr=L\oint\left(\frac{1}{r}\frac{dr}{d\theta}\right)^2 d\theta=L\oint\left(\frac{\varepsilon\sin\theta}{1+\varepsilon\cos\theta}\right)^2 d\theta$$

$$=L\left[\frac{1}{\sqrt{1-\varepsilon^2}}-1\right]\text{（部分積分）}$$

$$=n_r h$$

因此

$$L\left(\frac{a}{b}-1\right)=n_r\hbar\text{，}n_r=0,1,2,3\cdots \tag{4-42}$$

(3) 長軸、短軸及能量量子化

依軌道方程式：

$$a=\frac{\alpha}{1-\varepsilon^2}=\frac{k}{2|E|}$$

$$b=\frac{\alpha}{\sqrt{1-\varepsilon^2}}=\frac{L}{\sqrt{2\mu|E|}}$$

式中

$$k = \frac{Ze^2}{4\pi\epsilon_0} \ , \ \alpha = \frac{L^2}{\mu k} = \frac{4\pi\epsilon_0 L^2}{\mu Ze^2}$$

① 長軸 a 的量子化

$$a = \frac{\alpha}{1-\varepsilon^2} = \frac{k}{2|E|} = \frac{1}{2}\left(\frac{Ze^2}{4\pi\epsilon_0}\right)\frac{(4\pi\epsilon_0)^2 2\hbar^2 n^2}{\mu Z^2 e^4}$$

$$= \frac{4\pi\epsilon_0\hbar^2}{\mu Ze^2}n^2 \ , \ n = 1, 2, 3, \cdots \tag{4-43}$$

② 短軸 b 的量子化

$$b = \frac{\alpha}{\sqrt{1-\varepsilon^2}} = \frac{L}{\sqrt{2\mu|E|}} = \frac{n_\theta\hbar}{\sqrt{2\mu|E|}}$$

$$= \frac{n_\theta}{n}a \tag{4-44}$$

③ 能量量子化

$$\frac{b}{a} = \frac{L/\sqrt{2\mu|E|}}{k/2|E|} = \frac{L\sqrt{2|E|}}{k\sqrt{\mu}}$$

$$\left(\frac{b}{a}\right)^2 = \frac{L^2(2|E|)}{k^2\mu} = \left(\frac{n_\theta}{n}\right)^2$$

因此

$$\frac{2E(n_\theta \hbar)^2}{\left(\dfrac{Ze^2}{4\pi\epsilon_0}\right)^2 \mu} = \frac{n_\theta^2}{n^2}$$

得

$$E = -\left(\frac{Ze^2}{4\pi\epsilon_0}\right)^2 \frac{\mu}{2\hbar^2} \frac{1}{n^2} \quad (\text{此處取「負」}) \tag{4-45}$$

④ 量子數 n、n_θ 及 n_r 的關係

因式（4-42）為

$$L\left(\frac{a}{b} - 1\right) = n_r \hbar$$

或

$$(n_\theta \hbar)\left[\frac{n}{n_\theta} - 1\right] = n_r \hbar$$

得 $$n = n_\theta + n_r \tag{4-46}$$

三個量子數分別如下：

$$n_\theta = 1 \text{、} 2 \text{、} 3 \cdots\cdots$$

$$n_r = 0 \text{、} 1 \text{、} 2 \text{、} 3 \cdots\cdots (n - n_\theta)$$

$$n = n_\theta + n_r = 1 \text{、} 2 \text{、} 3 \cdots\cdots$$

針對已知 n 值時，n_θ 與 n_r 如何分配？

$$n=1，n_\theta=1，n_r=0$$
$$n=2，n_\theta=1，n_r=1$$
$$n_\theta=2，n_r=0$$
$$n=3，n_\theta=1，n_r=2$$
$$n_\theta=2，n_r=1$$
$$n_\theta=3，n_r=0$$

等等。n 稱爲主要量子數，n_θ 爲方位量子數（Azimuthal quantum number），n_r 爲徑矢量子數（radial quantum number）。

(4) 電子軌道型態

由式（4-44）決定電子軌道型態，即

$$\frac{b}{a}=\frac{n_\theta}{n}$$

① $n=n_\theta$——圓形軌道（$a=b$）→波爾模型
② $n\neq n_\theta$——橢圓形軌道（$a\neq b$）→索末菲模型
如圖 4-22 所示。

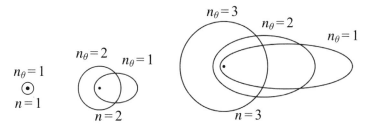

圖 4-22　波爾與索末菲等電子軌道——圓形與橢圓

(5) 簡併能量

由式（4-45）及圖 4-22 得知不同的電子軌道 n_θ 所對應的 n 時，都是同樣的電子能量。同一 n 值有不同 n_θ 值，即表示有數個軌道，稱為「簡併」。也就是說電子運動的不同態的能量都簡併到相同的總能量。

例如圖 4-23 的能階線所示。

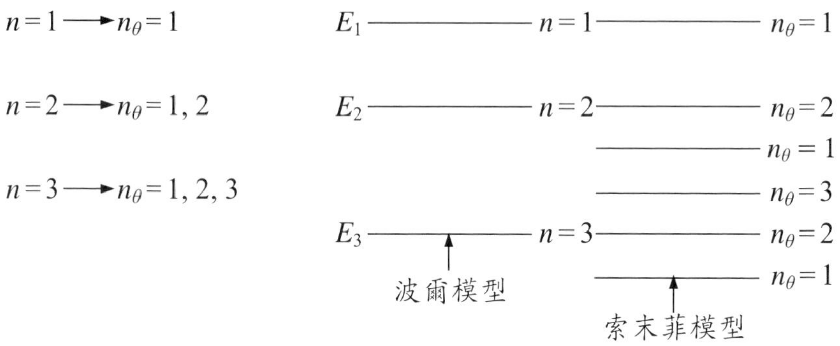

圖 4-23　波爾模型與索末菲模型的不同能階譜

圖 4-23 中的索末菲模型的能階譜就是「精細結構」能階譜。

3.索末菲模型氫原子能階譜的躍遷規則。

由圖 4-17 中，能階間有輻射出的光譜線，這種現象稱為能階的躍遷。這些能諧由主要量子數 n 決定，這些譜線的放射出與 n 值的變化 Δn 沒有原則性規定，這是波爾模型的現象。但在索末菲模型中涉及到一些量子數，n、n_θ 及 n_r，雖然能階間的躍遷與 Δn 無關，但由實驗發現氫原子的能階譜線有**選擇定則**（selection rule）存在下才會發生譜線的放射，其規則為

$$n_{\theta_i} - n_{\theta_f} = \pm 1 \tag{4-47}$$

由圖 4-24 中，虛線的能譜的躍遷不會發生，實線符合於選擇定則，能譜躍遷產生。光譜研究發現，並非任何量子態之間皆可發生輻射性躍遷。

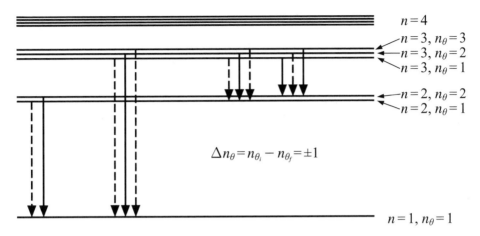

圖 4-24　躍遷定則

$$n=2 \rightarrow n=1 \quad \Rightarrow \quad n_\theta=2 \rightarrow n_\theta=1 \quad \checkmark$$

$$n_\theta=1 \rightarrow n_\theta=1 \quad \times$$

$$n=3 \rightarrow n=1 \quad \Rightarrow \quad n_\theta=3 \rightarrow n_\theta=1 \quad \times$$

$$n_\theta=2 \rightarrow n_\theta=1 \quad \checkmark$$

$$n_\theta=1 \rightarrow n_\theta=1 \quad \times$$

$$n=3 \rightarrow n=2 \quad \Rightarrow \quad n_\theta=3 \rightarrow n_\theta=2 \quad \checkmark$$

$$n_\theta=3 \rightarrow n_\theta=1 \quad \times$$

$$n_\theta=2 \rightarrow n_\theta=2 \quad \times$$

$$n_\theta=2 \rightarrow n_\theta=1 \quad \checkmark$$

$$n_\theta=1 \rightarrow n_\theta=1 \quad \times$$

$$n_\theta=1 \rightarrow n_\theta=2 \quad \checkmark$$

4-9 對應原理

　　藉對應原理（一輔助性假說）之助，有時可發現選擇定則得到驗證，但未必如此。波爾於 1923 年發表對應原理可分兩部：

1.任何物理系統的行為有關量子論的預測必需對應於在極限下的經典物理的預測，此時的系統態的量子數變成很大。

例如，依 Rayleigh-Jeans 理論在 v 很小的極限下，黑體輻射譜符合於實驗結果（參閱圖 1-4 所示）。

$$\bar{\varepsilon} \xrightarrow[v \to 0]{} kT \qquad\qquad (1\text{-}16)$$

而在普朗克的量子假設下，能譜 $\varepsilon = nhv$，再加上波茲曼分佈函數，平均能量 $\bar{\varepsilon} = \bar{n}hv$，或

$$\bar{\varepsilon} = \bar{n}hv = \frac{hv}{e^{hv/kT} - 1} \qquad\qquad (1\text{-}18)$$

或平均量子數 $\bar{n}$ 為　$\bar{n} = \dfrac{hv}{e^{hv/kT} - 1}$

在 $v \to 0$ 極限下，式（1-18）中 $\dfrac{hv}{kT} \ll 1$，則

$$\bar{\varepsilon} = \bar{n}hv = kT$$

結果，在 $v \to 0$ 極限下式（1-16）與（1-18）一致，又平均量子數

$$\bar{n} = \frac{kT}{hv}$$

在教科上取 $v \to 0$，取 $v \to 0$，$\bar{n} \to \infty$是非常大的，這是錯誤的，應該取 $h \to 0$（典經物理的結果）$\bar{n} \to \infty$，這才是對的結果。

　　2.選擇定則眞實有效的對於有關量子數的整個範圍。因此任何選擇定則是必須獲得對應原理的需要，在經典物理極限下 n 要很大，同時應於量子物理極限下 n 要很小。例如，氫原子中電子在波爾軌道運轉中的頻率爲

$$v_0 = \frac{v}{2\pi r} = \left(\frac{1}{4\pi\epsilon_0}\right)^2 \frac{me^4}{4\pi\hbar^3} \frac{2}{n^3} \qquad (4\text{-}48)$$

根據經典物哩，光放出的頻率應該說是運轉頻率 v_0。但在量子物理中，放射光的頻率爲

$$v = \frac{1}{h}(E_i - E_f) = \left(\frac{1}{4\pi\epsilon_0}\right)^2 \frac{me^4}{4\pi\hbar^3}\left(\frac{1}{n_f^2} - \frac{1}{n_i^2}\right)$$

假使上式於量子數要很大時，使得 $v \xrightarrow[n\to\infty]{} v_0$，因此要取選擇定則爲 $n_i - n_f = 1$，或取 $n_i = n$，$n_f = n - 1$，則上式

$$v = \left(\frac{1}{4\pi\epsilon_0}\right)^2 \frac{me^4}{4\pi\hbar^3}\left[\frac{2n-1}{(n-1)^2 n^2}\right]$$

$$= \left(\frac{1}{4\pi\epsilon_0}\right)^2 \frac{me^4}{4\pi\hbar^3}\left[\frac{2 - \dfrac{1}{n}}{n^3\left(1 - \dfrac{2}{n} + \dfrac{1}{n^2}\right)}\right]$$

因此

$$v \xrightarrow[n\to\infty]{} \left(\frac{1}{4\pi\epsilon_0}\right)^2 \frac{me^4}{4\pi\hbar^3} \frac{2}{n^3} = v_0$$

這說明量子數 n 要很大才呈現經典物理。

4-10 早期量子論的評論

早期量子論在很多方面有很多成功的成就，但仍然有些不足解釋上的困難之處：

1.早期量子論只應用於一些束縛的週期性系統，而另一方面，有許多物理系統並不是有週期性的。

2.這個早期量子論對於一個電子的原子的應作工作非常好，也很大概地能處理鹼金屬原子，不過，它不能解釋多電子系的能譜（甚至對氦原子也沒有）。

3.雖然此理論告訴我們如何對某些系統計算出允許態的能量，以及當系統在允許態間可進行躍遷，光子的放射與吸收的頻率，但它不能算計躍遷率及能譜線的強度。

4.整個理論欠缺涉及到物理系的同調性（coherence），最後從表 4-2 中可發現 n 很大時，v_0 與 v 的對應結果。

表 4-2　The Correspondence Principle for Hydrogen

n	v_0	v	%Difference
5	5.26×10^{13}	7.38×10^{13}	29
10	6.57×10^{12}	7.72×10^{12}	14
100	6.578×10^{9}	6.677×10^{9}	1.5
1000	6.5779×10^{6}	6.5878×10^{6}	0.15
10000	6.5779×10^{3}	6.5789×10^{3}	0.015

例題 9　地球質量為 6.0×10^{24} kg，環繞太陽運行的半徑為 1.5×10^{11} m。假設地球對太陽的角動量可依波爾關係 $L = n\hbar$，(a)計算量子數 n。(b)地球角動量的量子化可偵測到否？

解： (a) 地球的角動量

$$L = I\omega = I\left(\frac{2\pi}{T}\right) = \frac{1}{T}(2\pi mr^2)$$

量子化時

$$L = \frac{2\pi mr^2}{T} = n\hbar = n\frac{h}{2\pi}$$

量子數 n：

$$n = \frac{4\pi^2 mr^2}{Th} = \frac{4(3.1416)^2(6.0\times10^{24}\text{kg})(1.5\times10^{11}\text{m})^2}{(31.536\times10^6\text{s})(6.626\times10^{-34}\text{J-s})}$$

$$= 2.55\times10^{74}$$

$$= 255\times10^{72}$$

(b) 量子數太大了，角動量量子化不可能，所以針對對應原理，地球的角動量應是屬於經典物理的極限。

 習題

1. 假設在任何湯姆生原子中的正電荷密度是相同於氫原子。試求以氫原子的半徑 R_H 來表達原子序 Z 的湯姆生原子的半徑 R。

2. 一個 5.3MeV 的 α 粒子撞擊金薄片時被散射 $60°$ 方向。

   (a)計算在作正向碰撞時，最靠近的距離 D。

   (b)針對 $60°$ 的散射，計算衝擊參數 b。

3. 一束 6.0MeV 質子撞擊金箔片（密度為 19.3 g/cm³）被散射到超過 $60°$ 的區域中的質子數部份比數為 2.0×10^{-5} 利用例題 4-3 計算金箔片的厚度 t。〔註：$\frac{P}{I} = 2.0\times10^{-5}$，即 I 為入設的質子數，p 為散射到不超過 $60°$ 區域的質子數〕

4. α 粒子以能量 E（MeV）及衝擊參數 b 射入質量 M，電量 Ze 的原子核，若有考慮計算原子核靶的回跳時，計算 α 粒子的最靠近的距離。

5. 在粒子與原子核散射中，2.0nA 質子射入 0.3um 厚度的鎢薄片。質子被散射到大於 90°區域中的質子數每秒 4×10^4。計算質子射入的能量。

6. 一束 6.0MeV 入射到金屬銦靶。質子被銦的原子核散射到 60°與 120°方向，算這兩個被散射角度時質子最靠近原子核的距離。同時亦計算這兩個距離時，質子的動能。

7. 類似氫原子中電子的角動量為 7.382×10^{-34} J-s。試求電子佔有此能階的量子數。

8. 利用波爾公式計算巴爾麥系列中三個最長的波長

9. 在波爾氫原子模型中，電子的旋轉頻率為 $v=\dfrac{2|E|}{nh}$。E 為電子的總能量，試證之。

10.利用光（即光子）照射基態的氫原子產生游離。釋出的電子再與光子組合進入產生第一激發態，再放出 466Å 的光子，則(a)自由電子的能量多少？(b)原子的入射光子能量多少？

11.在波爾氫原子模型中，電子環繞質子的圓形軌道旋轉。

(a)計算在基態（$n=1$），電子在軌道上的電流。

(b)計算在質子上的磁場。

12.一個 3.00eV 的電子被氦原子核捕抓到。若 2400Å 的光子放射出去，那麼捕抓到電子時，期能階為何？

13.一正電子和一負電子的聯合系原子稱為 positronium 為瞬間原子。正電子和負電子環繞其質心處旋轉，質心處落在他們間的中途。

(a)若像此系統的原子是正常原子，它所放射的光譜與氫原子光譜比較之。

(b)比較此原子與氫原子的軌道半徑。

14.μ^- 原子系由原子核電量 Ze 與帶負電的 μ^- 粒子環繞著。μ^- 粒子（基本

粒子）的電量爲（$-e$），質量爲電子的 207 倍。

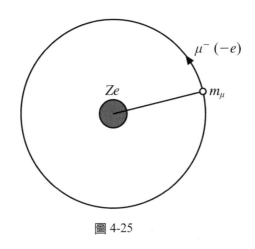

圖 4-25

(a)計算 $Z=1\mu^-$ 原子的波爾的第一軌道的半徑，即 μ^- 原子核間分離距離 D。

(b)計算 $Z=1$ 的 μ^- 原子的束縛能量（binding energy）。

(c)試求 μ^- 原子萊曼（Lyman）系列譜線的第一條的波長。

15.一物體針對著一固定軸自由旋轉，其轉動慣量爲 I。利用威爾生－索末菲量子規則計算出物體的旋轉能量爲

$E_n = \dfrac{\hbar^2}{2I} n^2$，$n=0$、1、2、3……

16.假設在一固定氫態原子中，電子以一整數倍的波長駐定一圓形軌道旋轉，此結果符合於波爾在氫原方面的理論

17.依式（4-27）$h\nu = E_i - E_f$ 表示有原子能量態的躍遷產生電磁輻射放出光子。如果有考慮原子核的回跳在內，光子能量的放射 $h\nu_0 = \Delta E \left(1 + \dfrac{\Delta E}{2MC^2}\right)$，$M$ 爲原子核質量。

第五章　算符特徵函數與特徵值

　　在經典物理中，物理動力量（dynamic variable）的量測是精確的，但在量子物理方面，量測動力量受到粒子為物質波以及其所對應的不準確原理的限制，不易量測精確而要改以平均值確認它。於是量測中需要引進物質波，因此動力量與物質波間的關係如何相互間作用，在量子物理中是很重要意義，即動力量在量子物理方面呈現為**算符**（operator）的運算。

5-1 算符

1.定義

　　它可將一個函數 ψ 演算到另一函數 ϕ 中，或其本函數 ψ 的某一個量的倍數，即 A 為算符時，則

$$A\psi = \phi \qquad\qquad (5\text{-}1)$$

$$A\psi = \lambda\psi \qquad\qquad (5\text{-}2)$$

在式（5-2）中，ψ 稱為算符 A 的特徵函數（eigenfunction），λ 為算符 A 的特徵值（eigenvalue），又式（5-1）中，ϕ 函數為算符 A 演算 ψ 函數後的另一新函數。

2.算符演算性質——線性算符（linear operator）

(1) $A\,(\psi_1 + \psi_2) = A\psi_1 + A\psi_2$

(2) $(A + B)\psi_1 = A\psi_1 + B\psi_1$

(3) 反線性算符（Anti-linear operator）

$$A\,(a\psi_1 + b\psi_2) = a^*A\psi_1 + b^*A\psi_2$$

a^*、b^* 分別為 a 與 b 的共軛數。

3.物理動力量的平均值

$$\langle A \rangle = \int \psi^* A_{op}\, \psi d^3\boldsymbol{r} = \int \phi^* A_{op}\, \phi d^3\boldsymbol{r} \tag{5-3}$$

上式第一項針對座標 $\boldsymbol{r}\,(x, y, z)$ 空間，第二項針對動量座標 $\boldsymbol{p}\,(p_x, p_y, p_z)$ 空間計算。此時動力量就成為算符。有關物理量的動力量的算符如表 5-1 所示：

表 5-1

Physical Quantity	Operator in Coordinate Representation	Operator in Momentum Representation
Position $\boldsymbol{r}$	$\boldsymbol{r}$	$i\hbar\nabla_p$
Momentum $\boldsymbol{p}$	$\dfrac{\hbar}{i}\nabla$	$\boldsymbol{p}$
Angular momentum $\boldsymbol{L}$	$\boldsymbol{r}\times\dfrac{\hbar}{i}\nabla$	$i\hbar\nabla_p\times\boldsymbol{p}$
Kinetic energy T	$-\dfrac{\hbar^2}{2m}\nabla^2$	$\dfrac{p^2}{2m}$
Potential energy V	$V(r)$	$V(i\hbar\nabla_p)$
Total energy E	$-\dfrac{\hbar^2}{2m}\nabla^2 + V(r)$	$\dfrac{p^2}{2m} + V(i\hbar\nabla_p)$

4.算符的對易算法

(1) 對易算法

兩個算符 A 與 B 乘在一起的程序不同時，作用於同一函數會有不一樣

的結果，即

$$(AB)\psi \neq (BA)\psi \qquad (5\text{-}4)$$

這兩個乘積的差稱爲他們的**對易**（commutator），即

$$[A, B] = AB - BA \qquad (5\text{-}5)$$

(2) 對易性（commute）

若式（5-5）中，$[A, B] = 0$，即對易算法等於零，則稱這兩個算符 A、B 爲**對易性**，即

$$AB = BA \qquad (5\text{-}6)$$

(3) 任意算符的對易算法的基本規則

$$[A, B] + [B, A] = 0 \qquad (5\text{-}7\text{-}1)$$

$$[A, A] = 0 \qquad (5\text{-}7\text{-}2)$$

$$[A, B + C] = [A, B] + [A, C] \qquad (5\text{-}7\text{-}3)$$

$$[A + B, C] = [A, C] + [B, C] \qquad (5\text{-}7\text{-}4)$$

$$[AB, C] = A[B, C] + [A, C]B \qquad (5\text{-}7\text{-}5)$$

$$[A, BC] = [A, B]C + B[A, C] \qquad (5\text{-}7\text{-}6)$$

5-2 厄米特算符

1.定義

若物理動力量 A 的平均值結果爲

$$\langle A \rangle = \int \psi^* A \psi d^3\boldsymbol{r} = \int (A\psi)^* \psi d^3\boldsymbol{r} \qquad (5\text{-}8)$$

A 稱爲厄米特算符

2.厄米特算符（Hermitian operator）的性質

(1) 已知任意算符 A 符合下式

$$\int \psi^* A \psi d^3\boldsymbol{r} = \int (A\psi)^* \psi d^3\boldsymbol{r} = \int \psi^* A^+ \psi d^3\boldsymbol{r} \qquad (5\text{-}9)$$

因此 $\qquad\qquad\qquad\qquad A^+ = A \qquad\qquad\qquad\qquad (5\text{-}10)$

A^+ 稱爲 A 的本身（厄米特）伴隨算符（self-adjoint operator）。

(2) 於式（5-10）在取本身伴隨算符時，可得原來算符，即

$$(A^+)^+ = A^+ = A \qquad (5\text{-}11)$$

(3) $\qquad\qquad (A+B)^+ = A^+ + B^+ = A + B \qquad (5\text{-}12)$

若 A、B 爲本身伴隨算符，則兩個算符的合也爲本身伴隨算符。

(4) A 與 B 爲任意厄米特算符，其乘積的伴隨算符爲

$$(AB)^+ = B^+ A^+ \qquad (5\text{-}13)$$

5-3 一些物理動力量的算符

於式（5-3）中演算物理量的平均值，須借**薛丁格波方程式**（The Schroedinger wave equation）的波函數$\Psi(r, t)$（wave function）來演算，波方程式如下：

$$-\frac{\hbar^2}{2m}\nabla^2\Psi(r, t) + V(r)\Psi(r, t) = i\hbar\frac{\partial\Psi(r, t)}{\partial t} \tag{5-14}$$

以及**機率守恆**（consevation of probability）

$$\frac{\partial\rho}{\partial t} + \nabla\cdot j = 0 \tag{5-15}$$

式中ρ爲**機率密度**（probability density），定義如下

$$\rho = \Psi^*(r, t)\Psi(r, t) \tag{5-16}$$

j爲機率流密度（probobility current density），定義如下

$$j = \frac{\hbar}{2mi}\left[\Psi^*(r, t)\nabla\Psi(r, t) - (\nabla\Psi^*(r, t))\Psi(r, t)\right] \tag{5-17}$$

物理量A在式（5-3）的積分函數成爲算符A_{op}來使用。

於表 5-1 中的物理動力量算符都是厄米特算符。

1.**位置r算符**——r_{op}

$$\langle r\rangle = \int\Psi^*(r, t)r\Psi(r, t)d^3r \tag{5-18}$$

　　因為 r 為與演算中的座標一樣，因此還是看成座標處理（此處不處理動量空間座標）

2.動量算符——$\boldsymbol{p}_{op} = -\dfrac{\hbar}{i}\nabla$

　　利用機率守恆公式（5-15）來計算座標 x 的時間導數，即

$$\frac{d}{dt}\langle x \rangle = \frac{d}{dt}\int \Psi^* x \Psi d^3\boldsymbol{r} = \frac{d}{dt}\int x\rho d^3\boldsymbol{r}$$

$$= \int x \frac{\partial \rho}{\partial t} d^3\boldsymbol{r} = -\int x\nabla \cdot \boldsymbol{j} d^3\boldsymbol{r} \qquad (5\text{-}19)$$

接著利用向量恆等式

$$\nabla (x\boldsymbol{j}) = x\nabla \cdot \boldsymbol{j} + (\nabla x) \cdot \boldsymbol{j}$$

$$= x\nabla \cdot \boldsymbol{j} + j_x \qquad (5\text{-}20)$$

式（5-20）代入式（5-19），得

$$\frac{d}{dt}\langle x \rangle = -\int \nabla \cdot (x\boldsymbol{j}) d^3\boldsymbol{r} + \int j_x d^3\boldsymbol{r}$$

上式第一項依**發散定理**（divergence theorem）轉化為面積分，因此在無限大空間的表面上的波函數很快地消失不存在，因此第一項積分為零，則

$$\frac{d}{dt}\langle x \rangle = \int j_x dx$$

或

$$\frac{d}{dt}\langle \boldsymbol{r}\rangle = \int \boldsymbol{j}d^3\boldsymbol{r} \qquad (5\text{-}21)$$

將式（5-17）代入（5-21）而後利用部分積分處理，最後得

$$m\frac{d}{dt}\langle \boldsymbol{r}\rangle = \int \Psi^*\left(\frac{\hbar}{i}\nabla\right)\Psi d^3\boldsymbol{r}$$

或

$$\langle \boldsymbol{p}\rangle = \left\langle m\frac{d\boldsymbol{r}}{dt}\right\rangle = \int \Psi^*\left(\frac{\hbar}{i}\nabla\right)\Psi d^3\boldsymbol{r}$$
$$= \int \Psi^*\boldsymbol{p}_{op}\Psi d^3\boldsymbol{r} \qquad (5\text{-}22)$$

因此動量 $\boldsymbol{p}$ 的算符 $\boldsymbol{p}_{op}$ 為

$$\boldsymbol{p}_{op} = \frac{\hbar}{i}\nabla \qquad (5\text{-}23)$$

3.**角動量** L **算符**──$\boldsymbol{r}\times\boldsymbol{p}_{op} = \boldsymbol{r}\times\left(\frac{\hbar}{i}\nabla\right)$

$$\langle \boldsymbol{L}\rangle = \int \Psi^*\boldsymbol{L}\Psi d^3\boldsymbol{r} = \int \Psi^*(\boldsymbol{r}\times\boldsymbol{p})_{op}\Psi d^3\boldsymbol{r}$$
$$= \int \Psi^*(\boldsymbol{r}\times\boldsymbol{p}_{op})\Psi d^3\boldsymbol{r}$$
$$= \int \Psi^*\left(\boldsymbol{r}\times\frac{\hbar}{i}\nabla\right)\Psi d^3\boldsymbol{r}$$

因此角動量算符為

$$L_{op} = r \times p_{op} = r \times \frac{\hbar}{i} \nabla \quad\quad (5\text{-}24)$$

4.動能 T 算符——$-\dfrac{\hbar^2}{2m} \nabla^2$

$$
\begin{aligned}
\langle T \rangle &= \int \Psi^* T \Psi d^3 r = \int \Psi^* \left(\frac{p^2}{2m} \right)_{op} \Psi d^3 r \\
&= \int \Psi^* \left(\frac{1}{2m} \right) p_{op} \cdot p_{op} \Psi d^3 r \\
&= \int \Psi^* \left(\frac{1}{2m} \right) \left(\frac{\hbar}{i} \nabla \right) \cdot \left(\frac{\hbar}{i} \nabla \right) \Psi d^3 r \\
&= \int \Psi^* \left(-\frac{\hbar^2}{2m} \nabla^2 \right) \Psi d^3 r
\end{aligned}
$$

因此動能算符爲

$$T_{op} = -\frac{\hbar^2}{2m} \nabla^2 \quad\quad (5\text{-}25)$$

5.位能 $V(r)$ 算符

$$\langle V(r) \rangle = \int \Psi^* V(r) \Psi d^3 r$$

因爲位能本身爲位置函數，所以沒有算符性質。

6.總能量 E 算符──$-\dfrac{\hbar^2}{2m}\nabla^2+V\,(\boldsymbol{r})$ ，或 $i\hbar\dfrac{\partial}{\partial t}$

(1) 從物理量的平均值概念

$$\langle E\rangle = \int\Psi^*\left(\frac{p^2}{2m}+V(\boldsymbol{r})\right)_{op}\Psi d^3\boldsymbol{r}$$

$$= \int\Psi^*\left[-\frac{\hbar^2}{2m}\nabla^2+V(\boldsymbol{r})\right]\Psi d^3\boldsymbol{r}$$

因此總能量算符為

$$E_{op}=-\frac{\hbar^2}{2m}\nabla^2+V\,(\boldsymbol{r}) \tag{5-26}$$

(2) 從薛丁格波動方程式式（5-14）

$$-\frac{\hbar^2}{2m}\nabla^2\Psi+V\,(\boldsymbol{r})\Psi=i\hbar\frac{\partial}{\partial t}\Psi$$

或

$$\left[-\frac{\hbar^2}{2m}\nabla^2+V(\boldsymbol{r})\right]\Psi=i\hbar\frac{\partial\Psi}{\partial t} \tag{5-27}$$

或

$$H\Psi=i\hbar\frac{\partial}{\partial t}\Psi$$

式中

$$H_{op} = \left(\frac{p^2}{2m}\right)_{op} + V(r) = E_{op} = -\frac{\hbar^2}{2m}\nabla^2 + V(r)$$

H_{op} 稱爲**罕米爾吞算符**（Hamiltonian operator），它也是總能量算符，因此

$$H_{op} = i\hbar\frac{\partial}{\partial t} \tag{5-28}$$

爲一個時間導數的算符。

(3) 物理量 A 算符的時間導數

$$
\begin{aligned}
i\hbar\frac{d}{dt}\langle A\rangle &= i\hbar\frac{d}{dt}\int \Psi^* A\Psi d^3 r \\
&= i\hbar\left[\int \Psi^* A\frac{\partial \Psi}{\partial t}d^3 r + \int \Psi^*\frac{\partial A}{\partial t}\Psi d^3 r + \int \frac{\partial \Psi^*}{\partial t}A\Psi d^3 r\right] \\
&= \int \Psi^* A\left(i\hbar\frac{\partial \Psi}{\partial t}\right)d^3 r + i\hbar\left\langle\frac{\partial A}{\partial t}\right\rangle + \int (i\hbar)\left(\frac{1}{i\hbar}H\Psi\right)^* A\Psi d^3 r \\
&= \int \Psi^* (AH)\Psi d^3 r - \int \Psi^* (HA)\Psi d^3 r + i\hbar\left\langle\frac{\partial A}{\partial t}\right\rangle \\
&= \int \Psi^* (AH - HA)\Psi d^3 r + i\hbar\left\langle\frac{\partial A}{\partial t}\right\rangle
\end{aligned}
$$

或

$$i\hbar\frac{d}{dt}\langle A\rangle = \langle(AH - HA)\rangle + i\hbar\left\langle\frac{\partial A}{\partial t}\right\rangle \tag{5-29}$$

此處 A 爲物理量 A 的算符，H 爲罕米爾吞算符。這公式在量子力學所面對

是極重要性的。

若物理量 A 不是時間的顯函數，又 A 與系統的 H 為互易性，即

$$\frac{\partial A}{\partial t} = 0 \ \text{及} \ [A, H] = AH - HA = 0 \qquad\qquad (5\text{-}30)$$

因此由式（5-29）得

$$\frac{d}{dt} \langle A \rangle = 0$$

$$\langle A \rangle = \text{系統的運動常數}$$

即物理量 A 為守恆量

5-4 算符的對易性演算

兩個物理量 A 與 B 算符的對易性演算 $[A, B] = AB - BA$ 在量子力學使用中是一項主要的特性。大部分重要的對易性演算含有典型式的共軛變數，例如位置座標 r 與動量 p 成對間的對易性演算等等

1.位置 r 與動量 p 的對易性演算

設 f 為任意函數，則

$$(xp_x - p_x x)f = \left[x\left(\frac{\hbar}{i} \frac{\partial f}{\partial x} \right) - \left(\frac{\hbar}{i} \frac{\partial}{\partial x} \right) xf \right]$$

$$= \frac{\hbar}{i} x \frac{\partial f}{\partial x} - \frac{\hbar}{i} \left[f + x \frac{\partial f}{\partial x} \right]$$

$$= i\hbar f$$

因此

$$[x, p_x] = xp_x - p_x x = i\hbar I \qquad (5\text{-}31)$$

$$I：單位算符（identity operator）$$

同理

$$[y, p_y] = [z, p_z] = i\hbar I \qquad (5\text{-}32)$$

所有其他座標的乘積，或與其所對的共軛動量的乘積都是對易性質。綜合如下

$$[x_i, x_j] = 0 \quad i, j = 1 \cdot 2 \cdot 3$$

$$[x_i, p_j] = i\hbar I \delta_{ij} \quad i, j = 1 \cdot 2 \cdot 3$$

2.若有一函數 $f(x)$ 可以展開 x 的幕級數（power series）時，則

$$[p_x, f(x)] = \frac{\hbar}{i} \frac{df}{dx} I \qquad (5\text{-}33)$$

3.位置 r 與角動量 L 的對易性演算

$$[L_i, x_j] = i\hbar \epsilon_{ijk} x_k，i, j, k = 1 \cdot 2 \cdot 3 \qquad (5\text{-}34)$$

4.角動量 L 與動量 p 的對易性演算

$$[L_i, p_j] = i\hbar\epsilon_{ijk}p_k \text{，} i, j, k = 1 \text{、} 2 \text{、} 3 \qquad (5\text{-}35)$$

5.角動量 L 之間的對易性演算

$$[L_i, L_j] = i\hbar\epsilon_{ijk}L_k \text{，} i, j, k = 1 \text{、} 2 \text{、} 3 \qquad (5\text{-}36)$$

$$[L^2, L_i] = 0 \quad i = 1, 2, 3 \qquad (5\text{-}37)$$

註：ϵ_{ijk} 稱為 Levi-Civita 符號，其性質如下：

$$\epsilon_{ijk} = +1 \text{，} i \text{、} j \text{、} k \text{順序的……偶數互換}$$
$$= -1 \text{，} i \text{、} j \text{、} k \text{順序的……奇數互換}$$
$$= 0 \text{，} i \text{、} j \text{、} k \text{中 有重複} \qquad (5\text{-}38)$$

例如：$\epsilon_{123} = \epsilon_{231} = \varepsilon_{312} = +1$

$\epsilon_{132} = \epsilon_{213} = \varepsilon_{321} = -1$

$\epsilon_{113} = \epsilon_{211} = \varepsilon_{322} = \cdots\cdots = 0$

6.角動量 L 算符中的 L_+ 與 L_-

角動量算符中有升高與降低算符，定義如下：

$$\text{升高算符：} L_+ = L_x + iL_y \qquad (5\text{-}38\text{-}1)$$
$$\text{降低算符：} L_- = L_x - iL_y \qquad (5\text{-}38\text{-}2)$$

這些算符的對易性演算為

$$[L_{\pm}, L_z] = \mp \hbar L_{\pm} \qquad (5\text{-}38\text{-}3)$$

$$[L_2, L_{\pm}] = 0 \qquad (5\text{-}38\text{-}4)$$

$$[L_+, L_-] = 2\hbar L_z \qquad (5\text{-}38\text{-}5)$$

5-5 厄米特算符的特徵函數與特徵值

1.一般性的厄米特算符

(1) A 為厄米特算符，它的特徵方程式（eigenequation）為

$$A\psi = A'\psi \qquad (5\text{-}39)$$

ψ 為特徵函數（eigenfunction），A' 為特徵值（eigenvalue）

(2) A' 為實數值，同時所有 A 算符的特徵值皆屬於它的譜線（spectrums）。

(3) 特徵值不相同時，其所對應的特徵函數是正交性（orthogonal）：
ψ_1 與 ψ_2 分別為 A 的不同特徵函數，其所對應的特徵值分別為 A_1' 與 A_2'，即

$$A\psi_1 = A_1'\psi_1 \qquad (5\text{-}40)$$

$$A\psi_2 = A_2'\psi_2 \qquad (5\text{-}41)$$

於式（5-40）中積分得

$$\int \psi_2^* A \psi_1 d^3\boldsymbol{r} = A_1' \int \psi_2^* \psi_1 d^3\boldsymbol{r} \tag{5-42}$$

於式（5-41）中取共軛

$$A\psi_2^* = A_2'^* \, \psi_2^*$$

或積分處理，得

$$\int A\psi_2^* \psi_1 d^3\boldsymbol{r} = A_2'^* \int \psi_2^* \psi_1 d^3\boldsymbol{r} \tag{5-43}$$

利用厄米特算符的特性，上式左邊式可寫為

$$\int A\psi_2^* \psi_1 d^3\boldsymbol{r} = \int (A\psi_2)^* \psi_1 d^3\boldsymbol{r} = \int \psi_2^* A\psi_1 d^3\boldsymbol{r}$$

代入式（5-43）得

$$\int \psi_2^* A\psi_1 d^3\boldsymbol{r} = A_2'^* \int \psi_2^* \psi_1 d^3\boldsymbol{r} \tag{5-44}$$

兩式（5-42）與式（5-44）相減得

$$(A_1' - A_2'^*) \int \psi_2^* \psi_1 d^3\boldsymbol{r} = 0 \tag{5-45}$$

因此
① 若 $\psi_1 = \psi_2$，則 $A_2' = A_1'$，所以 $A_1'^* = A_1'$ 表示 A 的特徵值皆為實數值
② 若 $A_1' \neq A_2'$，則式（5-45）為

$$\int \psi_2^* \psi_1 d^3 \boldsymbol{r} = 0 \qquad (5\text{-}46)$$

上式的結果說明了不同特徵值的特徵函數互為正交（orthogonal）

(4) 正交函數的完備性

對於任意物理量的觀察算符 A，其特徵態與特徵值 A_1' 寫為

$$A\psi_i = A_1' \psi_i \qquad (5\text{-}47)$$

而這些特徵態形成**正交歸一性**（orthogonal normalization），即

$$\int \psi_i^* \psi_j d^3 \boldsymbol{r} = \delta_{ij} \qquad (5\text{-}48)$$

同時，這些特徵態 ψ_i 可形成一個**完備性**（completed set），即相當於 A 的特徵態的疊加（superposition）

$$\psi = \sum_i c_i \psi_i \qquad (5\text{-}49)$$

① 式（5-49）的態函數 ψ 歸一化（normalization）

$$\int \psi^* \psi d^3 \boldsymbol{r} = \sum_i c_i^2 = \sum_i |c_i|^2 = 1 \qquad (5\text{-}50)$$

② 式（5-49）中的係數 c_i 為

$$c_i = \int \psi_i^* \psi d^3 \boldsymbol{r} \qquad (5\text{-}51)$$

③ 觀察量 A 的平均值爲

$$\langle A \rangle = \int \psi^* A \psi d^3 \boldsymbol{r} = \sum_i A'_i |c_i|^2 \tag{5-52}$$

討論：

a. 任何已知量測的結果只能在特徵值 A'_i 中的一個。

b. $|c_i|^2$ 表示量測到 A'_i 值的機率，或針對 A'_i 值所對應的特徵態 ψ_i 的機率。

c. 觀測到某特徵值 A'_i 後，其態函數 ψ 立刻成爲該特徵值 A'_i 所對應的特徵態 ψ_i，因此重複測量到 A'_i 之機率爲 100%。

d. 發現所有的特徵值 A'_i 的機率等於 1，即

$$\sum_i |c_i|^2 = 1 \tag{5-53}$$

2.動量的特徵函數

一維：動量 p 的特徵值方程式爲

$$p_{op} \, \psi_p(x) = p \, \psi_p(x)$$

或

$$\frac{\hbar}{i} = \frac{d\psi_p}{dx} = p \, \psi_p(x)$$

$$\psi_p(x) = c e^{\frac{i}{\hbar} px} \tag{5-54}$$

利用 $\psi_p(x)$ 的歸一條件

$$\delta\,(p-p') = \int_{-\infty}^{\infty} \psi_p^*(x)\,\psi_{p'}(x)dx = c^2 \int_{-\infty}^{\infty} e^{\frac{i}{\hbar}(p-p')x}\,dx$$
$$= c^2(2\pi\hbar)\delta\,(p-p')$$
$$c = \frac{1}{\sqrt{2\pi\hbar}}$$

因此

$$\psi_p(x) = \frac{1}{\sqrt{2\pi\hbar}} e^{\frac{i}{\hbar}px} \tag{5-55}$$

為動量 p 的特徵函數

三維： $$\psi_p(\boldsymbol{r}) = \left(\frac{1}{2\pi\hbar}\right)^{3/2} e^{\frac{i}{\hbar}\boldsymbol{p}\cdot\boldsymbol{r}} \tag{5-56}$$

這函數屬於平面波（planewave），同時特徵值

$$-\infty < p_x,\ p_y,\ p_z < \infty$$

3.自由粒子的能量特徵函數

自由粒子的能量為 $E = \dfrac{p^2}{2m}$，其算符為 $H = -\dfrac{\hbar^2}{2m}\dfrac{d^2}{dx^2}$ 因此特徵方程式為

$$H\psi_E(x) = E\psi_E(x)$$

或

$$-\frac{\hbar^2}{2m}\frac{d^2\psi_E}{dx^2}=E\psi_E \tag{5-57}$$

或

$$\psi_E(x)=A(E)e^{ikx} \text{，或} \quad B(E)e^{-ikx} \tag{5-58}$$

式中 $$k=\frac{1}{\hbar}\sqrt{2mE}$$

利用 $\psi_E(x)$ 的歸一條件

$$\int_{-\infty}^{\infty}\psi_E^*(x)\,\psi_{E'}(x)dx=\int_{-\infty}^{\infty}A^*(E)A(E')\,e^{i(k'-k)x}\,dx$$
$$=\delta(E-E')$$

或

$$\int_{-\infty}^{\infty}\psi_E^*(x)\,\psi_{E'}(x)dx=\int B^*(E)B(E')\,e^{i(k'-k)x}\,dx$$
$$=\delta(E-E')$$

因此上兩式中取第一式，

$$|A(E)|^2 2\pi\delta(k-k')=\delta(E-E')$$

或

$$2\pi|A(E)|^2\delta\left[\left(\frac{\sqrt{2m}}{\hbar}(\sqrt{E}-\sqrt{E'})\right)\right]=\delta\,(E-E') \qquad (5\text{-}59)$$

有關 delta 函數的特性有下列公式，即

$$\delta\,(ax)=\frac{1}{|a|}\delta\,(x)$$

$$\delta\,(\sqrt{x}-\sqrt{a})=2\sqrt{a}\delta\,(x-a) \qquad (5\text{-}60)$$

因此式（5-59）演變為

$$2\pi|A(E)|^2\frac{\hbar}{\sqrt{2m}}\delta\,(\sqrt{E}-\sqrt{E'})=\delta\,(E-E')$$

$$2\pi|A(E)|^2\frac{\hbar}{\sqrt{2m}}2\sqrt{E}\,(\delta\,(E-E'))=\delta\,(E-E')$$

則

$$|A(E)|^2=\frac{1}{2\pi\hbar}\sqrt{\frac{m}{2E}}=\frac{m}{hp}=\frac{1}{hv}$$

能量 E 的特徵函數為

$$\psi_E(x)=\left(\frac{m}{8\pi^2\hbar^2E}\right)^{1/4}e^{\pm ikx} \qquad (5\text{-}61)$$

致於特徵值 E 的計算，要依照 $\psi_E(x)$ 符合於週期性的邊界條件求得。邊界條件爲

$$\psi_E(0) = \psi_E(L)$$

因此特徵值 E 量子化

$$E_n = \frac{2\pi^2\hbar^2}{mL^2}n^2 , \quad n = 0, \pm1, \pm2, \cdots \tag{5-62}$$

4.對易算符的特徵函數

設算符 A 的特徵函數爲 $\psi_a(x)$，特徵值爲 a，因此

$$A\psi_a(x) = a\psi_a(x) \tag{5-63}$$

同時，$\psi_a(x)$ 也是算符 B 的特徵函數，但其特徵值爲 b，則

$$B\psi_a(x) = b\psi_a(x) \tag{5-64}$$

無論如何，這意涵

$$AB\psi_a(x) = Ab\psi_a(x) = bA\psi_a(x) = ba\psi_a(x)$$

與

$$BA\psi_a(x) = Ba\psi_a(x) = aB\psi_a(x) = ab\psi_a(x)$$

因此

$$(AB - BA)\psi_a(x) = 0 \qquad (5\text{-}65)$$

假使這針對 $\psi_a(x)$ 成立，但並不嚴謹，我們應該針對 $\psi_a(x)$ 的完備性來探討，即令 $\psi(x) = \sum_a c_a \psi_a(x)$

$$\sum_a c_a(AB - BA)\psi_a(x) = (AB - BA)\sum_a c_a\psi_a(x)$$
$$= (AB - BA)\psi$$
$$= 0 \qquad (5\text{-}66)$$

此時這兩個算符 A、B 為對易性，即

$$[A, B] = 0 \qquad (5\text{-}67)$$

因此 $\psi(x)$ 為 A、B 的同時性的特徵函數。

　　不過，我們再來看看於式（5-65）中 $\psi_a(x)$ 是否為算符 A、B 的同時性特徵函數。下列這些情況

$$AB\psi_a(x) = BA\psi_a(x) = aB\psi_a(x)$$

很顯然地 $B\psi_a(x)$ 也是算符 A 的特徵函數，特徵值為 a。因此 $B\psi_a(x)$ 與 $\psi_a(x)$

同是算符 A 的特徵函數，所以

$$B\psi_a(x) \sim \psi_a(x)$$

或

$$B\psi_a(x) = b\psi_a(x) \tag{5-68}$$

這比例常數 b 爲算符 B 的特徵值。結論 $\psi_a(x)$ 爲算符 A、B 的同時性特徵函數，其條件爲式（5-67）成立。

📖 習題

1. 試證式（5-7-5）

   $[AB, C] = A\,[B, C] + [A, C]B$

2. 利用式（5-14）、（5-15）、（5-16）及（5-17）證明

   $\dfrac{d}{dt}\langle \boldsymbol{p} \rangle = -\int \psi^*\,(\nabla V)\psi d^3\boldsymbol{r} = -\langle \nabla V \rangle$

3. 試證(a)$[L_x, x] = 0$。(b)$[L_x, p_x] = 0$。(c)$[L_x, T] = 0$。

4. 試證（5-38-3），（5-38-4）及（5-38-5）等式。

5. 若自由粒子的能量特徵函數依照週期性的邊界條件下，它能符合正交性條件而適合於離散的特徵值能譜。

6. 若質量爲 m 的粒子，受限於半徑爲 ρ 的 xy 平面上圓形軌道運動，圓心在原點 0 處，試求粒子的特徵函數與特徵值。

第六章　薛丁格方程式

6-1 緒論

1.宏觀性（maroscopic system）與微觀性（microscopic system）

(1) 宏觀性

① 牛頓運動定律（經典力學）

粒子的運動須依循運動定律的規範，依起始條件就可知道後續粒子的運動行為。

② 經典的波運動定律

振動子的運動屬於波動行為，因此有波動定律來規範。例如

a. 伸張弦的振動，波動方程式為

$$\frac{\partial^2 y(x,t)}{\partial x^2} = \frac{1}{T/\rho}\frac{\partial^2 y(x,t)}{\partial t^2} = \frac{1}{v^2}\frac{\partial^2 y(x,t)}{\partial t^2} \tag{6-1}$$

T 為弦的張力，ρ 為弦的線密度，$v = \sqrt{\dfrac{T}{\rho}}$ 為波速（wave velocity）

b. **馬克斯威**的電磁論，即電磁波的傳播，其波動方程式為

$$\frac{\partial^2 E(x,t)}{\partial x^2} = \frac{1}{c^2}\frac{\partial^2 E(x,t)}{\partial t^2} \tag{6-2}$$

$c = \dfrac{1}{\sqrt{\epsilon_0 \mu_0}}$ 為波速，就是光速，因此光波就是電磁波。

式（6-1）與（6-2）兩種傳播的波的方程式完全一致形式。

(2) 微觀性

① 粒子的運動是波的行為，須受量子力學的薛丁格論來規範。

② 粒子的波行為，它的波稱為**德布羅意波**或稱為**粒子波**。

③ 波動定律——薛丁格波方程式（Schroedinger wave equation）。

$$-\frac{\hbar^2}{2m}\frac{\partial^2\Psi(x,t)}{\partial x^2} + V(x)\Psi(x,t) = i\hbar\frac{\partial\Psi(x,t)}{\partial t} \qquad (6\text{-}3)$$

a. 掌控波函數的行為。

b. 特殊連結波函數行為與粒子行為間的關係。

c. 薛丁格理論是一般性而涵蓋有牛頓理論。

④ 薛丁格方程式與馬克斯威的波方程式所敘述波的行為很類似。

2.德布羅意的假設之資訊不足

(1) 粒子的運動具有德布羅意波的行為，兩者間的關係

$$\lambda = \frac{h}{p} \ , \ v = \frac{E}{h} \qquad (6\text{-}4)$$

(2) 德布羅意的假設是薛丁格一般論發展的基礎步驟之一而已。

(3) 粒子的運動是德布羅意波的傳播，但沒有提供德布羅意波是如何傳播。

(4) 粒子運動在繞射模型方面所量測到的波長與德布羅意波的預測波長有很成功地一致，但只有在此例子中，波長基本上是常數。

(5) 更進一步，我們需要有兩者性質間有量的關係來描述波動。

3.自由粒子的德布羅意波函數

自由粒子以常數線動量 p 與常數能量 E 行進時，所伴隨的德布羅意波

的波長 λ（$=\dfrac{h}{p}$）與頻率 v（$=\dfrac{E}{h}$）也是常數。這伴隨波函數以簡單的正餘弦行進波的選擇來表示，例如

$$\Psi(x, t) : \sin\left[2\pi\left(\frac{x}{\lambda} - vt\right)\right] \cdot \cos\left[2\pi\left(\frac{x}{\lambda} - vt\right)\right]$$

$$\sin(kx - \omega t) \cdot \cos(kx - \omega t)$$

$$A \sin(kx - \omega t) + B \cos(kx - \omega t)$$

$$e^{i(kx - \omega t)} \cdot e^{-i(kx - \omega t)}$$

$$Ce^{i(kx - \omega t)} + De^{-i(kx - \omega t)}$$

這些系統的波函數期望含有適合物理資訊，但問題是如何選擇所需要的資訊。

若上述這些波函數適用於粒子在**波爾模型**圓形軌道，則波長 λ 等於圓周長，即

$$\lambda = 2\pi r$$

那麼所涉及到的粒子的線動 p 亦應為常數，即

$$\lambda = \frac{h}{p} = 2\pi r$$

$$pr = \frac{h}{2\pi} = \hbar = L = \text{角動量常數}$$

因此線動量 p 也是常數。

4.一般粒子的德布羅意波函數

(1) 一般粒子運動所承受力，即 $F = -\dfrac{dV(x)}{dx}$，因此其作用力與動量間的關係，依牛頓第二定律為 $F = \dfrac{dp}{dt}$，則動量的大小會改變，其所對應的德布羅意波的波長亦會改變，但是假使改變很迅速地變化，波長在上述波函數 $\Psi(x,\, t) \sim \sin\left[2\pi\left(\dfrac{x}{\lambda} - vt\right)\right]$ 中就不是一致性良好的闡釋。就以圖 6-1 所示的非正餘弦函數來表示，每兩個鄰近最大值的距離不同，很難以定義波長，即使是單一振盪。

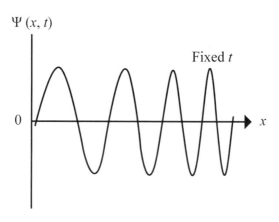

圖 6-1　非正餘弦波

(2) 為了處理上述一般粒子德布羅意波的行為，此德布羅意波必須符合薛丁格方程式。假使作用於粒子的力可由對應於粒子的位能函數（potential function）來定義，即 $F = -\dfrac{dV(x)}{dx}$，$V(x)$ 為粒子的位能函數，則薛丁格方程式可以告訴我們粒子的波函數 $\Psi(x, t)$，這就表示這波函數 $\Psi(x, t)$ 是在有粒子位能下的薛丁格方程式的解。

(3) 薛丁格方程式（含有位能函數 $V(x)$）是屬於微分方程式，其中波函數有各種自變數 (x, t) 的偏導數等等，例如

$$\frac{\partial \Psi(x,\,t)}{\partial x},\quad \frac{\partial^2 \Psi(x,\,t)}{\partial x^2},\quad \frac{\partial \Psi(x,\,t)}{\partial t},\quad \frac{\partial^2 \Psi(x,\,t)}{\partial t^2}$$

6-2 薛丁格方程式的推導

1.試探性的推導

一般波動方程式的公式為

$$\nabla^2 \Psi\,(x,\,t) - \frac{1}{v^2}\frac{\partial \Psi^2(x,\,t)}{\partial t^2} = 0 \tag{6-5}$$

首先，先考慮特殊例情況（能量特徵態），變數分離法得之

$$\Psi\,(x,\,t) = \psi\,(x)e^{-iEt/\hbar} \tag{6-6}$$

式中 $\frac{E}{\hbar} = \omega$。將此解（6-6）代入（6-5）得

$$\left[\nabla^2 + \frac{(E/\hbar)^2}{v^2}\right]\psi\,(x) = 0$$

或

$$[\nabla^2 + k^2]\psi\,(x) = 0 \;(赫爾姆霍茲方程式 \text{ Helmholtz equation}) \tag{6-7}$$

式中 $k = \dfrac{E/\hbar}{v} = \dfrac{\omega}{v} = \dfrac{2\pi}{\lambda} = \dfrac{2\pi p}{h} = \dfrac{p}{h}$，因此

$$p = \hbar k \tag{6-8}$$

(1) 自由粒子：$V(\boldsymbol{r})=0$

$$E=\frac{p^2}{2m}=\frac{\hbar^2 k^2}{2m}\rightarrow k^2=\frac{2mE}{\hbar^2} \tag{6-9}$$

式（6-7）為

$$-\frac{\hbar^2}{2m}\nabla^2\psi\,(\boldsymbol{r})=E\psi\,(\boldsymbol{r}) \tag{6-10}$$

(2) 一般粒子：$V=V(\boldsymbol{r})$

$$E=\frac{p^2}{2m}+V\,(\boldsymbol{r})=\frac{\hbar^2 k^2}{2m}+V\,(\boldsymbol{r})$$

或

$$k^2=\frac{2m}{\hbar^2}\,[E-V\,(\boldsymbol{r})] \tag{6-11}$$

式（6-7）為

$$-\frac{\hbar^2}{2m}\nabla^2\psi\,(\boldsymbol{r})+V\,(\boldsymbol{r})\psi\,(\boldsymbol{r})=E\psi\,(\boldsymbol{r})=\hbar\omega\psi\,(\boldsymbol{r}) \tag{6-12}$$

為了獲得薛丁格方程式的一般式，我們以能量算符 $E_{op}=i\hbar\dfrac{\partial}{\partial t}$ 來代替 E

（$=\hbar\omega$），然後在方程式中每項乘上 $e^{-i\omega t}=e^{-i\frac{E}{\hbar}t}$，因此得

$$E_{op}\Psi(\boldsymbol{r}, t) = i\hbar\frac{\partial\Psi(\boldsymbol{r}, t)}{\partial t}$$

$$= -\frac{\hbar^2}{2m}\nabla^2\Psi(\boldsymbol{r}, t) + V(\boldsymbol{r})\Psi(\boldsymbol{r}, t) \qquad (6\text{-}13)$$

式（6-13）成為所謂的**時變性薛丁格方程式**（The time-dependent Schroe-dinger's Equation），同時也適用於自由粒子例，令 $V(\boldsymbol{r}) = 0$ 時，式（6-13）與式（6-10）一致了！

2.合理的推導（一維性）

(1) 物質波的波函數 $\Psi(x, t)$ 的性質

這波函數 $\Psi(x, t)$ 被期待能符合微分的波方程式（非相對論的薛丁格方程式），同時這微分方程式也承受一些限制的假設，如下所敘述：

① 它必須與德布羅意－愛因斯坦的關係一致，即 $\lambda = \dfrac{h}{p}$ ， $v = \dfrac{E}{h}$

② 它必須與經典能量關係一致，即 $E = \dfrac{P^2}{2m} + V$

③ 波函數 $\Psi(x, t)$ 必須是線性。就是說若 Ψ_1 與 Ψ_2 是在位能函數 $V(x)$ 的薛丁格方程式的解，那麼 $c_1\Psi_1 + c_2\Psi_2$ 也是其解。

④ 在自由粒子的範例中，動量 p 與能量 E 為常數，則薛丁格方程式有正餘弦的行進波，波中的波長 $\lambda = \dfrac{h}{p}$ 與頻率 $v = \dfrac{E}{h}$ 也是常數定值。

(2) 物質波的薛丁格方程式

① 由假設(1)的①及②得

$$\frac{P^2}{2m} + V(x, t) = E \quad \text{及} \quad p = \frac{h}{\lambda} \text{，} E = hv$$

因此

$$\frac{h^2}{2m\lambda^2} + V(x,t) = h\nu \tag{6-14}$$

在此定義波數 $k = \dfrac{2\pi}{\lambda}$ 及角頻率 $\omega = 2\pi\nu$，則式（6-14）成爲

$$\frac{\hbar^2 k^2}{2m} + V(x,t) = \hbar\omega \tag{6-15}$$

② 由(1)的③假設，在微分方程式中每一項在波函數$\Psi(x,t)$亦必然爲線性，即表示方程式中每一項皆爲一次方函數，如

$$\Psi(x,t), \frac{\partial \Psi(x,t)}{\partial x}, \frac{\partial^2 \Psi(x,t)}{\partial x^2}, \frac{\partial \Psi(x,t)}{\partial t}, \frac{\partial^2 \Psi(x,t)}{\partial t^2}$$

等各階導數皆爲一次方函數

③ 由(1)的④假設中的特例——自由粒子的波函數爲正餘弦函數，即

$$\sin(kx - \omega t) \text{或} \cos(kx - \omega t)$$

因此二階空間導數會引進「$-k^2$」因子，一階時間導數會引進「$-\omega$」因子，因此波函數$\Psi(x,t)$可符合下列假設的波方程式（wave equation），即

$$\alpha \frac{\partial^2 \Psi(x,t)}{\partial x^2} + V(x,t)\Psi(x,t) = \beta \frac{\partial \Psi(x,t)}{\partial t} \tag{6-16}$$

式中α及β爲待測定常數

④ α、β 的常數之決定

a. 先從自由粒子例開始，

$$V(x, t) = V_0 = 常數$$

而

$$\Psi(x, t) \sim \sin(kx - \omega t) \quad 或 \quad \cos(kx - \omega t)$$

代入式（6-16），得

$$[-\alpha k^2 + V_0] \sin(kx - \omega t) = -\beta\omega \cos(kx - \omega t)$$

或

$$[-\alpha k^2 + V_0] \cos(kx - \omega t) = +\beta\omega \sin(kx - \omega t)$$

在恆等式條件下，上兩式有

$$-\alpha k^2 + V_0 = 0，及 \beta\omega = 0$$

則

$$\alpha = \frac{V_0}{k^2}，\beta = 0$$

因此 α、β 兩常數不能符合式（6-15）

b. 於 a.中，既然 $\Psi(x, t)$ 不能單獨以 $\sin(kx-\omega t)$ 或 $\cos(kx-\omega t)$ 表之，則不妨再試以兩者的組合，即

$$\Psi(x, t) = \cos(kx-\omega t) + \gamma\sin(kx-\omega t) \tag{6-17}$$

式中 γ 也為待測常數。將式（6-17）代入式（6-16）得

$$[-\alpha k^2 + V_0 + \beta\gamma\omega]\cos(kx-\omega t) + [-\alpha k^2\gamma + \gamma V_0 - \beta\omega]\sin(kx-\omega t) = 0$$

依恆等式條件，得

$$-\alpha k^2 + V_0 = -\beta\gamma\omega \tag{6-18}$$

$$-\alpha k^2 + V_0 = \frac{\beta w}{\gamma} \tag{6-19}$$

由上兩式（6-18）與（6-19）得

$$-\beta\gamma\omega = \frac{\beta w}{\gamma} \Rightarrow \gamma^2 = -1 \Rightarrow \gamma = \pm i \tag{6-20}$$

因此式（6-18）與（6-19）成為下式

$$-\alpha k^2 + V_0 = \mp i\beta\omega \tag{6-21}$$

將式（6-21）與式（6-15）比較一下，得

$$\alpha = -\frac{\hbar^2}{2m} \tag{6-22}$$

$$\beta = \pm i\hbar \tag{6-23}$$

c. 波方程式與波函數

將式（6-22）及式（6-23），以及式（6-20）等代入式（6-16）及
式（6-17）得薛丁格含時間的波方程式與波函數

$$-\frac{\hbar^2}{2m}\frac{\partial^2 \Psi(x,t)}{\partial x^2} + V(x,\,t)\Psi(x,t) = i\hbar\,\frac{\partial \Psi(x,t)}{\partial t} \tag{6-24}$$

與

$$\Psi(x,\,t) = \cos(kx - \omega t) \pm i\sin(kx - \omega t) = e^{\pm i(kx-\omega t)} \tag{6-25}$$

例題 1　若波函數 $\Psi_1(x,\,t)$、$\Psi_2(x,\,t)$ 與 $\Psi_3(x,\,t)$ 爲薛丁格方程式在特殊
位能函數 V$(x,\,t)$ 的三個解，試證任意的線性組合 $\Psi(x,\,t) = c_1$
$\Psi_1(x,\,t) + c_2\Psi_2(x,\,t) + c_3\Psi_3(x,\,t)$ 也是方程式的解。

解：　$\Psi_i(x,\,t)$ 爲薛丁格方程式的解，則它符合下式

$$-\frac{\hbar^2}{2m}\frac{\partial^2 \Psi_i}{\partial x^2} + V(x,\,t)\Psi_i = i\hbar\,\frac{\partial \Psi_i}{\partial t}\,,\ i = 1,\,2,\,3$$

同時將 $\Psi(x,\,t) = \sum_{i=1}^{3} c_i\Psi_i(x,\,t)$ 代入方程式，則

$$-\frac{\hbar^2}{2m}\frac{\partial^2}{\partial x^2}\left(\sum_{i=1}^{3} c_i\Psi_i\right) + V(x,\,t)\sum_{i=1}^{3} c_i\Psi_i = i\hbar\,\frac{\partial}{\partial t}\left(\sum_{i=1}^{3} c_i\Psi_i\right)$$

或

$$\sum_{i=1}^{3}\left[-\frac{\hbar^2}{2m}\frac{\partial^2}{\partial x^2}c_i\Psi_i\right] + \sum_{i=1}^{3} c_i V(x,t)\Psi_i = \sum_{i=1}^{3}\left[i\hbar\,\frac{\partial}{\partial t}c_i\Psi_i\right]$$

或

$$\sum_{i=1}^{3} c_i \left[-\frac{\hbar^2}{2m} \frac{\partial^2 \Psi_i}{\partial x^2} + V(x,t)\Psi_i \right] = \sum_{i=1}^{3} c_i \left[i\hbar \frac{\partial}{\partial t} \Psi_i \right]$$

或

$$\sum_{i=1}^{3} c_i \left[-\frac{\hbar^2}{2m} \frac{\partial^2 \Psi_i}{\partial x^2} + V(x,t)\Psi_i - i\hbar \frac{\partial \Psi}{\partial t} \right] = 0$$

或

$$\sum_{i=1}^{3} c_i(0) = 0 \text{ , } c_i \neq 0$$

因此

$$\Psi(x,t) = \sum_{i=1}^{3} c_i \Psi_i(x,t) 爲方程式之解。$$

例題 2 簡諧振盪子在最低能階的波函數爲

$$\Psi(x,t) = A e^{-\left(\frac{\sqrt{km}}{2\hbar}\right)x^2} e^{-\frac{i}{2}\sqrt{\frac{k}{m}}t}$$

m 爲振盪粒子質量，k 爲力常數。A 爲任何值的常數，這波函數符合於在適合的位能的薛丁格波方程式。

(a)計算波函數的頻率 v。(b)利用(a)的結果 v 以及德布羅意－愛因斯坦關係 $E = hv$，計算振盪子的總能量 E。(c)利用(b)的結果 E，證明振盪子的經典運動的極限的 x 位置在 $x = \pm \frac{\hbar^{1/2}}{(km)^{1/4}}$。

解： (a) 波函數寫爲

$$\Psi(x,t) = \psi(x)e^{-i\omega t}$$

因此

$$\omega = \frac{1}{2}\sqrt{\frac{k}{m}} \text{ , } v = \frac{\omega}{2\pi} = \frac{1}{4\pi}\sqrt{\frac{k}{m}}$$

(b) $E = h v = \dfrac{h}{4\pi} \sqrt{\dfrac{k}{m}} = \dfrac{1}{2} \hbar \sqrt{\dfrac{k}{m}}$

(c) 極限 x 位置的能量爲 E，因此

$$\dfrac{1}{2} k x^2 = E = \dfrac{1}{2} \hbar \sqrt{\dfrac{k}{m}}$$

$$\therefore x = \pm \dfrac{\hbar^{1/2}}{(km)^{1/4}}$$

6-3 波恩對波函數的解釋

1.波函數在經典力學與量子力學間的不同

(1) 經典力學

波方程式：

$$\dfrac{\partial^2 E(x,\, t)}{\partial x^2} = \dfrac{1}{c^2} \dfrac{\partial^2 E(x,\, t)}{\partial t^2}$$

波函數：$E(x, t)$爲實數函數（real function）。

原因：波方程式中是時間的二階導數與空間的二階導間的關係，其中並沒有含虛數「i」。

(2) 量子力學

波方程式：

$$-\dfrac{\hbar^2}{2m} \dfrac{\partial^2 \Psi(x,\, t)}{\partial x^2} + V(x, t)\Psi(x,\, t) = i\hbar \dfrac{\partial \Psi(x,\, t)}{\partial t}$$

波函數：$\Psi(x, t)$爲複數函數（complex function）。

原因：波方程式中是一階的時間導數，二階的空間導數以及零階的導數之間的關係式，而方程式中含有虛數「i」存在。

2.波函數 $\Psi(x, t)$ 與粒子的行為間關係

(1) 波恩（Max Born）對物質波提議出機率觀念的解釋，而連結物質的波—粒子二象性。

(2) **機率密度**（probobility density）的定義：

$$P(x, t) = \Psi^*(x, t)\Psi(x, t) = |\Psi(x, t)|^2 \qquad （6\text{-}26）$$

上式解釋為相對的機率密度，敘述發現粒子出現在位置 x 及某時刻 t 的機率。同時粒子的波函數 $\Psi(x, t)$ 就是所謂相對的伴隨分佈的機率振幅（probability amplitude）。

(3) 機率的定義

$$\begin{aligned} P(x, t)dx &= \Psi^*(x, t)\Psi(x, t)dx \\ &= |\Psi(x, t)|^2 dx \qquad （6\text{-}27） \end{aligned}$$

稱為發現粒子在某時刻 t 於位置 x 與 $x + dx$ 間的相對機率。

(4) 波函數 $\Psi(x, t)$ 與 $P(x, t)$ 間的關係

如圖 6-2 所示

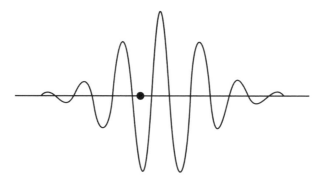

圖 6-2　波函數與粒子

於圖中的黑點代表粒子處，同時在該處波函數有一適合振幅Ψ (x, t)。

3.波函數在電磁波與物質波的內涵

(1) 電磁波：$\dfrac{\partial^2 E(x, t)}{\partial x^2} = \dfrac{1}{v^2} \dfrac{\partial^2 E(x, t)}{\partial t^2}$

　　波函數：E (x, t)——代表電場波（實函數）

　　波強度：$I \sim E^2$——即能量密度

(2) 物質波：$-\dfrac{\hbar^2}{2m} \dfrac{\partial^2 \Psi(x, t)}{\partial x^2} + V(x, t)\Psi$ $(x, t) = i\hbar \dfrac{\partial \Psi(x, t)}{\partial t}$

　　波函數：Ψ (x, t)——代表物質波（複數函數）

　　波強度：Ψ^* $(x, t)\Psi$ (x, t)——機率密度

4.波函數與不準確性

(1) 經典力學的波函數可以精準的預測粒子被發現的位置以及後續的量測——即準確性。

(2) 量子力學的波函數不能告訴我們粒子在已知的能態中將被發現於某時刻的精確位置，而只能是相對機率在某時刻發現粒子於各不同位置的機率，量子力學的預測是屬於統計的，所以說是不準確性。

5.波函數的歸一化（Normalization）

$$\int_{-\infty}^{\infty} P(x, t)dx = \int_{-\infty}^{\infty} \Psi^*(x, t)\Psi(x, t)dx = 1 \qquad （6\text{-}28）$$

物質波$\Psi(x, t)$必須符合於歸一化，其原因說明粒子運動的範圍中被發現於此範圍內的機率是等於一，即式（6-28），這是對的！

例題 3　假設下列波函數符合於歸一化，計算 A

$$\Psi(x, t) = Ae^{-\mu|x|} e^{-iEt/\hbar}$$

解： $\int_{-\infty}^{\infty} \Psi^*(x,t)\Psi(x,t)dx = 2A^2 \int_0^{\infty} e^{-2\mu x}dx = 1$

$2A^2\left(\dfrac{1}{2\mu}\right) = 1$

$A = \sqrt{\mu}$

例題 4 已知粒子的波函數為

$$\Psi(x,t) = \begin{cases} 2\alpha\sqrt{\alpha}xe^{-\alpha x}e^{-iEt/\hbar} \,,\, x > 0 \\ 0 \qquad\qquad\quad\,,\, x < 0 \end{cases}$$

(a)計算 x 在何處有機率密度 $P(x,t) = |\Psi(x,t)|^2$ 的峰值。(b)計算粒子在 $x = 0$ 與 $x =$ 間被發現的機率。

解： (a) 機率密度 $P(x,t)$ 的峰值條件為

$$\dfrac{\partial P(x,t)}{\partial x} = 0$$

因此

$$\dfrac{d}{dx}(x^2 e^{-2\alpha x}) = 2x(1-\alpha x)e^{-2\alpha x} = 0$$

所以 $\qquad\qquad x = \dfrac{1}{\alpha}$

(b) $P = \int_0^{1/\alpha}(4\alpha^3)x^2 e^{-2\alpha x}dx$

$$\xrightarrow[y=2\alpha x]{} = \dfrac{1}{2}\int_0^2 y^2 e^{-y}dy = 0.32$$

6-4 平均值

1.平均值（Expectation values）的意涵

(1) 在某一物理量中許多數量的平均值

例如，粒子在其波函數描述情況，量測粒子的位置平均值為

$$\langle x \rangle = \int_{-\infty}^{\infty} xP(x, t)dx = \int_{-\infty}^{\infty} \Psi^*(x, t) x \Psi(x, t)dx \qquad (6\text{-}29)$$

這個積分可以解釋為在許多粒子位置中量測它的平均位置處。另一種解釋從統計觀點來看，在許多粒子同一波函數描述，計算這些粒子的平均位置。

(2) 平均值與不準確性關係

例如：

$$\Delta x = [\ \langle x^2 \rangle - \langle x \rangle^2\ ]^{1/2}，與 \Delta p = [\ \langle p^2 \rangle - \langle p \rangle^2\ ]^{1/2}$$

等等不準確量，這些都是從波函數計算出的平均值——式（6-29），有可能性對於定量的定義產生不準性的結果。

2.平均值的定義

(1) 任何 x 的函數之物理量 $f(x)$ 的平均值定義為

$$\langle f(x) \rangle = \int_{-\infty}^{\infty} \Psi^*(x, t)f(x)\Psi(x, t)dx$$

不過對於任何具有時間 t 顯性的函數，即 $f(x, t)$，亦可作此定義

$$\langle f(x, t) \rangle = \int_{-\infty}^{\infty} \Psi^*(x, t)f(x, t)\Psi(x, t)dx \qquad (6\text{-}30)$$

(2) 計算平均值所用的波函數 $\Psi(x, t)$ 必須是經過歸一化後的波函數，否則 $\Psi^*(x, t)\Psi(x, t)$ 只是相對機率密度；計算平均值前須將他除以總相對機率，才能得到機率密度。

3.一些常用到物理量的平均值

$$\langle x \rangle = \int_{-\infty}^{\infty} \Psi^*(x, t)\, x\, \Psi(x, t)\, dx$$

$$\langle x^2 \rangle = \int_{-\infty}^{\infty} \Psi^*(x, t)\, x^2\, \Psi(x, t)\, dx$$

$$\langle p \rangle = \int_{-\infty}^{\infty} \Psi^*(x, t)\, p\, \Psi(x, t)\, dx$$

$$\langle p^2 \rangle = \int_{-\infty}^{\infty} \Psi^*(x, t)\, p^2\, \Psi(x, t)\, dx$$

$$\langle T \rangle = \int_{-\infty}^{\infty} \Psi^*(x, t)\, T\, \Psi(x, t)\, dx$$

$$\langle E \rangle = \int_{-\infty}^{\infty} \Psi^*(x, t)\, E\, \Psi(x, t)\, dx$$

$$\langle V(x, t) \rangle = \int_{-\infty}^{\infty} \Psi^*(x, t)\, V(x, t)\, \Psi(x, t)\, dx$$

等等

在平均值演算中的物理量$f(x, t)$必為x與t的函數，但對於動量p及能量E言，且沒有此現象，則積分式中$p\Psi(x, t)$及$E\Psi(x, t)$如何進行？$\Psi(x, t)$為薛丁格方程式的波函數，且為複數函數，因此必要另以替代方式計算而衍出這些物理量(p, E)所對應的微分算符（differential operator）。因此這些物理量在積分式中就以算符形式處理，例如

$$x\Psi(x, t) \rightarrow x_{op}\Psi(x, t)$$

$$x^2\Psi(x, t) \rightarrow x_{op}^2\,\Psi(x, t)$$

$$p\Psi(x, t) \rightarrow p_{op}\Psi(x, t) = \left(-i\hbar\frac{\partial}{\partial x}\right)\Psi(x, t)$$

$$p^2\Psi(x, t) = \left(-\hbar^2\frac{\partial^2}{\partial x^2}\right)\Psi(x, t)$$

$$E\Psi(x, t) = \left(i\hbar\frac{\partial}{\partial t}\right)\Psi(x, t)$$

$$= \left(-\frac{\hbar^2}{2m}\frac{\partial^2}{\partial x^2} + V(x, t)\right)\Psi(x, t)$$

因此，式（6-30）演算可推演更進一步如下：任何函數 $f(x, p, t)$ 的平均值為

$$\langle f(x,p,t) \rangle = \int_{-\infty}^{\infty} \Psi^* (x, t) f_{op}\left(x, -i\hbar \frac{\partial}{\partial x}, t\right) \Psi (x, t) dx \qquad (6\text{-}31)$$

以上這些物理量的算符已於第五章介紹過了。

例題 5　假設一個自由粒子質量為 m，被限制在 $-\frac{a}{2} \le x \le \frac{a}{2}$ 區間自由來回運動，即跑不出去其他範圍。這個例子在最低能階的波函數定義如下

$$\Psi (x, t) = \begin{cases} A\cos\left(\dfrac{\pi}{a}x\right)e^{-iEt/\hbar}, & -\dfrac{a}{2} < x < +\dfrac{a}{2} \\ \\ 0 & , x \le -\dfrac{a}{2} \ \text{或} \ x \ge +\dfrac{a}{2} \end{cases}$$

A 為任意常數，E 為粒子的總能量

(a)證明粒子在區域間的能量是 $\dfrac{\pi^2\hbar^2}{2ma^2}$。(b)利用粒子的波函數計算 x、x^2、p 及 p^2 的平均值，同時也計算 $(\Delta x)(\Delta p)$ 符合於不準確原理。

解：　(a) 證明

$E = \dfrac{p^2}{2m}$，因此在區間的薛丁格方程式為

$$-\frac{\hbar^2}{2m}\frac{\partial^2\Psi(x, t)}{\partial x^2} = i\hbar\frac{\partial\Psi(x, t)}{\partial t}$$

將 $\Psi (x, t) = A\cos\left(\dfrac{\pi}{a}x\right)e^{iEt/\hbar}$ 代入得

$$\frac{\partial^2\Psi(x, t)}{\partial x^2} = -\left(+\frac{\pi}{a}\right)^2\Psi (x, t)，\frac{\partial\Psi(x, t)}{\partial t} = -\left(\frac{iE}{\hbar}\right)\Psi (x, t)$$

代入方程式，得

$$\frac{\hbar^2}{2m}\left(\frac{\pi}{a}\right)^2 \Psi(x,t) = i\hbar\left(\frac{iE}{\hbar}\right)\Psi(x,t) = E\Psi(x,t)$$

因此

$$E = \frac{\pi^2\hbar^2}{2ma^2}$$

(b) 粒子的波函數是未經歸一化之函數，因此依歸一化條件解出 A

$$\int_{-\infty}^{\infty} \Psi^*(x,t)\Psi(x,t)dx = 1$$

或　　$A^2\int_{-a/2}^{a/2}\cos^2\left(\frac{\pi}{a}x\right)dx = 2A^2\left(\frac{\pi}{a}\right)\frac{\pi}{4} = 1$

$$A = \sqrt{\frac{2}{a}}$$

因此經歸一化後的波函數為

$$\Psi(x,t) = \sqrt{\frac{2}{a}}\cos\left(\frac{\pi}{a}x\right)e^{-iEt/\hbar}$$

①　$\langle x \rangle = \int_{-a/2}^{a/2}\Psi^*(x,t)\,x\,\Psi(x,t)\,dx$

$$= \frac{2}{a}\int_{-a/2}^{a/2} x\cos^2\left(\frac{\pi}{a}x\right)dx = 0$$

②　$\langle x^2 \rangle = \frac{2}{a}\int_{-a/2}^{a/2} x^2\cos^2\left(\frac{\pi}{a}x\right)dx = \frac{a^2}{2\pi^2}\left(\frac{\pi^2}{6}-1\right) = 0.033a^2$

③　$\langle p \rangle = \frac{2}{a}\int_{-a/2}^{a/2}\cos\left(\frac{\pi}{a}x\right)\left(-i\frac{\partial}{\partial x}\right)\cos\left(\frac{\pi}{a}x\right)dx$

$$= \frac{2\pi\hbar}{a^2}\int_{-a/2}^{a/2}\cos\left(\frac{\pi}{a}x\right)\sin\left(\frac{\pi}{a}x\right)dx = 0$$

④　$\langle p^2 \rangle = \frac{2}{a}\int_{-a/2}^{a/2}\cos\left(\frac{\pi}{a}x\right)\left(-\hbar^2\frac{\partial^2}{\partial x^2}\right)\cos\left(\frac{\pi}{a}x\right)dx$

$$= \left(\frac{\pi\hbar}{a}\right)^2$$

⑤　$\Delta x = [\langle x^2 \rangle - \langle x \rangle^2]^{1/2} = [\langle x^2 \rangle]^{1/2} = 0.18a$

$$\Delta p = [\langle p^2 \rangle - \langle p \rangle^2]^{1/2} = [\langle p^2 \rangle]^{1/2} = \frac{\pi\hbar}{a}$$

$$(\Delta x)(\Delta p) = 0.18\pi\hbar = 0.57\hbar$$

這結果相當一致於 $(1/2)\hbar$ 的低極限，符合於不準確原理。

6-5 非時變性薛丁格方程式

1.變數分離法

我們設法將時變性薛丁格方程式的偏微分方程式以變數分離法導出常微分方程式，設定波函數$\Psi(x, t)$中的空間與時間自變數分離為各自的函數$\psi(x)\varphi(t)$，即$\Psi(x, t) = \psi(x)\varphi(t)$，同時也假設位能函數與時間無關，即$V = V(x)$，則時變性薛丁格方程式變成為

$$\left[-\frac{\hbar^2}{2m}\frac{d^2\psi(x)}{dx^2} + V(x)\psi(x)\right]\varphi(t) = i\hbar\psi(x)\frac{d\varphi(t)}{dt}$$

而整個方程式除以$\psi(x)\varphi(t)$，得

$$\frac{1}{\psi(x)}\left[-\frac{\hbar^2}{2m}\frac{d^2\psi(x)}{dx^2} + V(x)\psi(x)\right] = i\hbar\frac{1}{\varphi(t)}\frac{d\varphi(t)}{dt} \qquad (6\text{-}32)$$

這樣一來左右兩邊式已分離為各自變數x與變數t等函數的方程式。依恆等式條件，兩邊皆應為常數G而產生分離如下：

$$\frac{1}{\psi(x)}\left[-\frac{\hbar^2}{2m}\frac{d^2\psi(x)}{dx^2} + V(x)\psi(x)\right] = G \qquad (6\text{-}33)$$

$$i\hbar\frac{1}{\varphi(t)}\frac{d\varphi(t)}{dt} = G \qquad (6\text{-}34)$$

或

$$-\frac{\hbar^2}{2m}\frac{d^2\varphi(x)}{dx^2} + V(x)\varphi(x) = G\varphi(x) \qquad (6\text{-}35)$$

$$i\hbar\frac{d\varphi(t)}{dt} = G\varphi(t) \qquad (6\text{-}36)$$

式（6-35）稱爲**非時變性薛丁格方程式**（Time-independent Schroedinger Equation），式（6-36）稱爲**能量方程式**（energy equation）。這兩式中的常數 G 稱爲分離常數，且有它的物理意義在。

2.分離常數 G

由式（6-36）

$$i\hbar \frac{d\varphi(t)}{dt} = G\varphi(t)$$

上式方程式的解爲

$$\varphi(t) = e^{-\frac{iG}{\hbar}t} \qquad\qquad （6\text{-}37）$$

或寫爲

$$\varphi(t) = \cos\left(\frac{G}{\hbar}t\right) - i\sin\left(\frac{G}{\hbar}t\right)$$
$$= \cos\left(2\pi\frac{G}{h}t\right) - i\sin\left(2\pi\frac{G}{h}t\right)$$

這是一個振盪的頻率爲 v 的時間函數，其頻率 $v = \frac{G}{h}$，但依德布羅意－愛因斯坦假設，粒子波的伴隨能量 $E = hv$，因此 $G = E$，由此可知分離常數 G 就是粒子的總能量 E，則式（6-37）的能量函數爲

$$\varphi(t) = e^{-\frac{iE}{\hbar}t} \qquad\qquad （6\text{-}38）$$

3.非時變性薛丁格方程式

將 $G=E$ 代入式（6-35）得

$$-\frac{\hbar^2}{2m}\frac{d^2\psi(x)}{dx^2}+V(x)\psi(x)=E\psi(x) \qquad (6\text{-}39)$$

上式稱爲非時變性薛丁格方程式。此時方程式不再含有虛數「i」了，而它的解 $\psi(x)$ 也不必需要屬於複數函數，即爲實函數。式（6-39）有時稱爲特徵方程式（eigenequation），其所對應的解 $\psi(x)$ 稱爲特徵函數（eigenfunction），於此注意，式（6-24）是時變性薛丁格物質波方程式，$\Psi(x,t)$ 爲波函數，而是（6-39）爲非時變性薛丁格特徵方程式，$\psi(x)$ 爲特徵函數，兩者是有差別的。

例題 6　利用德布羅意的假設，從經典物理的能量導至非時變性薛丁格方程式

解：　假設方程式中的能量與經典物理的能量是一致，即

$$\frac{p^2}{2m}+V=E$$

而德布羅意假設爲

$$p=\frac{h}{\lambda}=\hbar k$$

這兩個關係式合成造成

$$\frac{\hbar^2 k^2}{2m}+V=E$$

或

$$k^2=\frac{2m}{\hbar^2}(E-V)$$

此時假設波函數中的空間變數針對自由粒子言為

$$\psi(x) = \sin\left(\frac{2\pi}{\lambda}x\right) = \sin(kx)$$

因為自由粒子的位能 V 是定值常數，所以波數 k 也為常數，總能量 E 也是常數。

今將 $\psi(x)$ 進行微分兩次得

$$\frac{d^2\psi(x)}{dx^2} = -k^2\sin(kx) = -k^2\psi(x)$$

或

$$\frac{d^2\psi(x)}{dx^2} = -\frac{\hbar^2}{2m}(E-V)\psi(x)$$

或

$$-\frac{\hbar^2}{2m}\frac{d^2\psi(x)}{dx^2} + V\psi(x) = E\psi(x)$$

這就是非時變性薛丁格方程式。此方程式是針對自由粒子言，而 V 是常數，但也可有效於 $V = V(x)$ 情況，此時粒子所受之力為 $-\frac{dV(x)}{dx}$。

6-6 特徵函數的必要性質

1.特徵函數的條件

特徵函數應屬於非時變性薛丁格方程式可接受的解。

2.性質

(1) $\psi(x)$ 必須是有限的，單一值與連續函數，如圖 6-3 所示。

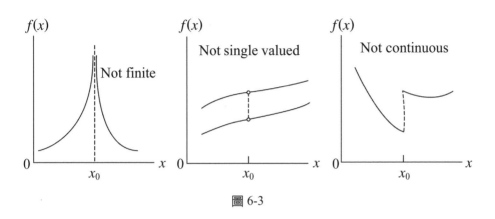

圖 6-3

(2) $\dfrac{d\psi(x)}{dx}$ 必需是有限的，單一值，且位能函數 V 是連續時，$\dfrac{d\psi(x)}{dx}$ 也是連續函數。

(3) 二階導數 $\dfrac{d^2\psi(x)}{dx^2}$ 情況下曲線的確定

$\psi(x)$ 為連續函數時，$\dfrac{d\psi(x)}{dx}$ 才是有限函數；$\dfrac{d\psi(x)}{dx}$ 為連續函數時，$\dfrac{d^2\psi(x)}{dx^2}$ 才有意義，即 $V(x)$、E 及 $\psi(x)$ 為有限函數。在 $\dfrac{d\psi(x)}{dx}$ 的連續下，薛丁格方程式改寫為

$$\frac{d^2\psi(x)}{dx^2} = \frac{2m}{\hbar}\,[V(x) - E]\psi(x)$$

① $V(x) - E > 0$ 情況

$\psi(x)$ 為正的有限值，$\dfrac{d^2\psi(x)}{dx^2}$ 也是正的有限值。$\psi(x)$ 曲線向上彎曲。

若 $\psi(x)$ 為負的有限值，$\dfrac{d^2\psi(x)}{dx^2}$ 也是負的有限值。

$\psi(x)$ 曲線向下彎曲，如圖 6-4(a)所示。

② $V(x) - E < 0$ 情況

$\psi(x)$ 為正的有限值，$\dfrac{d^2\psi(x)}{dx^2}$ 成為負的有限值。$\psi(x)$ 曲線向下彎曲，

$\psi(x)$ 為負的有限值，$\dfrac{d^2\psi(x)}{dx^2}$ 成為正的有限值。$\psi(x)$ 曲線向上彎曲，

如圖 6-4(b)。

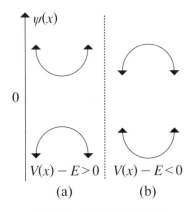

圖 6-4　$\psi(x)$ 的曲線變化

6-7 薛丁格方程式的能量量子化

1.束縛原子的位能函數 $V(x)$

位能函數 $V(x)$ 如圖 6-5 所示

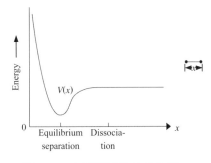

圖 6-5　束縛原子的位能函數

束縛原子可視為類似雙原子分子的原子，分子中的原子相互間振盪。這個原子的特徵函數符合於

$$\frac{d^2\psi(x)}{dx^2} = \frac{2m}{\hbar^2}\,[V(x) - E]\,\psi(x)$$

x 為雙原子間的分開距離

(1) 於平衡態的分開距離 x_{es}（equilibrium separation）處，位能 $V(x)$ 為極小值，則承受力 $F = -\dfrac{dV(x)}{dx}\bigg|_{x=x_{as}} = 0$

(2) $x < x_{es}$：原子間會有排斥力存在，一直到最靠近時為最大的排斥力。

(3) $x > x_{es}$：原子間會有吸引力存在，一直最遠處時為最小的吸引力。

(4) x 達到某一距離時，分子就破裂，原子間就沒有吸引力存在，此時的 x 值稱為**解離**分開的距離（dissociation separation）。

2.若系統的總能量 E 為常數定值時，而於 $V(x)$ 能量圖中（圖 6-6）所示，原子間的距離 x 必須在兩值 x' 與 x'' 間，則分子必在 x' 與 x'' 間為束縛態（bound state）。

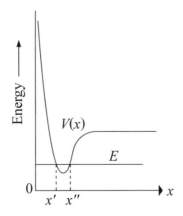

圖 6-6　束縛態分子的能量 E 與分離距離

3. 在系統總能量 E 時束縛態的特徵函數的曲線圖

特徵函數 $\psi(x)$ 與二階導數間 $\dfrac{d^2\psi(x)}{dx^2}$ 的關係為

$$\frac{d^2\psi(x)}{dx^2} = \frac{2m}{\hbar^2}[V(x) - E]\psi(x)$$

(1) 有關 x 分離距離區間中的曲線變化如圖 6-7 所示（已於 6-6 節敘述）。

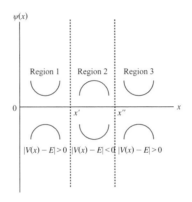

圖 6-7　區間間的曲線變化

(2) 能量 E 的特徵函數 $\psi(x)$ 在大於 x'' 後的曲線情況，如圖 6-8 所示。

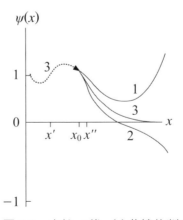

圖 6-8　大於 x'' 後 $\psi(x)$ 曲線的判定

　　第一條與第二條曲線於較大的 x 時會變成無限大，不能接受。第三條在較大 x 時有可接受曲線行為，但是失敗於在較小 x 值，因為它變成無限大。

4.允許能量值 E 與可接受的特徵函數 $\psi(x)$

　(1) 於圖 6-6 中，

　　① $x'<x<x''$ 區域中：$E>V(x)$

　　　$\psi(x)$ 與 $\dfrac{d^2\psi(x)}{dx^2}$ 存在

　　② $x>x''$，或 $x<x'$ 區域中：$E<V(x)$

　　　$\psi(x)$ 與 $\dfrac{d^2\psi(x)}{dx^2}$ 不存在

　　　因此能量 E 與特徵函數 $\psi(x)$ 為允許能量及可接受的薛丁格方程式之解

　(2) 於圖 6-9 中，

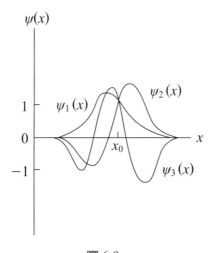

圖 6-9

　　於位能函數有極小值處之三個最底允許能量態與其所對應的三個可接受的特徵函數 $\psi_1(x)$、$\psi_2(x)$ 及 $\psi_3(x)$ 等有下列情形：

① 在 $x = x_0$ 處，即有極小值位能，三個特徵函數皆有相同函數值，即

$$\psi_1(x) = \psi_2(x) = \psi_3(x)$$

但是

$$\left| \frac{d^2 \psi_3(x)}{dx^2} \right|_{x=x_0} > \left| \frac{d^2 \psi_2(x)}{dx^2} \right|_{x=x_0} > \left| \frac{d^2 \psi_1(x)}{dx^2} \right|_{x=x_0}$$

因此

$$|V(x) - E_3| > |V(x) - E_2| > |V(x) - E_1|$$

又因為在 $x = x_0$ 處，$E > V(x)$，所以

$$E_3 > E_2 > E_1$$

而能量差 $E_2 - E_1$，$E_3 - E_2$ 等就不是一個極微的差距了。

② 能量量子化

於 $E > V(x)$ 的情況下，E_1、E_2、E_3……等等中 $\Delta E = E_f - E_i$ 成為非常好的分離距（well separated），因此這些能量形成了一系列的離散能量，就是所謂的能量量子化，如圖 6-10 所示

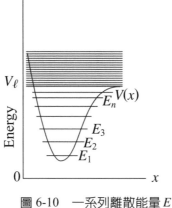

圖 6-10 一系列離散能量 E

③ 能量爲連續

圖 6-10 中，位能 $V(x)$ 有一極限值 V_ℓ，E_n 在 V_ℓ 之下爲離散的分離距，視爲能量量子化，而於 E_n 在 V_ℓ 之上，爲連續性。因爲當 $V(x)$ 趨近於 V_ℓ 時，$\Delta E = E_{n+1} - E_n$ 就越減小能距。假使這種趨近漸漸足夠了，則於 $E_n < V_\ell$ 有無限多數細微的能距，可視爲 E_n 爲連續能量。這時候依經典力學，原子間的相距 x 將會大於 x'，因此分子成爲非束縛態了。

例題 6 粒子有兩個歸一化的能量態函數 $\Psi_1(x, t)$ 與 $\Psi_2(x, t)$ 而對應的能量爲 E_1 與 E_2。今以兩態函數的混合態，即 $\Psi(x, t) = c_1\Psi_1(x, t) + c_2\Psi_2(x, t)$ 來計算粒子的總能量 E 的平均值，而後解釋這結果的意義。

解： 依能量算符與特徵方程式性質，

$$E\Psi_n(x, t) = i\hbar \frac{\partial}{\partial t}\left[\psi(x)\, e^{-\frac{iE_n}{\hbar}t}\right] = E_n\Psi_n(x, t)$$

粒子總能量 E 的平均值爲

$$\langle E \rangle = \int \Psi^*(x,t)\, E\Psi(x,t)\, dx$$

$$= \int [c_1\Psi_1(x,t) + c_2\Psi_2(x,t)]^* E\, [c_1\Psi_1(x,t) + c_2\Psi_2(x,t)]\, dx$$

$$= E_1 c_1^* c_1 \int \Psi_1^*(x,t)\Psi_1(x,t)\, dx + E_2 c_2^* c_1 \int \Psi_2^*(x,t)\Psi_1(x,t)\, dx$$

$$+ E_2 c_1^* c_2 \int \Psi_1^*(x,t)\Psi_2(x,t)\, dx + E_2 c_2^* c_2 \int \Psi_2^*(x,t)\Psi_2(x,t)\, dx$$

$$= E_1 |c_1|^2 + E_2 |c_2|^2$$

上式$|c_1|^2$ 與$|c_2|^2$ 分別表示出現狀態 1 與狀態 2 的機率。因此 $E_1|c_1|^2$ 等於狀態 1 的能量，$E_2|c_2|^2$ 等於狀態 2 的能量。兩者合起來就是粒子總能量的平均值。

習題

1. 若特徵函數爲

$$\psi(x) = A\frac{\sin kx}{x}$$

是歸一化函數，即 $\int_{-\infty}^{\infty} \psi^*(x)\psi(x)\, dx = 1$。計算常數 A。

2. 若特徵函數爲

$$\psi(x) = \left(\frac{\alpha}{\pi}\right)^{1/4} e^{-\frac{\alpha}{2}x^2}$$

(a)計算 $\langle x^n \rangle = \int_{-\infty}^{\infty} \Psi^*(x,t)\, x^n\, \Psi(x,t)\, dx = \int_{-\infty}^{\infty} \psi^*(x)\psi(x)\, dx$

取 $n = 1 \cdot 2$

以此結果，迅速計算 $\langle x^{17} \rangle$ 之結果

(b)證明$(\Delta x)(\Delta p) \geq \frac{1}{2}\hbar$

3. 簡諧振盪子的最低階能態的波函數$\Psi(x,t)$爲

$$\Psi(x,t) = Ae^{\left(-\frac{\sqrt{km}}{2\hbar}\right)x^2} e^{-\frac{i}{2}\sqrt{\frac{k}{m}}t}$$

A 爲常數，証明此波函數符合於 $V(x) = \dfrac{1}{2}kx^2$ 的時變性薛丁格方程式。

4. (a)假設一個自由粒子質量 m 被限制在 $-\dfrac{a}{2} < x < +\dfrac{a}{2}$ 區間自由來回運動。

　　這個粒子的波函數定義如下：

$$\Psi(x,\, t) = \begin{cases} A\sin\left(\dfrac{2\pi}{a}x\right)e^{-iEt/\hbar}\,, & -\dfrac{a}{2} < x < +\dfrac{a}{2} \\[2mm] 0 & ,\ x < -\dfrac{a}{2}\,,\ \text{或}\ x > +\dfrac{a}{2} \end{cases}$$

證明此波函數是時變性薛丁格方程式之解。

(b)計算粒子的總能 E。

(c)計算在定義區間中發現粒子的總機率。

5. 利用上題的波函數計算 $\langle x \rangle$、$\langle x^2 \rangle$、$\langle p \rangle$ 及 $\langle p^2 \rangle$，同時也計算 $(\Delta x)(\Delta p)$。

6. (a)最低能階的簡諧振盪子的波函數爲

$$\Psi(x,\, t) = \frac{(km)^{1/8}}{(\pi\hbar)^{1/4}}\, e^{-\frac{\sqrt{km}}{2\hbar}x^2}\, e^{-iEt/\hbar}$$

E 爲 $\dfrac{1}{2}\sqrt{\dfrac{k}{m}}\,\hbar = \dfrac{1}{2}\hbar\omega$，利用此波函數計算動能的平均值。

(b)在同樣的總能量，計算經典式的簡諧振盪子的動能與位能的時間平均值，將此結果與(a)比較一下。

7. 直接將波函數

$$\Psi(x,\, t) = \psi(x)e^{-iEt/\hbar}$$

代入時變性的薛丁格方程式。證明特徵函數 $\psi(x)$ 符合於位能 $V(x)$ 的非時變性的薛丁格方程式。

8. 試以相對論能量的表示法，導出位能 $V(x) = 0$ 的光子的薛丁格方程式，並以變數分離法解出光子的波函數。

9. 如圖 6-11 所示的 $V(x)$ 函數，試解出非時變性薛丁格方程式於 $E < V_0$。

同時證明於束縛區域的右區域的特徵函數爲

$$\psi(x) = A e^{-\frac{\sqrt{2m(V_0 - E)}}{\hbar} x}, \ x > +\frac{a}{2}$$

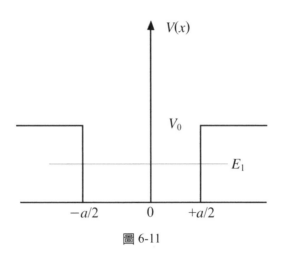

圖 6-11

10.已知一個混合態的波函數爲

$$\Psi(x, t) = A\left[3\psi_1(x)e^{-\frac{i}{2}\omega t} + 4\psi_2(x)e^{-\frac{3}{2}i\omega t}\right]$$

式中 $\psi_1(x)$ 與 $\psi_2(x)$ 爲歸一化的能量特徵函數

(a)計算 A。

(b)計算混合態中粒子的總能 E 的平均值。

11.機率密度爲 $P(x, t) = \Psi^*(x, t)\Psi(x, t)$，機率流密度爲

$$j(x, t) = \frac{\hbar}{2mi}\left[\Psi^*(x,t)\frac{\partial \Psi(x,t)}{\partial x} - \frac{\partial \Psi^*(x,t)}{\partial x}\Psi(x,t)\right]$$

$\Psi(x,t)$ 爲波函數。若於時變性薛丁格方程式中，$V(x)$ 是實函數時，試證

$$\frac{\partial P(x,t)}{\partial t} + \frac{\partial}{\partial x}j(x, t) = 0$$

稱爲機率守恆定律

12.利用例 6-4 的波函數，計算粒子在 0 與 $\frac{1}{\mu}$ 及 $\frac{1}{\mu}$ 與 $\frac{2}{\mu}$ 間的機率。

第七章　非時變性薛丁格方程式

7-1 緒論

1.薛丁格方程式的概念

(1) 它是一個粒子運動的波方程式,其解稱為波函數,用來敘述粒子的行為函數。由波函數定義出發現粒子於某時刻某位置的機率。一些物理量的量測透過機率來計算,即所謂物理量的平均值。

(2) 它是基於量子力學的假說所導出的時變性方程式,再以變數分離產生非時變性方程式,此方程式有用於計算粒子的能量特徵值。

(3) 它可以一維方程式探討在盒子內粒子的運動,障礙體的穿透以及諧和振盪子的量子化情形。它又可以三維方程式應用於氫原子的量子力學。

(4) 它又可以處理一些事況,像不準確原理及互補原理。

2.束縛與非束縛位勢能量的角色

利用不同的位勢能量函數 $V(x)$ 解出非時變性薛丁格方程,而可獲得特徵函數與特徵值以及波函數,透過解方程式的過程以瞭解前面章節的一些量的物理意義。這些位勢能量 $V(x)$ 可分為束縛性與非束縛性,因而可瞭解束縛粒子與非束縛粒子的能量量子化的情況。

3.本章就一維的常數位勢能量一件一件地介紹,而後再針對變數位勢能量的簡諧振盪子來處理。這些位勢能量函數如下:

(1) 零位勢或常數位勢能量函數(自由粒子)

(2) 步階位勢能量函數——$E < V_0$ 及 $E > V_0$

(3) 障礙位勢能量函數——$E < V_0$ 及 $E > V_0$

(4) 無限方形位阱能量函數(最簡單的束縛態)

(5) 有限方形淺阱位勢能量函數（有限數的束縛態）

(6) 簡諧振盪子的位勢能量函數（相等的能態相距）

4. 一維量子系統的束縛態是非簡併（nondegenecate），同時特徵函數 $\psi(x)$ 是實函數。

(1) 非簡併函數。

證明：

束縛態的特徵函數 $\psi(x)$ 的條件如下

$$\lim_{|x| \to \infty} \psi(x) = 0 \qquad (7\text{-}1)$$

假設 $\psi_1(x)$ 與 $\psi_2(x)$ 為非時變性薛丁格方程式的解，且 $\psi_1(x)$ 與 $\psi_2(x)$ 所對應的系統總能量 E 相同，則

$$\frac{d^2\psi_1(x)}{dx^2} = \frac{2m}{\hbar^2} [V(x) - E] \psi_1(x) \qquad (7\text{-}2)$$

$$\frac{d^2\psi_2(x)}{dx^2} = \frac{2m}{\hbar^2} [V(x) - E] \psi_2(x) \qquad (7\text{-}3)$$

於式（7-2）乘上 $\psi_2(x)$，式（7-3）乘上 $\psi_1(x)$，而後相減得

$$\psi_1(x) \frac{d^2\psi_2(x)}{dx^2} - \psi_2(x) \frac{d^2\psi_1(x)}{dx^2} = 0$$

或

$$\frac{d}{dx} \left[\psi_1(x) \frac{d\psi_2(x)}{dx} - \psi_2(x) \frac{d\psi_1(x)}{dx} \right] = 0$$

因此

$$\psi_1(x)\frac{d\psi_2(x)}{dx} - \psi_2(x)\frac{d\psi_1(x)}{dx} = 常數 \qquad (7\text{-}4)$$

又

$$\frac{d}{dx}\left(\frac{\psi_2(x)}{\psi_1(x)}\right) = \frac{\psi_1(x)\dfrac{d\psi_2(x)}{dx} - \psi_2(x)\dfrac{d\psi_1(x)}{dx}}{\psi_1(x)^2} = 0$$

則

$$\frac{\psi_2(x)}{\psi_1(x)} = 常數\ c，或\ \psi_2(x) = c\psi_1(x) \qquad (7\text{-}5)$$

由此可知 $\psi_1(x)$ 與 $\psi_2(x)$ 互為成比例，或稱為相稱。所以束縛態特徵函數 $\psi(x)$ 是非簡併的單一解。

(2) 實數函數

假設位勢能量函數 $V(x)$ 為實函數。$\psi(x)$ 為非時變性薛丁格方程式的特徵解，則

$$-\frac{\hbar^2}{2m}\frac{d^2\psi(x)}{dx^2} + V(x)\,\psi(x) = E\psi(x)$$

取上式的共軛

$$-\frac{\hbar^2}{2m}\frac{d^2\psi^*(x)}{dx^2} + V(x)\,\psi^*(x) = E\psi^*(x)$$

因此 $\psi(x)$ 與 $\psi^*(x)$ 是上式的兩個解，依(1)的結果，$\psi^*(x)=c\psi(x)$，且$|c|=1$。如此，$\psi(x)$ 總是被選定為一個實數函數。

7-2 零位勢能量

1.經典力學——自由粒子

一個粒子在 $V(x)=0$ 的影響下的運動，沒有承受力，因為

$$F=-\frac{dV(x)}{dx}=0$$

因此粒子的加速度 $a=0$，其運動狀態是靜止或等速運動，即 $V(x)=0$ 或 $V(x)$ = 常數，假設粒子是等速運動，則動量 $p=mv$ 也是常數，總能量 $E=\frac{p^2}{2m}$ 也是常數。

2.量子力學

針對典經力學所敘述為自由粒子的運動，但在量子力學方面，我們想來預測粒子運動的行為。$V(x)=0$ 的非時性薛丁格方程式為

$$-\frac{\hbar^2}{2m}\frac{d^2\psi(x)}{dx^2}=E\psi(x) \qquad (7\text{-}6)$$

或

$$\frac{d^2\psi(x)}{x^2}+k^2\psi(x)=0$$

式中

$$k = \frac{\sqrt{2mE}}{\hbar} = \frac{p}{\hbar} \qquad (7\text{-}7)$$

$$E = \hbar\omega \text{ , 或 } \frac{\hbar^2 k^2}{2m} \qquad (7\text{-}8)$$

式（7-6）有兩個解爲

$$\psi(x) \sim e^{ikx} \text{ , 或 } e^{-ikx} \qquad (7\text{-}9)$$

而粒子的波函數爲 $\Psi(x, t) = \psi(x)e^{-i\omega t}$，即

$$\Psi(x, t) \sim e^{i(kx - \omega t)} \text{ , 或 } e^{i(-kx - \omega t)} \qquad (7\text{-}10)$$

因此

$$\Psi(x, t) = A e^{i(\pm kx - \omega t)} \qquad (7\text{-}11)$$

代表一個行進波的自由粒子有特徵能量 $E = \hbar\omega$ 沿著 $\pm x$ 方向運動

(1) 行進波與動量，能量

自由粒子的行進波沿著 $+x$ 方向行進，即朝 x 的增加量方向，其特徵函數與波函數爲

$$\psi(x) = A e^{ikx} \text{ ,}$$
$$\Psi(x, t) = A e^{i(kx - \omega t)}$$

平均動量 p 爲

$$\langle p \rangle = \int_{-\infty}^{\infty} \Psi^* (x, t)\, p \Psi (x, t)\, dx = \sqrt{2mE} \tag{7-12}$$

反之，朝著 x 的減少量方向行動，其特徵函數與波函數為

$$\psi (x) = Be^{-ikx}$$

$$\Psi (x, t) = e^{-i\omega t}\psi(x) = e^{-i\omega t}Be^{-ikx} = Be^{-i(kx + \omega t)}$$

平均動量 p 為

$$\langle p \rangle = \int_{-\infty}^{\infty} \Psi^* (x, t)\, p \Psi (x, t)\, dx = -\sqrt{2mE} \tag{7-13}$$

　　所以我們以特徵函數與波函數來描述自由粒子的運動情形，沿 $+x$ 方向動量為 $+\sqrt{2mE}$，沿 $-x$ 方向動量為 $-\sqrt{2mE}$，如圖 7-1 所示

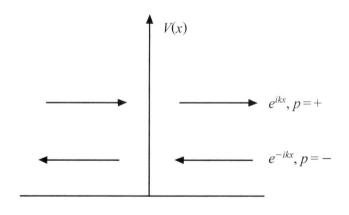

圖 7-1　粒子波與動量

(2) 不準確原理

　　因為機率密度

$$P (x, y) = \Psi^* (x, t)\Psi (x, t) = A^*A = 常數$$

表示與 x 無關，這意義敘述粒子在任何位置被發現的結果一樣，則

$$\Delta x = \infty$$

因此 $\Delta p = 0$，即表示沒有動量的不準確性，動量 p 為精確值，應為 $p = \hbar k$，而符於德布羅意關係。

7-3 步階位勢能量㊀——能量小於步階高度

1. 粒子入射步階位勢能量（The Step Poteutal Energy）的總能量 E 小於步階高度的情況，如圖 7-2 所示

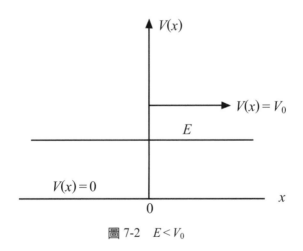

圖 7-2　$E < V_0$

步階位勢能量函數為

$$V(x) = \begin{cases} V_0 \text{（常數）} & , x > 0 \\ 0 & , x < 0 \end{cases} \qquad (7\text{-}14)$$

2.典經力學的敘述

(1) 於 $x<0$ 區域

$$V(x) = 0$$

$$E = K + V = K = \frac{p^2}{2m}$$

① 粒子沒有承受力，為自由運動。

② 在 $x=0$ 處，承受一衝擊力 $F = -\frac{dV(x)}{dx}$，因此返回原區域。因為碰擊時間極短，則衝擊力下的衝量 $\int F dt$ 會改變動量方向，這種衝量是有限的。因此 $\boldsymbol{p}_i = -\boldsymbol{p}_f$

③ 動量 $p = \sqrt{2mE}$

(2) 於 $x>0$ 區域

沒有粒子在此區域運動，因為

$$E = K + V(x) = \frac{p^2}{2m} + V(x) < V(x)$$

$$\frac{p^2}{2m} < 0$$

p 為虛數，不符合物理量意義。

3.量子力學

在粒子的總能量 $E<V_0$，且在 $x<0$ 區域中，粒子的波函數可由 $V(x)=V_0$ 的時變性薛丁格方程中解出，但是因為步階位勢能量是時間無關之函數，因此確實問題應由非時變性薛丁格方程式來尋求。

方程式中可接受的解對於任何 $E \geq 0$ 值都可存在，因為位勢能量不能束縛粒子在 x 軸的極限範圍內。我們可就兩個區域來瞭解粒子波的行為。

(1) $x < 0$ 區域：$V(x) = 0$

非時變性薛丁格方程式為

$$-\frac{\hbar^2}{2m}\frac{d^2\psi(x)}{dx^2} = E\psi(x) \qquad (7\text{-}15)$$

上式的一般解為行進的波函數，即

$$\psi_1(x) = Ae^{ik_1x} + Be^{-ik_1x} \text{，} x < 0 \qquad (7\text{-}16)$$

式中

$$k_1 = \frac{\sqrt{2mE}}{\hbar} \qquad (7\text{-}17)$$

物理意義：

式（7-16）中的第一項稱為粒子的**入射波**，即

$$\text{入射波：} Ae^{ikx} \text{，} x < 0$$

第二項稱為粒子的**反射波**，即

$$\text{反射波：} Be^{-ikx} \text{，} x < 0$$

(2) $x > 0$ 區域：$V(x) = V_0$

粒子的總能量 E 為

$$E = \frac{p^2}{2m} + V_0$$

因此 $E < V_0$，非時變性薛丁格方程式爲

$$-\frac{\hbar^2}{2m}\frac{d^2\psi(x)}{dx^2} + V_0\psi(x) = E\psi(x) \tag{7-18}$$

或

$$\frac{d^2\psi(x)}{dx^2} - \frac{2m}{\hbar^2}(V_0 - E)\psi(x) = 0 \tag{7-19}$$

或

$$\frac{d^2\psi(x)}{dx^2} - k_2^2\psi(x) = 0 \tag{7-20}$$

上式的一般解爲

$$\psi_2(x) = C^{k_2x} + De^{-k_2x}，x > 0 \tag{7-21}$$

式中

$$k_2 = \frac{1}{\hbar}\sqrt{2m(V_0 - E)} \tag{7-22}$$

物理意義：

於 $x>0$ 區域中，$x\to\infty$，$\psi(x)$ 為無限值，不合物理意義，因此 C 應為零。而式中（7-21）第二項 $\psi(x)\big|_{x\to\infty}\to0$ 可接受此項稱為粒子的透射波，即

$$\text{透射波：} De^{-k_2 x}，x>0$$

(3) 綜合(a)與(b)以圖 7-3 表示可知粒子波在 $x<0$ 與 $x>0$ 兩區域的行為

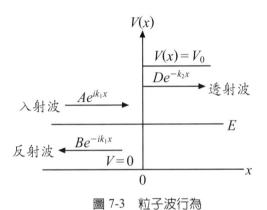

圖 7-3　粒子波行為

(4) 兩區域中粒子波的係數 A、B、D 間的關係。步階位勢函數於 $x=0$ 處分開兩區域，因此在 $x=0$ 處，兩區域的粒子波要連結，故有所謂的邊界條件，即粒子波的連續性，

$$\psi_1(x)\big|_{x=0}=\psi_2(x)\big|_{x=0} \tag{7-23}$$

$$\frac{d\psi_1(x)}{dx}\bigg|_{x=0}=\frac{d\psi_2(x)}{dx}\bigg|_{x=0} \tag{7-24}$$

由式（7-23），得

$$A+B=D \tag{7-25}$$

由式（7-24），得

$$A - B = \frac{ik_2}{k_1}D \qquad (7\text{-}26)$$

由上兩式中，以透射波的 D 來表述入射波的 A 及反射波的 B。式（7-25）與式（7-26）相加得

$$A = \frac{D}{2}\left(1 + \frac{ik_2}{k_1}\right) \qquad (7\text{-}27)$$

式（7-25）與式（7-26）相減得

$$B = \frac{D}{2}\left(1 - \frac{ik_2}{k_1}\right) \qquad (7\text{-}28)$$

(5) 兩區域的完整的特徵函數 $\psi(x)$ 與波函數 $\Psi(x, t)$ 為

$$\psi(x) = \begin{cases} \dfrac{D}{2}\left(1 + \dfrac{ik_2}{k_1}\right)e^{ik_1x} + \dfrac{D}{2}\left(1 - \dfrac{ik_2}{k_1}\right)e^{-ik_1x} , & x < 0 \\ De^{-k_2 x} & , x > 0 \end{cases} \qquad (7\text{-}29)$$

而所對應的粒子波函數為

$$\Psi(x, t) = \begin{cases} \psi_1(x)\,e^{-iEt/\hbar} = Ae^{i(k_1x - Et/\hbar)} + Be^{i(-kx - Et/\hbar)} , & x \le 0 \\ \psi_2(x)\,e^{-iEt/\hbar} = De^{-k_2x}\,e^{-iEt/\hbar} & , x \ge 0 \end{cases} \qquad (7\text{-}30)$$

4.反射係數 R 與穿透（Penetration）（The Reblection Caefficient）

(1) 定義：反射係數 R

① 經典力學：

反射波的振幅與入射波的振幅的比值，即

$$R = \frac{B_{反射}}{A_{入射}} = 1 \qquad\qquad （7\text{-}31）$$

因為於 $x > 0$ 區域中沒有粒子運動，粒子行進於 $x = 0$ 後，全部反射回來於 $x < 0$ 區域

② 量子力學：

反射波的機率流（$j_反 = v\Psi^*\Psi$）與入射波的機率流的比值，即

$$R = \frac{j_反}{j_入} = \frac{v_1 \Psi^*_反 \Psi_反}{v_1 \Psi^*_入 \Psi_入} = \frac{\psi^*_反 \psi_反}{\psi^*_入 \psi_入} = \frac{B^* B}{A^* A} \qquad\qquad （7\text{-}32）$$

因此經典力學與量子力學對反射係數的表示完全不一樣，但是

$$R = \frac{B^* B}{A^* A} = \frac{\dfrac{D}{2}\left(1 + \dfrac{ik_2}{k_1}\right)\dfrac{D}{2}\left(1 - \dfrac{ik_2}{k_1}\right)}{\dfrac{D}{2}\left(1 - \dfrac{ik_2}{k_1}\right)\dfrac{D}{2}\left(1 + \dfrac{ik_2}{k_1}\right)} = 1 \qquad\qquad （7\text{-}33）$$

這表示於 $E < V_0$ 情況，入射的粒子波反射回來粒子波的機率也等於一，即全部反射回同一區域（$x < 0$），這與經典力學一樣的結果。

(2) 穿透現象：於 $x > 0$ 區域

① 經典力學沒有穿透行為

② 量子力學於 $x>0$ 區可發現粒子存在的機率，因此應有**穿透距離**
Δx，如圖 7-4 所示

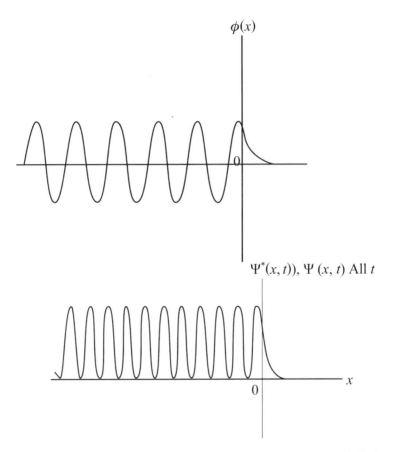

圖 7-4：上圖 $\psi(x)$ 穿透 $x>0$ 區域，下圖於 $x>0$ 發現粒子的機率

③ 穿透距離 Δx：

　於 $x>0$ 區域中，粒子波的機率密度 $P(x)$ 為

$$P(x) = \Psi^*(x,t)\Psi(x,t) = \psi^*(x)\,\psi(x)$$
$$= D^*De^{-2k_2 x} \qquad\qquad (7\text{-}34)$$

這個發現粒子於 $x>0$ 區域的機率是有限的，雖然機率很迅速隨 x 增加快速遞減。

因為 e^{-2k_2x} 於 x 相當大於 $1/k_2$ 會快速地趨近於零，因此定義**穿透距離**為 $\Delta x = \frac{1}{k_2}$。所以

$$\Delta x = \frac{1}{k_2} = \frac{\hbar}{\sqrt{2m(V_0 - E)}} \tag{7-35}$$

例題 1 (a)一電子能量 5eV 行進於高度為 10eV 的步階位勢能量障礙，計算電子穿透這障礙多少距離？

(b)依實驗也可證明在 $x>0$ 經典力學區，由於有穿透距離 Δx，因此也可符合於不準確原理，因此導致動量的不準確 Δp，為

$$\Delta p \simeq \frac{\hbar}{\Delta x} \simeq \sqrt{2m(V_0 - E)}$$

結果，能量的不準確 ΔE 為何？

解： (a) 依式（7-35），穿透距離為

$$\Delta x = \frac{\hbar c(=197.3\text{eV-nm})}{[2 \times (0.511 \times 10^6\text{eV})(10\text{eV} - 5\text{eV})]^{1/2}}$$

$$= 0.088\text{nm}$$

(b) $\Delta E = \frac{(\Delta p)^2}{2m} = V_0 - E$

$$= 10\text{eV} - 5\text{eV}$$

$$= 5\text{eV}$$

7-4 步階位勢能量㈡──能量大於步階高度

1.$E > V_0$ 的步階位勢能量

在此章節探討粒子的能量 E 大於步階位勢能的影響下的運動。我們取 $E > V_0$，如圖 7-5 所示。

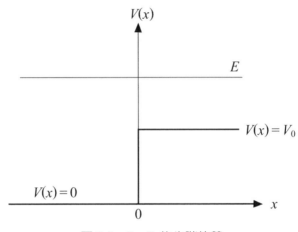

圖 7-5　$E > V_0$ 的步階位勢

2.經典力學的敘述

(1) 於 $x < 0$ 區域

$$V(x) = 0$$

$$E = k + V(x) = k = \frac{p_1^2}{2m}$$

① 粒子於此區域所承受之力 $F = -\dfrac{dV}{dx} = 0$，致使粒子自由移動。

② 在 $x = 0$ 處承受一衝擊力 $F = -\dfrac{dV(x)}{dx}$，此衝擊力會阻礙粒子進入 $x > 0$ 區域，因此粒子運動會緩慢下來。

③ 粒子的動量 $p_1 = \sqrt{2mE}$

(2) 於 $x>0$ 區域

$$V(x)=V_0$$

$$E=K+V(x)=\frac{p_2^2}{2m}+V_0$$

① 粒子進入此區域 $x>0$ 會繼續往 $+x$ 方向運動

② 粒子的動量

$$\frac{p_2^2}{2m}+V_0=E$$

$$p_2=\sqrt{2m(E-V_0)}<p_1$$

即表示粒子運動較爲緩慢於 $x>0$ 區域

3.量子力學的敘述

只要粒子的能量 E 不要太大於 V_0，理論上也可預測粒子也有適當的反射回到 $x<0$ 區域的機會，甚至即使粒子有足夠大的能量穿越過步階位勢進入到 $x>0$ 區域。

(1) $x<0$ 區域，$V(x)=0$

粒子波的非時變性薛丁格方程式爲

$$-\frac{\hbar^2}{2m}\frac{d^2\psi_1(x)}{dx^2}=E\psi_1(x) \qquad (7\text{-}36)$$

上式的一般解的行進波的特徵函數爲

$$\psi_1(x) = Ae^{ik_1x} + Be^{-ik_1x} \quad (x < 0) \qquad (7\text{-}37)$$

式中

$$k_1 = \frac{\sqrt{2mE}}{\hbar} = \frac{p_1}{\hbar} \qquad (7\text{-}38)$$

(2) $x > 0$ 區域，$V(x) = V_0$

如同(a)方法，粒子的行進波的特徵函數為

$$\psi_2(x) = Ce^{ik_2x} + De^{-ik_2x} \quad (x > 0) \qquad (7\text{-}39)$$

式中

$$k_2 = \frac{1}{\hbar}\sqrt{2m(E - V_0)} = \frac{p_2}{\hbar} \qquad (7\text{-}40)$$

(3) **兩區域粒子波的德布羅意波長** λ

$$於\ x < 0\ 區域：\lambda_1 = \frac{h}{p_1} = \frac{2\pi}{k_1}$$
$$於\ x > 0\ 區域：\lambda_2 = \frac{h}{p_2} = \frac{2\pi}{k_2}$$

由式（7-38）與式（7-40）得知 $k_1 > k_2$，因此 $\lambda_2 > \lambda_1$，這表示粒子波進入 $x > 0$ 區域中後，其波長變長，這種現象說明粒子波由一個區域到另一區域，波長改變稱為粒子波的**散射**（Scattecing），或透射波。

(4) 兩區域中粒子波的一些物理意義：

$x < 0$ 區域，$\psi_1(x)$

入射波為 $Ae^{ik_1 x}$，

反射波為 $Be^{-ik_1 x}$

$$k_1 = \frac{1}{\hbar}\sqrt{2mE}$$

波長 $\lambda_1 = \frac{2\pi}{k_1}$

$x > 0$ 區域：$\psi_2(x)$

因為於 $x = 0$ 處有波長的改變開始，因此於 $x > 0$ 區域就不應有反射波存在，只有向 +x 方向的行進波，$De^{-ik_2 x}$ 不存在，即 $D = 0$。

$Ce^{ik_2 x}$ 稱為散射波或透射波

$$k_2 = \frac{1}{\hbar}\sqrt{2m(E - V_0)}$$

$$\lambda_2 = \frac{2\pi}{k_2}$$

量子力學兩區域粒子波的圖解，如圖 7-6 所示。

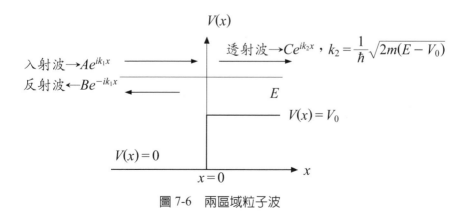

圖 7-6　兩區域粒子波

(5) 兩區域中粒子波的係數 A、B、C 間的關係

依前章節 7-3 所提及，特徵函數與第一階導數於 $x=0$ 處應連結，即所謂的連續性，因此

$$\psi_1(x)\Big|_{x=0} = \psi_2(x)\Big|_{x=0} \qquad (7\text{-}40\text{-}1)$$

$$\frac{d\psi_1(x)}{dx}\bigg|_{x=0} = \frac{d\psi_2(x)}{dx}\bigg|_{x=0} \qquad (7\text{-}40\text{-}2)$$

由式（7-40-1）得

$$A + B = C \qquad (7\text{-}41)$$

由式（7-40-2）得

$$k_1\,(A - B) = k_2 C \qquad (7\text{-}42)$$

就入射波的振幅 A 來表示 B 與 C，即

$$B = \frac{k_1 - k_2}{k_1 + k_2} A \qquad (7\text{-}43)$$

$$C = \frac{2k_1}{k_1 + k_2} A \qquad (7\text{-}44)$$

所以兩區域的特徵函數如下

$$\psi(x) = \begin{cases} Ae^{ik_1 x} + \dfrac{k_1 - k_2}{k_1 + k_2} Ae^{-ik_2 x} \;,\; x \le 0 \\[4mm] \dfrac{2k_1}{k_1 + k_2} Ae^{ik_2 x} \qquad\qquad\;\;,\; x \ge 0 \end{cases} \qquad (7\text{-}45)$$

4.反射係數 R 與透射係 T（Transmission Coefficient）

(1) 反射係數 R

依式（7-32）定義

$$R = \frac{j_{反}}{j_{入}} = \frac{v_1 \Psi_{反}^* \Psi_{反}}{v_1 \Psi_{入}^* \Psi_{入}} = \frac{\psi_{反}^* \psi_{反}}{\psi_{入}^* \psi_{入}} = \frac{B^* B}{A^* A}$$

$$R = \left(\frac{k_1 - k_2}{k_1 + k_2}\right)^* \left(\frac{k_1 - k_2}{k_1 + k_2}\right) = \left(\frac{k_1 - k_2}{k_1 + k_2}\right)^2 \text{，} E > V_0 \qquad（7-46）$$

於此注意：

① $E > V_0$ 情況，$R < 1$（$x > 0$ 區域），但在 $E < V_0$ 情況中，$R = 1$（$x < 0$ 區域）

② 但是在 $E > V_0$ 情況中，於 $x < 0$ 區域中，並不是有趣於 $R < 1$，而是驚奇的是 $R > 0$ 的問題，在經典力學中，粒子具有 $E > V_0$ 時入射後，不會在 $x = 0$ 處有反射回到同一區域，應該會繼續前進進入 $x > 0$ 區域中。

(2) 透射係數 T

因粒子由 $x < 0$ 區域進入 $x > 0$ 區域時，其速度有所改變，即 $p_1 = \sqrt{2mE}$ 變成 $p_2 = \sqrt{2m(E - V_0)}$，因此依式（7-32）定義

$$\begin{aligned}
T &= \frac{j_{透}}{j_{入}} = \frac{v_2 \Psi_{透}^* \Psi_{透}}{v_1 \Psi_{入}^* \Psi_{入}} = \frac{v_2 \psi_{透}^* \psi_{透}}{v_1 \psi_{入}^* \psi_{入}} \\
&= \frac{v_2 C^* C}{v_1 A^* A} \\
T &= \frac{v_2}{v_1} \left(\frac{2k_1}{k_1 + k_2}\right)^* \left(\frac{2k_1}{k_1 + k_2}\right) \\
&= \frac{k_2}{k_1} \left(\frac{2k_1}{k_1 + k_2}\right)^2 = \frac{4k_1 k_2}{(k_1 + k_2)^2} \qquad（7-47）
\end{aligned}$$

5.R 與 T 關係

(1) $R+T=\left(\dfrac{k_1-k_2}{k_1+k_2}\right)^2+\dfrac{4k_1k_2}{(k_1+k_2)^2}=1$

(2) 於 R 與 T 兩式中，k_1 與 k_2 互換改變，也不影響 R 與 T 的改變。因爲粒子由朝 x 增加方向前進與朝 x 的減量方向前進，R 與 T 公式不會改變。

(3) 以 E/V_0 表示 R 與 T

$$R=1-T=\left(\dfrac{k_1-k_2}{k_1+k_2}\right)^2$$
$$=\left(\dfrac{1-\sqrt{1-V_0/E}}{1+\sqrt{1-V_0/E}}\right)^2 \text{，} E/V_0>1 \qquad (7\text{-}48)$$

又

$$R=1-T=1 \quad E/V_0<1$$

如圖 7-7 所示

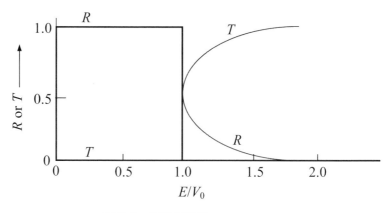

圖 7-7　R 與 T 關係

例題 2　(a)利用式（7-48）計算 R 與 T，入射粒子的動能為 $K=5\text{MeV}$

行進步階位勢能量為 $V_0=-50\text{MeV}$。

(b)假設一動能為 K 行進從 $V=0$ 區域到 $V_0=-50\text{MeV}$ 區域，

如圖 7-8 所示

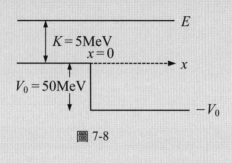

圖 7-8

計算 R 與 T

解：　(a) 利用式（7-48）計算 R 與 T，與本題可作為互換方向處理

因此，$E=55\text{MeV}$，$V_0=50\text{MeV}$，則式（7-48）為

$$R=\left(\frac{k_1-k_2}{k_1+k_2}\right)^2=\left(\frac{1-\sqrt{1-V_0/E}}{1+\sqrt{1-V_0/E}}\right)^2=\left(\frac{1-\sqrt{1-50/55}}{1+\sqrt{1-50/55}}\right)^2\simeq0.29$$

$$T=1-R=1-0.29=0.71$$

(b) 依題意，$k_1=\dfrac{1}{\hbar}\sqrt{2mE}$，$k_2=\dfrac{1}{\hbar}\sqrt{2m(E+V_0)}$，則

式（7-48）成為

$$R=\frac{\left(1+\dfrac{V_0}{2E}\right)-\sqrt{1+V_0/E}}{\left(1+\dfrac{V_0}{2E}\right)-\sqrt{1+V_0/E}}\quad(E=50\text{MeV}=K\text{，}V_0=50\text{MeV})$$

$$=\frac{(1+5)-\sqrt{1-50/5}}{(1+5)-\sqrt{1-50/5}}=\frac{6-3.316}{6+3.319}=\frac{2.684}{9.316}\simeq0.29$$

$$T=\frac{2\sqrt{1+V_0/E}}{\left(1+\dfrac{V_0}{2E}\right)+\sqrt{1+V_0/E}}=\frac{2\times3.316}{6+3.316}=\frac{6.632}{9.316}\simeq0.711$$

7-5 方形位勢障

1.方形位勢障（The Rectangular Potential Barrier）如圖 7-9 所示，$V(x)$ 函數式（7-49）

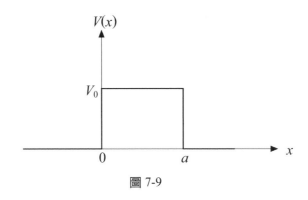

圖 7-9

$$V(x) = \begin{cases} V_0 \text{，} 0 < x < a \\ 0 \text{，} x < 0 \text{ 或 } x > a \end{cases} \qquad (7\text{-}49)$$

2.經典力學敘述

(1) $0 < E < V_0$

根據經典力學，總能 $E < V_0$ 的粒子於 $x < 0$ 區域入射時，於 $x = 0$ 會反射回來，不會進入 $0 < x < a$ 區域。在位勢障 $0 < x < a$ 區域屬於經典力學的禁區。如圖 7-10 所示

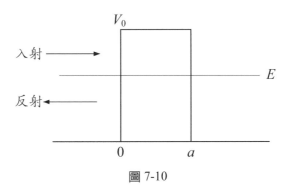

圖 7-10

(2) $E > V_0$

　　總能量 $E > V_0$ 的粒子於 $x < 0$ 區域入射時，於 $x = 0$ 會有部分反射，其他入射 $0 < x < a$ 區域中，產生緩慢現象，又於 $x = a$ 處反射部分，其餘再繼續，穿越或透射到 $x > a$ 區域前進又快速離開，如圖 7-11 所示。

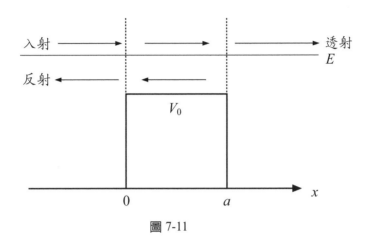

圖 7-11

3.量子力學敘述

　(1) $0 < E < V_0$

　　量子力學是以粒子波行為來敘述運動，伴隨粒子的波函數繼續連續在 $x = 0$ 處位勢障，而後進入位障區域呈現指數衰減，而波函數又必須連續在位障另一邊，所以有機會發現粒子穿隧位障的有限機率，如圖 7-12 所示。

　(2) $E > V_0$

　　若 E 不是太大於 V_0 時，粒子波在三個區域 $x < 0$，$0 < x < a$ 及 $x > a$ 等所呈現行為如圖 7-11 所示。

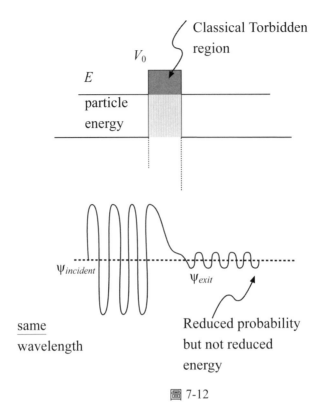

同 7-12

4.位勢障的特徵函數

如圖 7-13 所示，粒子總能量 $E < V_0$ 從左邊行進到右邊各區域的特徵函數分別如下：

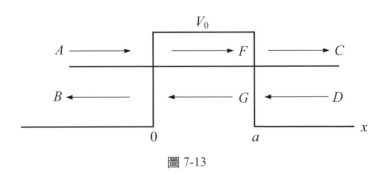

圖 7-13

$$x < 0：\psi_1(x) = Ae^{ik_1x} + Be^{-ik_1x}$$

$$0 < x < a：\psi_2(x) = Fe^{-k_2x} + Ge^{k_2x} \qquad （7\text{-}50）$$

$$x > a：\psi_3(x) = Ce^{ik_1x} + De^{-ik_1x}$$

式中

$$k_1 = \frac{p_1}{\hbar} = \frac{1}{\hbar}\sqrt{2mE}$$

$$k_2 = \frac{p_2}{\hbar} = \frac{1}{\hbar}\sqrt{2m(V_0 - E)} \qquad （7\text{-}51）$$

同理，$E > V_0$ 情況下的特徵函數分，如圖 7-14 所示。

$$x < 0：\psi_1(x) = Ae^{ik_1x} + Be^{-ik_1x}$$

$$0 < x < a：\psi_2(x) = F'e^{ik_3x} + G'e^{-ik_3x} \qquad （7\text{-}52\text{-}1）$$

$$x > a：\psi_3(x) = Ce^{ik_1x} + De^{-ik_1x}$$

式中

$$k_3 = \frac{p_3}{\hbar} = \frac{1}{\hbar}\sqrt{2m(E - V_0)} \qquad （7\text{-}52\text{-}2）$$

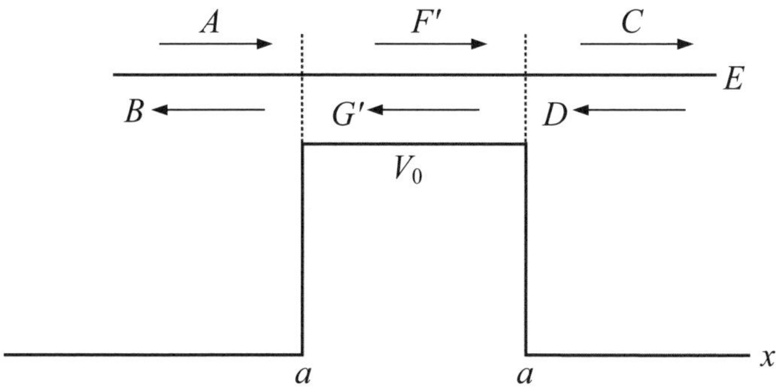

圖 7-14

(1) A、B、C、D、F、G 及 F'、G' 等係數的計算

① 於 $x>a$ 區域，粒子只有透射波，沒有反射波，因此取 $D=0$。

② 於 $0<x<a$ 區域，Ge^{k_2x} 不會有無限大值，因此於 $E<V_0$ 情況中，Ge^{k_2x} 應該存在。又於 $E>V_0$ 情況中，在 $x=a$ 處亦有反射波，$G'e^{-ik_3x}$ 也應該存在。

③ 今以入射波（$x<0$ 區域）的振幅 A 來表示其他係數 B、C、F'、G'、F、G 等。

(2) 邊界條件：$\psi(x)$ 與 $\dfrac{d\psi(x)}{dx}$ 的連續性關係

① $E<V_0$ 情況：

$x=0$ 的連續性

$$\begin{cases} A+B=F+G \\ ik_1(A-B)=k_2(-F+G) \end{cases} \tag{7-53}$$

$x=a$ 的連續性

$$\begin{cases} Fe^{-k_2a}+Ge^{k_2a}=Ce^{ik_1a} \\ k_2(-Fe^{-k_2a}+Ge^{k_2a})=ik_1Ce^{ik_1a} \end{cases} \tag{7-54}$$

因此由上兩式（7-53）與（7-54）解之得

$$F=-\frac{ik_1(ik_1-k_2)}{(ik_1+k_2)^2}\frac{2e^{2k_2a}A}{\left[1-\left(\dfrac{ik_1-k_2}{ik_1+k_2}\right)^2e^{2k_2a}\right]} \tag{7-55-1}$$

$$G=\frac{2ik_1A}{(ik_1+k_2)^2}\frac{1}{\left[1-\left(\dfrac{ik_1-k_2}{ik_1+k_2}\right)^2e^{2k_2a}\right]} \tag{7-55-2}$$

$$C = \frac{4ik_1k_2e^{-ik_1a}A}{[(ik_1+k_2)^2e^{-k_2a}-(ik_1-k_2)^2e^{k_2a}]} \qquad (7\text{-}55\text{-}3)$$

② $E > V_0$ 情況：

　x = 0 的連續性

$$\begin{cases} A + B = F' + G' \\ ik_1(A-B) = k_3(F'-G') \end{cases} \qquad (7\text{-}56)$$

x = a 的連續性

$$\begin{cases} F'e^{ik_3a} + G'e^{-ik_3a} = Ce^{ik_1a} \\ ik_3(F'e^{ik_3a} - G'e^{-ik_3a}) = ik_1Ce^{ik_1a} \end{cases} \qquad (7\text{-}57)$$

因此由上兩式（7-56）與（7-57）解之得

$$F' = -\frac{2k_1(k_1+k_3)A}{(k_1-k_3)^2\,e^{2ik_3a}-(k_1+k_3)^2} \qquad (7\text{-}58\text{-}1)$$

$$G' = \frac{2k_1(k_1-k_3)A}{(k_1-k_3)^2-(k_1+k_3)^2e^{-2ik_3a}} \qquad (7\text{-}58\text{-}2)$$

$$C = -\frac{4k_1k_3e^{-ik_1a}}{(k_1-k_3)^2\,e^{ik_3a}-(k_1+k_3)^2e^{-ik_3a}} \qquad (7\text{-}58\text{-}3)$$

5.透射係數 T 與反射係數 R

(1) $E < V_0$ 情況：

① 透射係數

　將式（7-55-3）係數 C 與 A 關係代入下式

$$T = \frac{v_1 C^* C}{v_2 A^* A} = \frac{16 k_1^2 k_2^2}{16 k_1^2 k_2^2 + (k_1^2 + k_2^2)^2 (e^{k_2 a} - e^{-k_2 a})^2}$$

$$= \left[1 + \frac{(e^{k_2 a} - e^{-k_2 a})^2}{\dfrac{16 k_1^2 k_2^2}{(k_1^2 + k_2^2)^2}} \right]^{-1}$$

$$= \left[1 + \frac{\sinh^2 k_2 a}{4 \dfrac{E}{V_0} \left(1 - \dfrac{E}{V_0} \right)} \right]^{-1} \qquad (7\text{-}59)$$

式中
$$k_2 a = \sqrt{\frac{2 m V_0 a^2}{\hbar^2} \left(1 - \frac{E}{V_0} \right)} \qquad (7\text{-}60)$$

透射係數 T 的討論：

a. 若 $k_2 a \gg 1$ 時，式（7-59）可化簡爲

$$T \simeq 16 \frac{E}{V_0} \left(1 - \frac{E}{V_0} \right) e^{-2 k_2 a} \qquad (7\text{-}61)$$

b. 若粒子 $E < V_0$，同時位障的厚度 a 爲有限值時，則確定有粒子透射過於 $x > a$ 區域。T 有存在的事實，這種現象稱爲**位障穿透**（barrier penetration），表示粒子穿隧過這位障。

c. 於 $k_2 a \gg 1$ 時，表示這一項 $\dfrac{2 m V_0 a^2}{\hbar^2}$ 相當大時，即所謂位障的不透體（opacity），T 會相當小趨近消失，這符合於經典力學的結果。

d. 因於 $x > a$ 區域有發現粒子的機率，故以機率密度圖來表示位障穿透，如圖 7-15 所示。

② 反射係數 R

$$R = \frac{v_1 B^* B}{v_2 A^* A} = \frac{V_0^2 \sinh^2 (k_2 a)}{4 E (V_0 - E) + V_0^2 \sinh^2 (k_2 a)} \qquad (7\text{-}61)$$

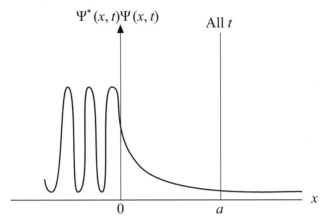

圖 7-15　位障穿透情況的機率密度函數

(2) $E > V_0$ 情況：

於圖 7-14 中，粒子的特徵函數在整個三個區域仍然是振動的，但在 $0 < x < a$ 區域中，波長較為長些，因為

$$k_3 = \frac{2\pi}{\lambda_3} = \frac{1}{\hbar}\sqrt{2m(E - V_0)}$$

或

$$\lambda_3 = \frac{h}{\sqrt{2m(E - V_0)}} > \lambda_1 \qquad (7\text{-}62)$$

透射係數 T 與反射係數 R，如同前面敘述，分別為

$$T = \frac{v_1 C^* C}{v_1 A^* A} = \left[1 - \frac{e^{ik_3 a} - e^{-ik_3 a}}{16\dfrac{E}{V_0}\left(\dfrac{E}{V_0} - 1\right)} \right]^{-1}$$

$$= \left[1 + \frac{\sin^2 k_3 a}{4\dfrac{E}{V_0}\left(\dfrac{E}{V_0} - 1\right)} \right]^{-1} \qquad (7\text{-}63)$$

$$R = \frac{v_1 B^* B}{v_1 A^* A} = \frac{V_0^2 \sin^2(k_3 a)}{4E(E - V_0) + V_0^2 \sin^2 k_3 a} \qquad (7\text{-}64)$$

式中

$$k_3 a = \sqrt{\frac{2mV_0 a^2}{\hbar^2}\left(\frac{E}{V_0} - 1\right)} \qquad (7\text{-}65)$$

有關 T 與 R 的關係可由圖 7-16 顯示，圖中取 $\dfrac{2mV_0 a^2}{\hbar^2} = 9$。

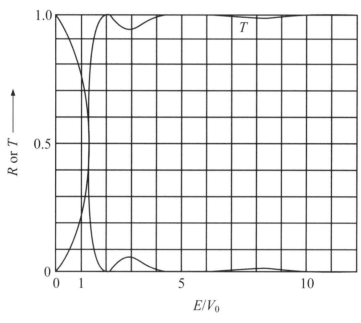

圖 7-16　T 與 R 的關係曲線

5.步階位勢與位勢障的反射係數的比較

(1) 步階位階──圖 7-7

① $\dfrac{E}{V_0} \to 0 \quad \Rightarrow \quad R \to 1$

② $\dfrac{E}{V_0} \to \infty \quad \Rightarrow \quad R \to 0$

③ 在 $\dfrac{E}{V_0} = 1$ 附近，$R \to$ 減小。

(2) 位勢障──圖 7-16

　①　在能量很小時下，R 將漸漸趨於 1，因爲位勢障的厚度有限度，以致在經典力學所排除區域也允許有透射現象。

　②　在高壓下，反射係數 R 振動式變化，這是因爲在兩個不連續處的反射的干涉結果。

　③　步階位勢可視爲位勢障的寬度很大的結果。

7-6 方形有限位阱

1.步階位勢與方形有限位阱（The Squace Well Potential）的物理意義

(1) 步階位勢

　①　自由粒子沒有束縛，

　②　能量是連續，沒有量子化。

(2) 方形有限位阱

　①　自由粒子在位阱中是束縛的

　②　能量會量子化

　③　動量是定值常數，來來回回地改變方向

2.方形有限位阱──如圖 7-17 所示

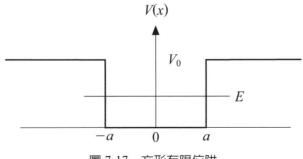

圖 7-17　方形有限位阱

$$V(x) = \begin{cases} V_0 \text{,} x<-a \text{ 或 } x>a \\ 0 \text{ , } -a<x<a \end{cases} \tag{7-66}$$

(1) 經典力學

$E<V_0$ 情況：

粒子在 $-a<x<a$ 區域中被束縛來回運動，同時動量是定值常數，且也來回改變方向。同時能量是連續的。

(2) 量子力學

① 粒子運動如同上面經典力學所敘述，但唯一是粒子的能量是確定離散分列值，即量子化。

② 圖 7-18 顯示各種方形有限位阱，這是重疊位勢的結果，而作用於金屬中的導電電子。這些位勢形成來自於空間正離子在金屬中緊靠地。

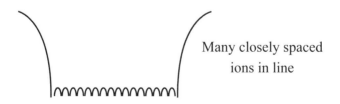

圖 7-18　一些各種類似方形有限位阱

3.各區域的特徵函數

(1) 區域中：$-a < x < a$：$V(x) = 0$，$E < V_0$

$$\psi_{中}(x) = Ae^{ik_1x} + Be^{-ik_1x}$$

或 $$= A\sin k_1x + B\cos k_1x \qquad (7\text{-}67)$$

式中

$$k_1 = \frac{1}{\hbar}\sqrt{2mE}, \quad p_1 = \hbar k_1 \qquad (7\text{-}68)$$

(2) 區域左：$x < -a$

$$\psi_{左}(x) = Ce^{k_2x} + De^{-k_2x}$$

因為 $\psi_{左}(x)$ 為有限函數，因此 $x \to -\infty$ 時，$e^{-k_2x} \to \infty$，此時，取 $D = 0$，所以

$$\psi_{左}(x) = Ce^{k_2x} \qquad (7\text{-}69)$$

式中

$$k_2 = \frac{1}{\hbar}\sqrt{2m(V_0 - E)} \qquad (7\text{-}70)$$

(3) 區域右：$x > +a$

$$\psi_{右}(x) = Fe^{k_2x} + Ge^{-k_2x}$$

如同上述，$x \to \infty$ 時 $e^{k_2x} \to \infty$，故取 $F = 0$，所以

$$\psi_{右}(x) = Ge^{-k_2x} \qquad\qquad (7\text{-}71)$$

4.能量方程式

　　本章節的方形有限位阱對原點 $x = 0$ 是對稱的，當 $x \to -x$。很顯然的，在這 $x \to -x$ 的改變下，動態是一樣的。所以除了能量的特徵值外，我們要分類宇稱（parity）所對應的解，所以分開為 x 的偶（even）函數解與 x 的奇（odd）函數解。偶函數解時，$C = G$；奇函數解，$C = -G$。

　　如圖 7-19 所示

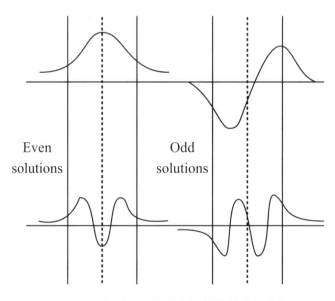

圖 7-19　方形有限位阱中的離散特徵函數解

針對特徵函數與其導數在 $x = \pm a$ 處的連續性，即

$$\frac{1}{\psi(x)} \frac{d\psi(x)}{dx}\bigg|_{x = \pm a} = 連續$$

可得能量方程式。

(1) **偶函數解**，式（7-67）中，$A = 0$，得

$$-k_2 = -k_1 \frac{\sin k_1(a)}{\cos k_1(a)}$$

或

$$k_2 = k_1 \tan(k_1 a) \tag{7-72}$$

令 $\alpha = \dfrac{2mV_0 a^2}{\hbar^2}$，$y = k_1 a$

因此式（7-72）化簡為

$$\frac{\sqrt{\alpha - y^2}}{y} = \tan y \tag{7-73}$$

如果我們將 $\tan y$ 與 $\sqrt{\alpha - y^2}/y$ 以 y 函數描繪曲線，如圖 7-20 所示。

圖中上升曲線表示 $\tan y$，下滑曲線是 $\sqrt{\alpha - y^2}/y$ 隨 α 值有不同許多曲線。這兩種曲線的交點可決定出特徵值。因此成形離散系列的交點。圖中每一個交點代表一個特徵值，即表示有一個**束縛態**（baund state）。α 值愈大，表示位勢阱愈深或愈寬，交點愈多，即束縛態愈多。由圖中可發現至少有一個交點或一個束縛態。當 α 變成愈大時，這些特徵值（或交點）就趨近於變成等距離空間在 y 軸方面，所以交點近似於

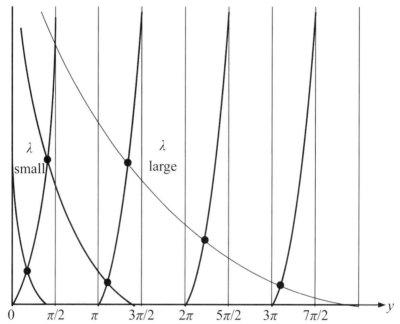

Location of discrete eigenvalues of even solutions in a square well. The rising curves represent tan y; the falling curves are $\sqrt{\lambda - y^2}/y$ for different values of λ.

圖 7-20　偶函數解的離散特徵值的位置

$$y \simeq \left(n + \frac{1}{2}\right)\pi \text{ , } n = 0, 1, 2, \cdots \qquad (7\text{-}74)$$

或特徵能量為

$$E_n = \frac{\pi^2 \hbar^2}{2ma^2}\left(n + \frac{1}{2}\right)^2 \text{ , } n = 0, 1, 2, \cdots \qquad (7\text{-}74\text{-}1)$$

(2) 奇函數解，式（7-67）中，$B = 0$，得

$$k_2 = -k_1 \frac{\cos k_1 a}{\sin k_1 a}$$

或

$$k_2 = -k_1 \cot k_1 a \qquad (7\text{-}75)$$

因此特徵值的條件爲

$$\frac{\sqrt{\alpha - y^2}}{y} = -\cot y \qquad (7\text{-}76)$$

因爲 $-\cot y = \tan\left(\frac{\pi}{2} + y\right)$，所以如同圖 7-20 依據，奇函數解線曲如圖 7-21
所示。特徵值（或交點）數。

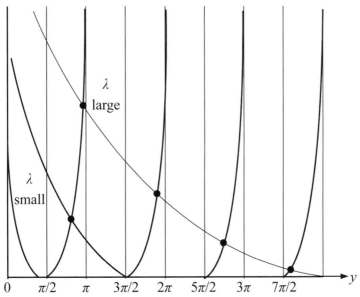

Location of discrete eigenvalues of odd solutions in a square well. The rising
curves represent $-\cot y$; the falling curves are $\sqrt{\lambda - y^2}/y$ for different values of
λ. Note that there is no eigenvalue for $\lambda < (\pi/2)^2$.

圖 7-21 奇函數解的離散特徵值的位置

為

$$y \simeq n\pi \text{，} n = 1, 2, 3, \cdots \tag{7-77}$$

或特徵能量為

$$E_n = \frac{\pi^2 \hbar^2}{2ma^2} n^2 \text{，} n = 1, 2, 3, \cdots \tag{7-77-1}$$

於此注意，奇函數解的曲線在 $\alpha < \left(\frac{\pi}{2}\right)^2$ 沒有特徵值恰與偶函數解的差別所在。因此，若 $\sqrt{\alpha - \frac{\pi^2}{4}} > 0$，將只有一個交點，即

$$\frac{2mV_0a^2}{\hbar^2} \geq \frac{\pi^2}{4} \tag{7-78}$$

7-7 無限方形位阱

1. 無限方形位阱（The Infinite Square Well Potential）——如圖 7-22 所示

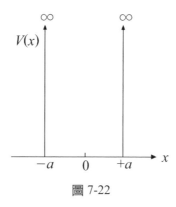

圖 7-22

$$V(x) = \begin{cases} \infty \text{，} x < -a \text{ 或 } x > +a \\ 0 \text{，} -a < x < +a \end{cases}$$

(1) 任何粒子有限的能量 $E \geq 0$，將會被束縛其中。

(2) 在經典力學方面，任何粒子的能量都有可能性，即連續性。

(3) 在量子力學方面，粒子只有確定離散能量可允許，即能量量子化。

(4) 能量量子化時，量子數不能有太大，這些特徵能量值與特徵函數時常用來近似符合於（同量子數 n）有限方形位阱（很寬的位阱，但 V_0 是有限的）特徵能量與特徵函數。

2.區域中的特性函數

$$\psi(x) = 0 \text{，} x < -a$$

$$\psi(x) = 0 \text{，} x > +a$$

$$\psi(x) = Ae^{ikx} + Be^{-ikx}$$

或

$$= A \sin kx + B \cos kx \qquad (7\text{-}79)$$

式中

$$k = \frac{1}{\hbar}\sqrt{2mE} \qquad (7\text{-}80)$$

(1) 式（7-79）是駐波。

(2) $\psi(\pm a) = 0$ 的邊界條件，可視為位阱的壁作為駐波的節點（nodes）

(3) 依 7-6 章節，式（7-79）可分類為偶函數解與奇函數解，即

$$\psi_{偶}(x) = B \cos kx \qquad (7\text{-}81)$$

$$\psi_{奇}(x) = A \sin kx \qquad (7\text{-}82)$$

3.能量量子化

(1) 偶函數特徵解──$B \cos kx$

邊界條件：

$$\psi_{偶}(a) = \psi_{偶}(-a) = B \cos ka = 0$$

$$k_n a = \frac{n\pi}{2} \text{ , } n = 1, 3, 5, \cdots 奇數$$

或 $$k_n = \frac{n\pi}{2a} \text{ , } n = 1, 3, 5, \cdots \tag{7-83}$$

(2) 奇函數特徵解──$A \sin kx$

邊界條件：

$$\psi_{奇}(a) = A \sin(ka) = 0$$

$$\psi_{奇}(-a) = -A \sin(ka) = 0$$

$$k_n = \frac{n\pi}{2a} \text{ , } n = 2, 4, 6, \cdots 偶數 \tag{7-84}$$

(3) 特徵函數

$$\psi_n(x) = B_n \cos k_n x \text{ , } k_n = \frac{n\pi}{2a} \text{ , } n = 1, 3, 5, \cdots$$

$$\psi_n(x) = A_n \sin k_n x \text{ , } k_n = \frac{n\pi}{2a} \text{ , } n = 2, 4, 6, \cdots \tag{7-85}$$

(4) 特徵能量

$$k = \frac{1}{\hbar}\sqrt{2mE}$$

$$E = \frac{\hbar^2 k^2}{2m}$$

或

$$E_n = \frac{\hbar^2}{2m}\left(\frac{n\pi}{2a}\right)^2 = \frac{\pi^2\hbar^2}{8ma^2}n^2 \text{,} \quad n = 1, 2, 3\cdots \tag{7-86}$$

由此，可知只有某些特定的能量值可允許存在於 $-a<x<a$ 中。式（7-83）、（7-84）與（7-86）中的 n 稱為**量子數**。

註解：

(1) 量子數 n 中，$n=0$ 不能成立，因為 $\psi_0(x)=A\sin 0=0$，即表示沒有粒子在於位阱內。

(2) $n=1$，$E_1 = \frac{\pi^2\hbar^2}{8ma^2}$ 稱為**零點能量**（Zero-point energy），也是最低能量值。

(3) 列舉無限方形位阱內一些特徵能量與對應的特徵函數的圖 7-23 與 7-24。

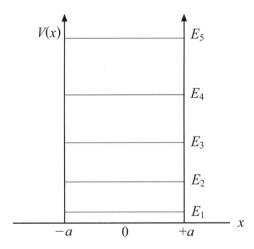

圖 7-23　無限方形位阱的特徵能量值

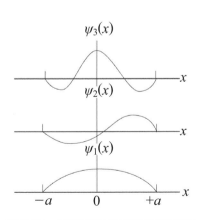

圖 7-24　無限方形位阱的特徵函數

(4) 特徵能量 E_n 與不準確原理間的關係

① 粒子不能有總能量 $E=0$。如果有的話，則 $p=\sqrt{2mE}=0$，因此 $\Delta p=0$，而粒在位阱內是束縛的，$\Delta x=2a$，所以 $(\Delta x)(\Delta p)=0$ 不可能成立。

② 今取粒子的最低能量 E_1，則 $p_1=\sqrt{2mE_1}=\dfrac{\pi\hbar}{2a}$。粒子在位阱內爲自由粒子，其駐波的特徵函數的特性使得粒子的動量改變量爲 $\Delta p=2p_1=\dfrac{\pi\hbar}{a}$，所以

$$(\Delta x)(\Delta p)=(2a)\left(\frac{\pi\hbar}{a}\right)=2\pi\hbar$$

大約略爲符合於不準確原理的最低極限 $\dfrac{\hbar}{2}$。

③ 高於 E_1 的能量值就不符合不準確原理了。

(5) 量子數 n 與駐波的**節點**（node）數。

由圖 7-23，可發現，每一個特徵函數的半波長的數目恰等於量子數 n，所以節點數等於 $n+1$。

例題3 直接以德布羅意關係 $p=\dfrac{h}{\lambda}$，以德布羅意波長的半波長（$\dfrac{\lambda}{2}$）的整數合適於位阱的寬度，而導出無限方形位阱的能量量子化式（7-86）。

解： 依意題，圖 7-23 的無限方形阱的特徵函數符合於德布羅意波長與位阱的長度關係，即

$$n\frac{\lambda}{2}=2a，n=1, 2, 3\cdots$$

$\lambda = \dfrac{4a}{n}$，$n = 1, 2, 3\cdots$

粒子的動量 p 為

$p = \dfrac{h}{\lambda} = \dfrac{nh}{4a}$，$n = 1, 2, 3\cdots$

因此粒子的能量為

$E = \dfrac{p^2}{2m} = \dfrac{h^2 n^2}{32ma^2} = \dfrac{(2\pi\hbar)^2 n^2}{32ma^2}$

$= \dfrac{\pi^2\hbar^2}{8ma^2} n^2$，$n = 1, 2, 3\cdots$

與式（7-86）一致。

例題 4　一粒子在寬度為 $2a$ 的無限方形位阱中自由運動，但限制在區域中，有兩個可能的特徵函數 ψ_I 與 ψ_{II}，如圖 7-25 所示，當粒子在 ψ_I 態時，其能量為 4eV。

(a) 粒子在 ψ_{II} 態的能量為何。

(b) 此系統的最低的能量為何？

解：　(a) 依圖 7-25

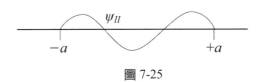

圖 7-25

這些特徵函數的位勢屬於無限的位阱，因此粒子能量量子化為

$E_n = \dfrac{\pi^2\hbar^2}{8ma^2}n^2$ ，$n = 1, 2, 3\cdots$

同時特徵函數屬於駐波，其節點數為 $n + 1$，今 ψ_I 特徵函數的駐波節點有 3 個，因為 ψ_I 的量子數為

$n + 1 = 3$，$n = 2$

能量 4eV 時，

$4\text{eV} = \left(\dfrac{\pi^2\hbar^2}{8ma^2}\right)2^2 \quad \Rightarrow \quad \dfrac{\pi^2\hbar^2}{8ma^2} = 1$

而 ψ_{II} 的駐波節點有 4 個，其量子數為 3，則能量

$E_3 = \left(\dfrac{\pi^2\hbar^2}{8ma^2}\right)n^2 = (1)(3)^2 = 9\text{eV}$

(b)

$E_n = \left(\dfrac{\pi^2\hbar^2}{8ma^2}\right)n^2$ ，$n = 1, 2, 3\cdots$

最低能量為

$E_1 = (1)(1)^2 = 1\text{eV}$

7-8 簡諧振盪子的拋物位勢

1.簡諧振盪子

(1) 各種現象的振盪子

① 雙原子分子中的原子振動

② 固體中原子的振動所產生的聲波與熱波的性質

③ 固體的磁性在原子核方向的振動

④ 量子系統的電動力學的電磁波振動

(2) 簡諧振動系統的成立是針對某一穩定平衡位置作微小振動

(3) 位勢函數 $V(x)$

    ① 穩定平衡位置係指 $V(x)$ 的極小值時的 x 值。

    ② $V(x)$ 為連續函數。

    ③ 在靠近於極小值位能處的區域，$V(x)$ 近似於**拋物函數**（parabola function）。

    ④ 對於微小振動應在極小值位能附近處進行。

    ⑤ 以上的敘述使得 $V(x)$ 可寫為

$$V(x) = \frac{1}{2}cx^2 \qquad (7\text{-}87)$$

    c 為常數，如圖 7-26 所示

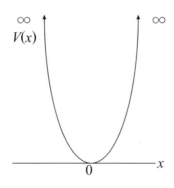

圖 7-26　簡諧振盪子位勢

    ⑥ 粒子在此 $V(x)$ 所承受之力為

$$F = -\frac{dV(x)}{dx} = -cx$$

    為線性恢復力，c 為力常數

2.經典力學

(1) 承受力的運動方程式

$$F = -\frac{dV(x)}{dx} = -cx = m\frac{d^2x}{dt^2}$$

(2) 振盪頻率

$$v = \frac{1}{2\pi}\sqrt{\frac{c}{m}} \text{，或 } \omega = \sqrt{\frac{c}{m}}$$

(3) 總能量

$$E = K + V = \frac{1}{2}cx_0^2$$

x_0 爲最大振幅。

3.量子力學

(1)能量爲量子化──因爲粒子受限於位勢中的有限範圍內，爲束縛態。

　　① 古老的量子論──普郎克論粒子的能量爲

$$E_n = nhv \text{，} n = 0, 1, 2, 3\cdots$$

　　② 薛丁格量子力學──粒子的能量爲

$$E_n = \left(n + \frac{1}{2}\right)hv \text{，} n = 0, 1, 2\cdots$$

v 為 $\dfrac{1}{2\pi}\sqrt{\dfrac{c}{m}}$ 為經典力學粒子在位勢 $V(x)=\dfrac{1}{2}cx^2$ 中的振盪頻率。

③ 兩者理論的區別

a. 普郎克論：$n=0\Rightarrow E_0=0$

　薛丁格論：$n=0\Rightarrow E_0=\dfrac{1}{2}hv$

　兩者的特徵能量有 $\dfrac{1}{2}hv$ 的**偏移**（shift）。

b. 薛丁格中 $E_0=\dfrac{1}{2}hv$ 稱為零點能量，即最低能量，這符合於不準確原

　理的要求。（參考無限方形位阱章節中的說明）。如圖 7-27 所示。

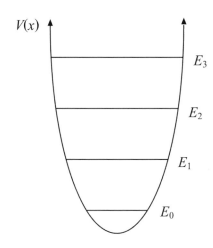

圖 7-27　簡諧振盪子位能中前幾項特徵能量值

4.特徵函數（Eigenfunctions）與特徵值（Eigenvalues）

　　簡諧振盪子的位勢拋物函數 $V(x)=\dfrac{1}{2}cx^2$ 所對應的非時變性薛丁格方程

式為

$$-\frac{\hbar^2}{2m}\frac{d^2\psi(x)}{dx^2}+\frac{1}{2}cx^2\psi(x)=E\psi(x) \qquad (7\text{-}88)$$

式中力常數 c 可由頻率 v 來表示，即

$$v = \frac{1}{2\pi}\sqrt{\frac{c}{m}} \text{，或 } c = 4\pi^2 v^2 m \tag{7-89}$$

式（7-88）方程式改寫爲

$$\frac{d^2\psi(x)}{dx^2} + \left[\frac{2mE}{\hbar} - \left(\frac{2\pi mv}{\hbar}\right)^2 x^2\right]\psi(x) = 0 \tag{7-90}$$

設法簡化上式方程式

(1) $\dfrac{2mE}{\hbar^2} = \beta$，

(2) $\dfrac{2\pi mv}{\hbar} = \alpha$，

(3) 變數轉換：$u = \sqrt{\alpha}\, x = \dfrac{(cm)^{1/4}}{\hbar^{1/2}} x$

(4) $\dfrac{d\psi(x)}{dx} = \dfrac{d\psi(x)}{du}\dfrac{dy}{dx} = \sqrt{\alpha}\,\dfrac{d\psi(u)}{du}$

$$\frac{d^2\psi(x)}{dx^2} = \frac{d}{dx}\left(\frac{d\psi(x)}{dx}\right) = \frac{d}{du}\left(\frac{d\psi(x)}{dx}\right)\frac{du}{dx}$$

$$= \sqrt{\alpha}\,\frac{d}{du}\left(\left(\sqrt{\alpha}\,\frac{d\psi(u)}{du}\right)\right) = \alpha\frac{d^2\psi(u)}{du^2}$$

因此式（7-90）薛丁格方程式成爲

$$\frac{d^2\psi(u)}{du^2} + \left(\frac{\beta}{\alpha} - u^2\right)\psi(u) = 0 \tag{7-91}$$

這是**厄米特函數**（Hermite functions）的微分方程式。〔註：厄米特微分方程式的範例爲 $\dfrac{d^2 y_n}{dx^2} - x^2 y_n = -(2n+1)y_n$，$n = 0, 1, 2, 3, \cdots$〕。式（7-91）

的解有它的性質為

$$\left.\begin{array}{c} \psi(u) \\ \dfrac{d\psi(u)}{du} \end{array}\right\} 於 -u\,(-\infty)\!\rightarrow\!+u\,(+\infty)皆為單一值，連續函數與有限函數。$$

(1) 於 $|u|\!\rightarrow\!\infty$ 的 $\psi(u)$ 的解

因 $\beta/a=\dfrac{2E}{\hbar\omega}$ 與 u^2 比較的話，可忽略。因此式（7-91）可化為

$$\frac{d^2\psi(u)}{du^2}=u^2\psi(u) \tag{7-92}$$

上式的解為

$$\psi(u)=Ae^{-\frac{1}{2}u^2}+Be^{\frac{1}{2}u^2}$$

依函數 $\psi(u)$ 的性質，$\psi(u)\xrightarrow[u\to\infty]{}$ 為有限函數，因此取 $B=0$，則

$$\psi(u)=Ae^{-\frac{1}{2}u^2}\,,\ |u|\!\rightarrow\!\infty \tag{7-93}$$

(2) 於其他 u 值的 $\psi(u)$ 的解

令

$$\psi(u)=Ae^{-\frac{1}{2}u^2}H(u) \tag{7-94}$$

代入式（7-91）可得 $H(u)$ 函數的微分方程式如下

$$\frac{d^2 H}{du^2} - 2u\frac{dH}{du} + \left(\frac{\beta}{\alpha} - 1\right)H = 0 \qquad （7-95）$$

式中 $H(u)$ 稱爲**厄米特多項式函數**（Hermite polynominals）而方程式（7-95）稱爲**厄米特方程式**（Hermite Equation）即

$$\frac{d^2 H}{du^2} - 2u\frac{dH}{du} + 2nH = 0 \text{，} n = 0, 1, 2, 3, \cdots \qquad （7-96）$$

上式（7-95）方程式應以**級數方法**解之，即令

$$H(u) = \sum_{l=0}^{\infty} a_l u^l \qquad （7-97）$$

代入之，得

$$\sum_{l=0}^{\infty} a_l l\,(l-1)\,u^{l-2} - \sum_{l=0}^{\infty} 2a_l l\,u^l + \left(\frac{\beta}{\alpha} - 1\right)\sum_{l=0}^{\infty} a_l u^l = 0$$

將上式展開產生同相同位的項，即每項皆爲 $\sum_{k} a_k u^k$，則

$$a_2(2\cdot 1) + a_3(3\cdot 2)u + \sum_{l=4} a_l l\,(l-1)\,u^{l-2} - 2a_1 u - \sum_{l=2} 2a_l l\,u^l$$
$$+ a_0\left(\frac{\beta}{\alpha} - 1\right) + a_1\left(\frac{\beta}{\alpha} - 1\right)u + \sum_{l=2} a_l\left(\frac{\beta}{\alpha} - 1\right)u^l = 0$$

或

$$\left[a_2(2 \cdot 1) + a_0\left(\frac{\beta}{\alpha} - 1\right)\right] + \left[(3 \cdot 2)a_3 - 2a_1 - a_1\left(\frac{\beta}{\alpha} - 1\right)\right]u$$

$$+ \sum_{k=2} a_{k+2}(k+2)(k+1)u^k + \sum_{k=2} a_k\left[-2k + \frac{\beta}{\alpha} - 1\right]u^k = 0$$

上式恆等式的成立條件爲

$$a_2(2 \cdot 1) + a_0\left(\frac{\beta}{\alpha} - 1\right) = 0 \tag{1}$$

$$(3 \cdot 2)a_3 + \left(\frac{\beta}{\alpha} - 1 - 2 \cdot 1\right)a_1 = 0 \tag{2}$$

$$a_{k+2} = -\frac{\left(\frac{\beta}{\alpha} - 2k - 1\right)}{(k+2)(k+1)}a_k \text{ , } k=2, 3, 4\cdots \tag{3}$$

第(3)式稱爲**係數循環式**。同時取 a_0 及 a_1 爲不等零的常數來表示其他係數 a_k（$k=2, 3, 4\cdots$）。因此 $H(u)$ 函數的解爲：由循環係數

$$a_2 = -\frac{\left(\frac{\beta}{\alpha} - 1\right)}{2 \cdot 1}a_0$$

$$a_3 = -\frac{\left(\frac{\beta}{\alpha} - 1 - 2 \cdot 1\right)}{3 \cdot 2}a_1$$

$$a_4 = -\frac{\left(\frac{\beta}{\alpha} - 1 - 2 \cdot 2\right)}{4 \cdot 3}a_2 = \frac{\left(\frac{\beta}{\alpha} - 1\right)\left(\frac{\beta}{\alpha} - 1 - 2 \cdot 2\right)}{4 \cdot 3 \cdot 2 \cdot 1}a_0$$

$$a_5 = -\frac{\left(\frac{\beta}{\alpha} - 1 - 2 \cdot 3\right)}{5 \cdot 4}a_3 = \frac{\left(\frac{\beta}{\alpha} - 1 - 2 \cdot 1\right)\left(\frac{\beta}{\alpha} - 1 - 2 \cdot 3\right)}{5 \cdot 4 \cdot 3 \cdot 2 \cdot 1}a_1$$

$$\vdots$$

$$\vdots$$

$$H(u) = a_0 + a_1 u + a_2 u^2 + a_3 u^3 + a_4 u^4 + a_5 u^5 + \cdots$$

$$= a_0 \left[1 - \frac{\left(\dfrac{\beta}{\alpha} - 1 \right)}{2!} u^2 + \frac{\left(\dfrac{\beta}{\alpha} - 1 \right)\left(\dfrac{\beta}{\alpha} - 1 - 2 \cdot 2 \right)}{4!} u^4 + \cdots \right]$$

$$+ a_1 \left[u - \frac{\left(\dfrac{\beta}{\alpha} - 1 - 2 \cdot 1 \right)}{3!} u^3 + \frac{\left(\dfrac{\beta}{\alpha} - 1 - 2 \cdot 1 \right)\left(\dfrac{\beta}{\alpha} - 1 - 2 \cdot 3 \right)}{5!} u^5 + \cdots \right]$$

$$（7\text{-}98）$$

　　上式爲式（7-95）的各有兩個常數 a_0 及 a_1 的無限級數解。a_0 項爲偶函數級數，a_1 項爲奇函數級數，但這兩項爲無限級數不符合於特徵函數的有限函數，也就是厄米特函數應爲有限項級數函數，其條件是由循環係數中的終止限制，即其分子爲零才能成立，則

$$\frac{\beta}{\alpha} - 1 - 2k = 0$$

或

$$\frac{\beta}{\alpha} = 2k + 1 \qquad\qquad （7\text{-}99）$$

因此，

$$a_0 = 0，a_1 \neq 0，\quad k = 1, 3, 5, \cdots$$

$$a_1 = 0，a_0 \neq 0，\quad k = 0, 2, 4, 6, \cdots$$

$$a_{k+2} = -\frac{\left(\dfrac{\beta}{\alpha} - 1 - 2k \right)}{(k+2)(k+1)} a_k = \frac{(2k + 1 - 1 - 2k)}{(k+2)(k+1)} a_k = 0$$

以致於 $a_{k+4}, a_{k+6}, \cdots$ 也皆爲零，如此一來，$H(u)$ 爲 u^k 的多項式有限級數函數，稱爲厄米特多項式函數。例如：$H_k(u)$ 與 $\psi_k(u)$ 對應

$$k=0，a_1=0，H_0\,(u)=a_0[1]$$

$$\psi_0\,(u)=A_0\,e^{-\frac{1}{2}u^2}$$

$$k=1，a_0=0，H_1\,(u)=a_1\,[u]$$

$$\psi_1\,(u)=A_1 u\,e^{-\frac{1}{2}u^2}$$

$$k=2，a_1=0，H_2\,(u)=a_0\left[1-\frac{4}{2!}u^2\right]=a_0(1-2u^2)$$

$$\psi_2\,(u)=A_2(1-2u^2)\,e^{-\frac{1}{2}u^2}$$

$$k=3，a_0=0，H_3\,(u)=a_1\left[u-\frac{6-2}{3!}u^3\right]=\frac{a_1}{3}[3u-2u^3]$$

$$\psi_3\,(u)=A_3(3u-2u^3)\,e^{-\frac{1}{2}u^2}$$

$$k=4，a_1=0，H_4\,(u)=a_0\left[1-\frac{8}{2!}u^2+\frac{(8)(4)}{4!}u^4\right]$$

$$=a_0\left[1-4u^2+\frac{4}{3}u^4\right]$$

$$=\frac{a_0}{3}[3-12u^2+4u^4]$$

$$\psi_4\,(u)=A_4(3-12u^2+4u^4)\,e^{-\frac{1}{2}u^2}$$

$$k=5，a_0=0，H_5\,(u)=a_1\left[u-\frac{10-2}{3!}u^3+\frac{(10-2)(10-6)}{5!}u^5\right]$$

$$=a_1\left[u-\frac{4}{3}u^3+\frac{4}{15}u^5\right]$$

$$=\frac{a_1}{15}[15u-20u^3+4u^5]$$

$$\psi_5\,(u)=A_5(15u-20u^3+4u^5)\,e^{-\frac{1}{2}u^2}$$

等等。

(3) 特徵函數與特徵能量值

由(b)導出的 $H_k(u)$ 代入式（7-94），得特徵函數

$$\psi_k(u) = A_k H_k(u) e^{-\frac{1}{2}u^2} \text{，} k = 0, 1, 2, 3, \cdots \qquad （7\text{-}94\text{-}1）$$

已於前面列舉前幾項 $\psi_0(u), \psi_1(u), \psi_2(u)\cdots\psi_5(u)$ 等。

於特徵函數 $\psi_k(u)$ 有意義的條件下，完全取決於式（7-99）。此式為導出特徵能量值的主要公式。

$$\frac{\beta}{\alpha} = 2k+1 \text{，} k = 0, 1, 2, 3, \cdots$$

或

$$\frac{\dfrac{2mE}{\hbar^2}}{\dfrac{2\pi m v}{\hbar}} = 2k+1$$

或

$$E = \left(k+\frac{1}{2}\right)hv = \left(k+\frac{1}{2}\right)\hbar\omega \text{，} k = 0, 1, 2, 3, \cdots \qquad （7\text{-}100）$$

(4) 圖 7-28 為幾項特徵函數與對應的特徵能量值。

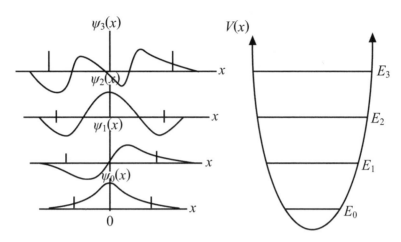

圖 7-28　簡諧振盪子的特徵函數 $\psi_k(x)$ 與特徵能量值 E_k

例題 5　取 $n=1$ 的簡諧振盪子的特徵函數 $\psi_1(u)=A_1 u\, e^{-\frac{1}{2}u^2}$，計算其特徵能量 E_1 值，並符合於式（11-100）。

解：　$\psi_1(u)=A_1 u\, e^{-\frac{1}{2}u^2}$ 符合於非時變性薛丁格方程，即

$$-\frac{\hbar^2}{2m}\frac{d^2\psi_1}{dx^2}+\frac{1}{2}cx^2\psi_1=E_1\psi_1$$

計算：$u=\dfrac{(cm)^{1/4}}{\hbar^2}x$

$$\frac{d\psi_1}{dx}=\frac{d\psi_1}{du}\frac{du}{dx}=\frac{(cm)^{1/4}}{\hbar^{1/2}}A_1(1-u^2)\,e^{-\frac{1}{2}u^2}$$

$$\frac{d^2\psi_1}{dx^2}=\frac{d}{du}\left(\frac{d\psi_1}{dx}\right)\frac{du}{dx}$$

$$=\frac{(cm)^{1/4}}{\hbar^{1/2}}\left\{\frac{d}{du}\frac{(cm)^{1/4}}{\hbar^{1/2}}A_1(1-u^2)\,e^{-\frac{1}{2}u^2}\right\}$$

$$=\frac{(cm)^{1/2}}{\hbar}A_1 u\,(u^2-3)\,e^{-\frac{1}{2}u^2}$$

$$= \frac{(cm)^{1/2}}{\hbar}(u^2 - 3)\psi_1$$

$$= \frac{(cm)^{1/2}}{\hbar}\left[\frac{(cm)^{1/2}}{\hbar}x^2 - 3\right]\psi_1$$

$$\therefore -\frac{\hbar^2}{2m}\frac{(cm)^{1/2}}{\hbar}\left[\frac{(cm)^{1/2}}{\hbar}x^2 - 3\right]\psi_1 + \frac{1}{2}cx^2\psi_1 = \frac{3\hbar}{2}\left(\frac{c}{m}\right)^{1/2}\psi_1$$

因此

$$E_1 = \frac{3}{2}\hbar\left(\frac{c}{m}\right)^{1/2} = \frac{3}{2}\hbar\omega$$

從式（7-100），取 $k=1$，也得 $\frac{3}{2}\hbar\omega = E_1$。

例題 6　雙原子分子內原子間振動的力常數 c 為 10^3J/m^2。利用此值計算分子振動的零點能量。分子質量為 $4.1 \times 10^{-26}\,\text{kg}$。

解：　零點能量於式（7-100）中取 $k=0$，則

$$E_0 = \frac{1}{2}\hbar w = \frac{1}{2}\hbar\sqrt{\frac{c}{m}}$$

$$= \frac{1}{2}(0.6582 \times 10^{-15}\text{eV-sec})\sqrt{\frac{10^3\text{J/m}^2}{4.1 \times 10^{-26}\,\text{kg}}}$$

$$= 0.05139\text{eV}$$

5.簡諧振盪子的完整的特徵函數

簡諧振盪子的非時變性薛丁方程式為式（7-90），經過以級數方法解之後的特徵函數為式（7-94-1）。$H_k(u)$ 為厄米特有限的多項式函數，其微分方程式為式（7-96）。

同時 $H_k(u)$ 也可符合於下列循環關係

$$H_{k+1}(u) + \frac{dH_k(u)}{du} - 2uH_k(u) = 0 \qquad (7\text{-}101)$$

由式（7-96）與式（7-101）又可得另一循環關係式

$$\frac{dH_k(u)}{du} = 2kH_{k-1}(u) \qquad (7\text{-}102)$$

同時利用**生成函數**（generating function）即

$$F(u, z) = \sum_{k=0}^{\infty} \frac{H_k(u)}{k!} z^k = e^{-z^2 - 2zu} \qquad (7\text{-}103)$$

所獲得另一種 $H_k(u)$ 的形式，即

$$H_k(u) = (-1)^k e^{u^2} \frac{d^k}{du^k} e^{-u^2} \qquad (7\text{-}104)$$

上式的 $H_k(u)$ 有正交歸一化條件，即

$$\frac{1}{2^k k! \sqrt{\pi}} \int_{-\infty}^{\infty} H_k(u) H_m(u) e^{-u^2} du = \delta_{km} \qquad (7\text{-}105)$$

因此完整的特徵函數式（7-94-1）就有下式形式

$$\psi_k(x) = 2^{-\frac{k}{2}} (k!)^{-\frac{1}{2}} \left(\frac{m\omega}{\hbar\pi}\right)^{1/4} H_k\left(\sqrt{\frac{m\omega}{\hbar}} x\right) e^{-\frac{m\omega}{2\hbar} x^2} \qquad (7\text{-}106)$$

則其歸一化為

$$\int_{-\infty}^{\infty} \psi_n^*(x) \psi_k(x) dx = \delta_{km} \qquad (7\text{-}107)$$

6.簡諧振盪子有關的算符

(1) 階梯算符（Ladder Operators）

前面處理簡諧振盪子的特徵函數與特徵能量值是以微分方程式，特殊函數及積分表示法等傳統方法。今回到以代數算符技術的應用來處理。

今以廣義的坐標 x 與動量 p 等算符來表示簡諧振盪子的罕米吞 H 算符，即

$$H = \frac{p^2}{2m} + \frac{1}{2}m\omega^2 x^2 = \frac{1}{2}m\omega^2\left(x + i\frac{p}{m\omega}\right)\left(x - i\frac{p}{m\omega}\right) - \frac{1}{2}\hbar\omega \qquad (7\text{-}108)$$

ω 為振子的振動頻率。x 與 p 有對易關係

$$[x, p] = i\hbar I \qquad (7\text{-}109)$$

因 x, p 皆為算符，它們的組合可定義另一組的新算符，即

$$a = \sqrt{\frac{m\omega}{2\hbar}}\left(x + i\frac{p}{m\omega}\right) \qquad (7\text{-}110)$$

$$a^+ = \sqrt{\frac{m\omega}{2\hbar}}\left(x - i\frac{p}{m\omega}\right) \qquad (7\text{-}111)$$

因此在新的算符 a 與 a^+ 的表示下，式（7-108）為

$$H = \left(a^+ a + \frac{1}{2}\right)\hbar\omega = \left(aa^+ - \frac{1}{2}\right)\hbar\omega \qquad (7\text{-}112)$$

有關 a 與 a^+ 新算符中有下列性質，即

① a 與 a^+ 的對易關係為

$$[a, a^+] = aa^+ - a^+ a = I \qquad (7\text{-}113)$$

② H 與 $a^+ a$ 有相同的特徵向量（或函數），這可由式（7-112）得知。

③ $a^+ a$ 的特徵值：

令特徵向量與特徵值分別為

$$\psi_n = |n\rangle \quad , \lambda_n \ (n = 0, 1, 2, 3, \cdots)$$
$$\therefore a^+ a \psi_n = a^+ a |n\rangle = \lambda_n |n\rangle \qquad (7\text{-}114)$$

a. 特徵值 $\lambda_n \geq 0$

因為

$$\langle n|a^+ a|n\rangle = \lambda_n \langle n|n\rangle = \lambda_n$$

或

$$\langle an|an\rangle = \lambda_n \text{，或 } \langle m|m\rangle = \lambda_n$$

或 $\langle m|m\rangle \geq 0$，因此

$$\lambda_n \geq 0 \qquad (7\text{-}115)$$

b. 特徵向量$|n\rangle$：

若$|n\rangle$為a^+a的特徵向量，而後依式（7-113）的對易關係也可獲得$a^+|n\rangle$亦為a^+a的特徵向量。

今取

$$
\begin{aligned}
(a^+a)a^+|n\rangle &= a^+ (a^+a)|n\rangle \\
&= a^+ (a^+a+I)|n\rangle \\
&= \lambda_n a^+|n\rangle + a^+|n\rangle \\
&= (\lambda_n+1)\, a^+|n\rangle
\end{aligned}
\tag{7-116}
$$

所以(a^+a)的特徵向量的$a^+|n\rangle$，特徵值為(λ_n+1)，同理，$a|n\rangle$也為(a^+a)的特徵向量，其特徵值為(λ_n-1)，即

$$
\begin{aligned}
(a^+a)a|n\rangle &= (aa^+-I)a|n\rangle \\
&= a (a^+a)|n\rangle - a|n\rangle \\
&= a (\lambda_n)|n\rangle - a|n\rangle \\
&= (\lambda_n-1)a|n\rangle
\end{aligned}
\tag{7-117}
$$

(4) 由(3)中的 **a.** 及 **b.** 可說

$$
\begin{array}{ll}
a^+ \text{稱為}\textbf{上升算符}（\text{raising operator}） & \\
a^- \text{稱為}\textbf{下降算符}（\text{lowecing operator}） & (7\text{-}118) \\
\text{兩者合稱為}\textbf{階梯算符}（\text{ladder operators}） &
\end{array}
$$

(2) a^+, a 等算符與特徵向量 $|n\rangle$ 間的關係

① 最低的特徵值 λ_0：

依式（7-115）的條件，$\lambda_n \geq 0$ 下降算符 a 的應用有極限次數。當持續往下階段使用，特徵值在 0 與 1 之間會達到的，若再使用 a，我們不能再獲得新的特徵向量，因爲特徵向量的特徵值不能違背式（7-115）的條件。

令 $n = 0$，則

$$a^+a|0\rangle = \lambda_0|0\rangle \quad , \; 1 > \lambda_0 \geq 0$$

而

$$a|0\rangle = 0 \tag{7-119}$$

因此 $\lambda_0 = 0$，這是唯一的低於 1 的特徵值。

② 特徵向量 $|n\rangle$

因爲 a 爲下降算符，又於 $a|0\rangle = 0$，因此 $|n\rangle$ 應由上升算符 a^+ 作用於 $|0\rangle$ 開始而可導致 $|n\rangle$，而又特徵值是以單位步階增加的，即

$$|n\rangle = N_n(a^+)^n|0\rangle \quad , \; n = 0, 1, 2, 3, \cdots$$
$$\lambda_n = n \tag{7-120}$$

N_n 可由歸一化條件決定之。

③ 簡諧振盪子罕米吞 H 的特徵值

由式（7-112）

$$H = \left(a^+ a + \frac{1}{2} \right) \hbar \omega$$

及式（7-114）

$$a^+ a |n\rangle = \lambda_n |n\rangle$$

與式（7-120）

$$\lambda_n = n$$

所以

$$H|n\rangle = \left(a^+ a + \frac{1}{2} \right) \hbar \omega |n\rangle = \left(n + \frac{1}{2} \right) \hbar \omega |n\rangle$$
$$= E_n |n\rangle$$
$$E_n = \left(n + \frac{1}{2} \right) \hbar \omega \qquad\qquad (7\text{-}121)$$

④ 數字算符（Number operator）——$N = a^+ a$

由式（7-114）及（7-120）得知

$$N|n\rangle = a^+ a |n\rangle = \lambda_n |n\rangle = n|n\rangle \qquad\qquad (7\text{-}122)$$

數字算符 $N = a^+ a$，而其特徵值為 n。

⑤ 階梯算符與特徵向量 $|n\rangle$ 的正交歸一化等性質，可得 $a|n\rangle$，$a^+|n\rangle$ 及 $|n\rangle$。

a. 因 a 為下降算符，則

$$\langle n-1|a|n \rangle = C_n \qquad\qquad (7\text{-}123)$$

b. a^+ 為上升算符，則

$$\langle n+1|a^+|n \rangle = \langle a\,(n+1)|n \rangle = \langle n|a|n+1 \rangle^*$$
$$= C_{n+1}^{\ *} \qquad\qquad (7\text{-}124)$$

又可由特徵向量的封閉性關係，即

$$\sum_{n=0}^{\infty} |n'\rangle \langle n'| = 1 \qquad\qquad (7\text{-}125)$$

因此

$$|C_n|^2 = \langle n-1|a|n \rangle^* \ \langle n-1|a|n \rangle$$
$$= \langle n|a^+|n-1 \rangle \ \ \langle n-1|a|n \rangle$$
$$= \sum_{n'} \langle n|a^+|n' \rangle \ \ \langle n'|a|n \rangle$$
$$= \langle n|a^+a|n \rangle = n$$
$$\therefore C_n = \sqrt{n}\,e^{i\alpha_n} \qquad\qquad (7\text{-}126)$$

此處，沒有任何限制於矩陣元素，$\alpha_n = 0$ 是對於所有 n 也是可能性的，或所有的相也相合一致的。因此式（7-123）及（7-124）可寫為

$$a|n\rangle = |n-1\rangle\langle n-1|a|n\rangle = \sqrt{n}|n-1\rangle \qquad (7\text{-}127)$$

$$a^+|n\rangle = |n+1\rangle\langle n+1|a^+|n\rangle = \sqrt{n+1}|n+1\rangle \qquad (7\text{-}128)$$

這樣一來由式（7-120）及 a^+a 態的歸一化可得

$$|n\rangle = (n!)^{-\frac{1}{2}}(a^+)^n|0\rangle \qquad (7\text{-}129)$$

7-9 非時變性薛丁格方程式所對應各種位勢的摘要

表 7-1　為各種位勢函數的物理意義的摘要

Name of System	Physical Example	Potential and Total Energies　　Probability Density	Significant Feature
Zero Potential	Proton in beam from cyclotron		Results used for other systems
Step potential (energy below top)	Conduction electron near surface of metal		Penetration of excluded region
Step potential (energy above top)	Neutron trying to escape nucleus		Partial reflection at potential discontinuity
Barrier potential (energy below top)	x particle trying to escape Coloumb barrier		Tunneling

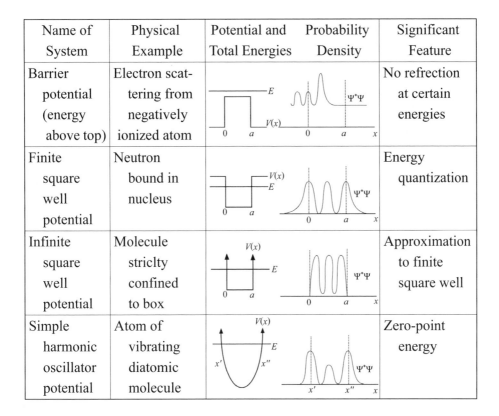

Name of System	Physical Example	Potential and Total Energies	Probability Density	Significant Feature
Barrier potential (energy above top)	Electron scattering from negatively ionized atom			No refrection at certain energies
Finite square well potential	Neutron bound in nucleus			Energy quantization
Infinite square well potential	Molecule striclty confined to box			Approximation to finite square well
Simple harmonic oscillator potential	Atom of vibrating diatomic molecule			Zero-point energy

 習題

1. 在零位能的薛丁格（非時變性）方程式的特徵函數為

$$\psi(x) = \sqrt{\frac{2}{\alpha}} \sin\left(\frac{3\pi}{\alpha}x\right)$$

計算這系統的總能量 E。

2. 若有一灰塵粒子，半徑 $r = 10^{-6}$ m，密度 $\rho = 10^4$ kg/m³，以一很慢的速度 v $= 10^{-2}$ m/s 衝擊步階位勢，高度 V_0 為粒子動能 2 倍，計算此灰塵粒子能穿透多少距離 Δx。

3. 步階位勢高度為 V_0。今粒子以 $E < V_0$ 的能量於左方行進衝擊步階位勢

會有反射回原區域。入射與反射的行進波的合成波形成駐波形態。

4. 粒子於步階位勢中，$E > V_0$ 運動情況中，證明 $R + T = 1$。

5. 於上題中 $E > V_0$ 情形，試以 E/V_0 比例表示，反射係數 R 與透射係數 T 分別為

$$R = \left(\frac{1 - \sqrt{1 - V_0/E}}{1 + \sqrt{1 - V_0/E}} \right)^2 , \quad T = \frac{4\sqrt{1 - V_0/E}}{(1 + \sqrt{1 - V_0/E})^2}$$

試證之。

6. (a)電子的總能量 $E = 2\text{eV}$ 行進到方形位障，其高度為 4eV，寬度為 10^{-10} m。計算穿過位障的係數 T。

  (b)再次計算寬度分別為 9×10^{-9} m 與 10^{-9} m 等的 T。

7. 將式（7-67）的駐波解代入方形有限位阱中間內的區域的非時變性薛丁格方程式中，證明式（7-67）符合方程式。

8. 於一維的方形有限位阱中，阱深為 V_0，寬度為 a。使用這些參數 V_0 與 a 來確定位阱的強度，所謂強度指的是位阱的能階數是可以束縛粒子於阱中。在位阱的強度極限下，寬度變成很小，束縛態的數字是 1 或 0？

9. (a)計算中子在原子核內的零點能量，將中子視為在無限方形位阱內的束縛運動，其寬度等於原子核的直徑 10^{-14} m，

  (b)如同(a)計算電子在原子內受庫侖位勢的束縛運動，其束縛能量的零點能量如何。原子半徑為 10^{-14} m。同時比較兩情況的能量。

10.若 11.0eV 的電子行近高度 3.8eV 的方形位障。

  (a)假使沒有反射回來，位障的寬度多少？

  (b)假使反射係數為最大值，位障的寬度多少？

11.(a)電子在一維無限方形位阱內，位阱寬度 $2a = 2\text{mm}$，若此電子在位阱的能量態 n 的能量為 0.01eV。大略地計算 n 值。

  (b)計算在 0.01eV 附近的能量態密度（density of state），定義為 $\dfrac{dn}{dE}$。

針對 0.01eV 能量，在 10^{-4} eV 區域內有多少能量態數。

12. 一電子質量為 $m = 0.9 \times 10^{-30}$ kg 在一無限方形位阱內，寬度為 $2a = 10^{-9}$ m。

　　(a)計算基態 $n=1$ 與第一激發態 $n=2$ 間的能量差。

　　(b)假設從 $n=2$ 到 $n=1$ 有躍遷，而放射出一光子（波爾規則），試計算光的波長。

13. 若一電子在宏觀的距離為 4cm 的一維無限方形位障內。

　　(a)電子能量為 1.5eV 所對應的量子 n 為多少？

　　(b)在這能量區域中 n 態與 $n+1$ 態間的能量差為多少？

14. 一粒子在寬度為 $2a$ 的無限方形位阱內的混合特徵函數為

$$\psi(x) = c\left(\cos\frac{\pi x}{2a} + \sin\frac{3\pi x}{a} + \frac{1}{4}\cos\frac{3\pi x}{2a}\right)$$

於位阱則 $\psi(x) = 0$。

　　(a)計算係數 c 值。

　　(b)混合態中，每一項的能量值為多少？

　　(c)測得每一項的能量值的機率是多少？

　　(d)計算混合態的能量平均值。

15. 總能量為 $9V_0$ 的粒子從 $-x$ 軸進入到如圖所示的位勢

$$V(x) = \begin{cases} 8V_0 , & x < 0 \\ 0 , & 0 < x < a \\ 5V_0 , & x > a \end{cases}$$

試求粒子穿過 $x > a$ 區域的機率。

16. (a)利用歸一條件計算無限方形位障的 $n=2$ 特徵函數的倍率常數 A（式 7-85 的奇函數）

　　(b)計算 $\langle x \rangle$，$\langle x^2 \rangle$，$\langle p \rangle$ 及 $\langle p^2 \rangle$。

　　(c)計算不準確原理的 $(\Delta x)(\Delta p)$ 值。

17.證明簡諧振盪子的 $n=2$ 態的特徵函數 $\psi_2(x)$ 與特徵能量 E_2 符合於非時變性的薛丁格方程式。

18.簡諧振盪子的基態特徵函數為

$$\psi(x)=A_0 e^{-\frac{1}{2}u^2}=A_0 e^{-\frac{1}{2}\alpha x^2}，\alpha=\frac{\sqrt{cm}}{\hbar}$$

(a)將 $\psi_0(x)$ 歸一化求得 A。

(b)利用 $\psi_0(x)$ 計算平均值 $\langle x \rangle$，$\langle x^2 \rangle$，$\langle p \rangle$ 與 $\langle p^2 \rangle$。

(c)計算不準確原理值，即 $(\Delta x)(\Delta p)$。

第八章　單一電子的原子──氫原子

8-1 緒論

1.重要性

(1) 原子的量子力學研討最簡的例就從單一電子的原子開始，也是最重要的範例。

(2) 氫原子屬於單一電子的原子，而是薛丁格處理量子力學的第一個系統。

(3) 在氫原子方面，特徵值的理論預測與波爾模型的預測相符合，同時，亦與實驗觀察極為一致，這是薛丁格理論第一個證實。

(4) 特徵值的預測實現，因而導致特徵函數的預測獲得結果。

2.薛丁格的特徵函數功用──瞭解原子的性質

(1) 機率密度函數提供了原子結構的詳細圖案，而不違背測不準原理，同時還可以知道波爾模型的精細軌道。

(2) 原子軌道角動量說明波爾模型的預測的不正確。

(3) 原子的電子自旋與相對論效應，也說明波爾模型的不正確預測。

(4) 原子從激發態到基態的躍遷率所量測到一些物理量一點也不是波爾模型可預測到的。

3.電子折合質量的產生

(1) 單一電子原子在自然界是最簡單束縛系統，但是仍然是屬於兩粒子的系統（帶正電的原子核與帶負電的電子）以及三維空間的複雜性。兩粒子在庫侖引力下互相地運動，同時也束縛在一起。在系統的三維空間允許有角動量存在，在量子力學現象方面引起作為重要的結果，但在早期並沒

有引起重視實因於一維系統關係。

(2) 簡化爲單一粒子系統

① 兩粒子系統中會有質心存在，各個粒子繞質心（暫定爲停止移動）旋轉，如圖 8-1 所示。

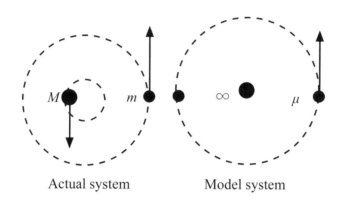

Actual system　　　　　Model system

圖 8-1　左邊是實際的單一電子原子，質量 m 的電子和質是 M 的原子核環繞質心運動。右邊相等於模型的原子。折合質量 μ 的粒子環繞一個靜止不動的無限大質量粒子。

② 事實上，單一電子原子含有兩粒子，並不會引起什麼困難處理，我們可借用折合質量的技術化爲單一粒子系統，如圖 8-1 所示。較大的粒子質量（$M \gg m$）遠大於較小粒子質量（$m \rightarrow \mu$）。這樣一來單一粒子系的原點（相當於質心處）處於不動，其質量很大，而較小的粒子就視爲電子，其質量稱爲兩粒子系統的**折合質量**（reduced mass），此時的電子稱爲**折合質量電子**，於第四章也提過折合質量定義爲

$$\mu = \left(\frac{M}{m+M} \right) m \qquad (8\text{-}1)$$

或稱為**電子折合質量**（electron reduced mass）。

8-2 三維空間的薛丁格方程式──卡氏座標

折合質量電子的非時變性薛丁格方程式為

$$-\frac{\hbar^2}{2\mu}\overline{\nabla}^2\psi(\boldsymbol{r}) + V(\boldsymbol{r})\psi(\boldsymbol{r}) = E\psi(\boldsymbol{r}) \qquad (8\text{-}2)$$

或

$$-\frac{\hbar^2}{2\mu}\left[\frac{\partial^2}{\partial x^2} + \frac{\partial^2}{\partial y^2} + \frac{\partial^2}{\partial z^2}\right]\psi(x,y,z) + V(x,y,z)\,\psi(x,y,z)$$
$$= E\psi(x,y,z) \qquad (8\text{-}3)$$

此處電子的位勢能量是連心位能，就是說位能與距離有關，此距離為電子與原點間的距離，即 $V = V(r) = V(x,y,z)$。先就比較特別簡單例子，即位能由三項位能的和，即

$$V(x,y,z) = V_1(x) + V_1(y) + V_3(z) \qquad (8\text{-}4)$$

上式位能的形態就像一個電子在一個三邊無限大的立體盒內，或者一粒子承受諧和引力，其位能為 $\frac{1}{2}m\omega^2(x^2+y^2+z^2)$。這個粒子的運動方向為各個獨立，互不影響，結果認為 $\psi(x,y,z)$ 可寫為

$$\psi(x,y,z) = X(x)Y(y)Z(z) \qquad (8\text{-}5)$$

將式（8-4）與式（8-5）代入式（8-3），可獲得各個座標軸的特徵能量方程式如下

$$-\frac{\hbar^2}{2\mu}\frac{d^2X(x)}{dx^2} + V_1(x)X(x) = E_1X(x)$$

$$-\frac{\hbar^2}{2\mu}\frac{d^2Y(y)}{dy^2} + V_2(y)Y(y) = E_2Y(x) \qquad (8\text{-}6)$$

$$-\frac{\hbar^2}{2\mu}\frac{d^2Z(z)}{dz^2} + V_3(z)Z(z) = E_2Z(z)$$

而系統的特徵能量 E 為

$$E = E_1 + E_2 + E_3 \qquad (8\text{-}7)$$

8-3 連心位能——氫原子

1.卡氏座標(x, y, z)可適合用來解方程式

特徵函數的方程式是屬於偏微分方程式。一般皆以變數分離法，即 $\psi(x, y, z) = X(x)Y(y)Z(z)$ 來解之。但第二項對氫原子來講，電子的位能是**庫侖位能** $V(x, y, z)$為連心位能，不能作分離的乘積或和，即

$$V(x, y, z) = V_1(x)V_2(y)V_3(z) = V(r)$$

或

$$V(x, y, z) = V_1(x) + V_2(y) + V_3(z)$$

因分離法遭遇困難，而改以圓球座標 (r, θ, φ) 較為可行性，因此

$$
\begin{aligned}
\overline{V}^2 &= \frac{\partial^2}{\partial x^2} + \frac{\partial^2}{\partial y^2} + \frac{\partial^2}{\partial z^2} \\
&= \frac{\partial^2}{\partial r^2} + \frac{2}{r}\frac{\partial}{\partial r} + \frac{1}{r^2}\left(\frac{\partial^2}{\partial \theta^2} + \cot\theta\frac{\partial}{\partial \theta} + \frac{1}{\sin^2\theta}\frac{\partial^2}{\partial \varphi^2}\right)
\end{aligned}
\tag{8-8}
$$

則式（8-2）變成圓球座標方程式

$$
-\frac{\hbar^2}{2\mu}\left[\frac{\partial^2}{\partial r^2} + \frac{2}{r}\frac{\partial}{\partial r} + \frac{1}{r^2}\frac{\partial^2}{\partial \theta^2} + \cot\theta\frac{\partial}{\partial \theta} + \frac{1}{r^2\sin\theta}\frac{\partial^2}{r\phi^2}\right]\psi(r,\theta,\varphi)
$$
$$
+ V(r)\psi(r,\theta,\varphi) = E\psi(r,\theta,\varphi)
\tag{8-9}
$$

2.氫原子的特徵函數方程式

　　單一電子原子的最簡的例子就是氫原子，雖然它有原子核成為兩粒子系統，但我們改以折合電子方式取代。折合電子的庫侖位能為

$$
V(r) = -\frac{1}{4\pi\epsilon_0}\frac{Ze^2}{r}
\tag{8-10}
$$

今以變數分離法處理式（8-9），即令

$$
\psi(r,\theta,\varphi) = R(r)\Theta(\theta)\Phi(\varphi)
\tag{8-11}
$$

分別代表單一變數 r, θ, φ 的函數，這三個函數將變成常微分方程式的形式。將式（8-11）代入式（8-9）得

$$-\frac{\hbar^2}{2\mu}\left[\frac{1}{r^2}\frac{\partial}{\partial r}\left(r^2\frac{\partial R}{\partial r}\right)\Theta\Phi+\frac{1}{r^2\sin\theta}\frac{\partial}{\partial\theta}\left(\sin\theta\frac{\partial\Theta}{\partial\theta}\right)R\Phi\right.$$

$$\left.+\frac{1}{r^2\sin^2\theta}\frac{\partial^2\Phi}{\partial\varphi^2}R\Theta\right]+V(r)\,R\Theta\Phi=E\,R\Theta\Phi$$

或

$$-\frac{\hbar^2}{2\mu}\left[\Theta\Phi\frac{1}{r^2}\frac{d}{dr}\left(r^2\frac{dR}{dr}\right)+\frac{R\Phi}{r^2\sin\theta}\frac{d}{d\theta}\left(\sin\theta\frac{d\Theta}{d\theta}\right)\right.$$

$$\left.+\frac{R\Theta}{r^2\sin^2\theta}\frac{d^2\Phi}{d\varphi^2}\right]+V(r)\,R\Theta\Phi=E\,R\Theta\Phi$$

將上式每一項乘上 $\dfrac{1}{R\Theta\Phi}$，得

$$-\frac{\hbar^2}{2\mu}\left[\frac{1}{R}\frac{1}{r^2}\frac{d}{dr}\left(r^2\frac{dR}{dr}\right)+\frac{1}{r^2\sin\theta}\frac{1}{\Theta}\frac{d}{d\theta}\left(\sin\theta\frac{d\Theta}{d\theta}\right)\right.$$

$$\left.+\frac{1}{r^2\sin^2\theta}\frac{1}{\Phi}\frac{d^2\Phi}{d\varphi^2}\right]=E-V(r)$$

再將上式每一項乘上 $r^2\sin^2\theta$，得

$$\frac{\sin^2\theta}{R}\frac{d}{dr}\left(r^2\frac{dR}{dr}\right)+\sin\theta\frac{1}{\Theta}\frac{d}{d\theta}\left(\sin\theta\frac{d\Theta}{d\theta}\right)$$

$$+\frac{1}{\Phi}\frac{d^2\Phi}{d\varphi^2}=-\frac{2\mu}{\hbar^2}r^2\sin^2\theta\,(E-V(r))$$

(1) 第一個分離常數 m_l（量子數）及其方程式

在上式中可看到分離單一變數 φ 所及的函數 $\Phi(\varphi)$，即第三項中與其他變數 (r,θ) 無關，因此就以一個分離常數 m_l 定之，即

$$\frac{1}{\Phi}\frac{d^2\Phi}{d\varphi^2}=-m_l^2$$

或

$$\frac{d^2\Phi}{d\varphi^2}=-m_l^2\Phi \qquad (8\text{-}12)$$

(2) 第二個分離常數 l 及其方程式

將第一個分離常數 m_l 放入方程式中，得

$$\frac{1}{R}\frac{d}{dr}\left(r^2\frac{dR}{dr}\right)+\frac{1}{\Theta\sin\theta}\frac{d}{d\theta}\left(\sin\theta\frac{d\Theta}{d\theta}\right)-\frac{m_l^2}{\sin^2\theta}$$
$$=-\frac{2\mu}{\hbar^2}r^2\,[E-V(r)]$$

或

$$\frac{1}{R}\frac{d}{dr}\left(r^2\frac{dR}{dr}\right)+\frac{\hbar^2r^2}{2\mu}\,[E-V(r)]=\frac{m_l^2}{\sin^2\theta}-\frac{1}{\Theta\sin\theta}\frac{d}{d\theta}\left(\sin\theta\frac{d\Theta}{d\theta}\right)$$

因此又可分離變數 r,θ 的所涉及函數 $R(r)$ 與 $\Theta(\theta)$，就以另一個分離常數 l 定之，即上式兩邊各方程式等於 $l(l+1)$，則

$$-\frac{1}{\sin\theta}\frac{d}{d\theta}\left(\sin\theta\frac{d\Theta}{d\theta}\right)+\frac{m_l^2}{\sin^2\theta}\Theta=l(l+1)\Theta \qquad (8\text{-}13)$$

與

$$\frac{1}{r^2}\frac{d}{dr}\left(r^2\frac{dR}{dr}\right)+\frac{2\mu}{\hbar^2}[E-V(r)]R=l\,(l+1)\frac{R}{r^2} \qquad (8\text{-}14)$$

以上三個方程式式（8-12）、（8-13）及（8-14）就是由式（8-9）所分離出來三個變數(r, θ, φ)所對應的三個常微分方程式。

(3) 對於 m_l 的確定值，可得 $\Phi\,(\varphi)$ 的確定函數。利用 m_l 值代入 $\Theta(\theta)$ 方程式中，則若再確定 l 值，因此可解出 $\Theta(\theta)$ 的函數。於是 $R(r)$ 方程式中，l 值確定後，若能再確定 E 值，則可得 $R(r)$ 函數，此時 E 值為氫原子的能量，同時亦是量子化的能量。

8-4 方程式的解

1.Φ (φ)函數──方位角方程式（The Azimuthal Engle Equation）

特徵函數方程式中的方位角方程式為式（8-12），即

$$\frac{d^2\Phi}{d\varphi^2}=-m_l^2\Phi$$

此微分方程式的解為

$$\Phi\,(\phi)=e^{im_l\varphi}$$

因特徵函數為單一值，因此

$$\Phi(0)=\Phi(2\pi)$$

則

$$1 = \left[\cos(m_l\phi) + i\sin(m_l\varphi)\right]\Big|_{\phi=2\pi}$$
$$= \cos(2\pi m_l) + i\sin(2\pi m_l)$$

因此

$$m_l = 0, \pm1, \pm2, \pm3, \cdots$$

或

$$|m_l| = 0, 1, 2, 3, \cdots \tag{8-15}$$

換句話說，m_l 的值只有正整數、負整數或 0，對於每一個 m_l 值，就有可接受的函數 $\Phi_{m_l}(\varphi)$，即

$$\Phi_{m_l}(\varphi) = e^{im_l\varphi} \tag{8-16}$$

m_l 就是方位角函數方面的量子數

2.$\Theta(\theta)$函數——方向角方程式（The Angular Equation）

$\Theta(\theta)$函數的微分方程式為式（8-13），即

$$-\frac{1}{\sin\theta}\frac{d}{d\theta}\left(\sin\theta\frac{d\Theta}{d\theta}\right) + \frac{m_l{}^2\Theta}{\sin^2\theta} = l(l+1)\Theta$$

上式解法過程如下：

(1) 先進行變數變換，令 $x = \cos\theta$，因此 Θ 函數的方程式變成

$$\frac{d}{dx}\left[(1-x^2)\frac{d\Theta}{dx}\right] + \left[l(l+1) - \frac{m_l{}^2}{1-x^2}\right]\Theta = 0$$

或

$$(1-x^2)\frac{d^2\Theta}{dx^2} - 2x\frac{d\Theta}{dx} + \left[l(l+1) - \frac{m_l{}^2}{1-x^2}\right]\Theta = 0 \qquad (8\text{-}17)$$

上式稱爲**李建德相伴微分方程式**（Asseciated Legendre Equation），方程式的解爲

$$\Theta_{lm_l}(x) = (1-x^2)^{\frac{1}{2}|m_l|}\frac{d^{|m_l|}}{dx^{|m_l|}}P_l(x) \qquad (8\text{-}18)$$

$\Theta_{lm_l}(x)$ 爲 $(l-m_l)$ 級的多項式函數。$P_l(x)$ 爲**李建德多項式函數**（Legendre Polynomials）。它屬於下列微分方程式的解

$$(1-x^2)\frac{d^2P_l}{dx^2} - 2x\frac{dP_l}{dx} + l(l+1)P_l = 0 \qquad (8\text{-}19)$$

這方程式相當於式（8-17）中取 $m_l = 0$。此式稱爲**李建德微分方程**（Legendre Equation）。

(2) 李建德方程式的解

　　方程式（8-19）中，$x = \pm1$ 爲奇異點，$x = 0$ 爲常點。我們就常點來對方程式作**級數解**（Power series solution）處理，即

$$P_l(x) = \sum_{k=0}^{\infty} a_k x^k \qquad (8\text{-}20)$$

則

$$(1-x^2)\frac{d^2P_l}{dx^2} - 2x\frac{dP_l}{dx} + l(l+1)P_l$$

$$= [l(l+1)a_0 - 2a_2] + [(l-1)(l+2)a_1 + 6a_3]x$$

$$+ \sum_{k=2}[(k+2)(k+1)a_{k+2} + (l-k)(l+k+1)a_k]x^k = 0$$

上式恆等式的成立條件為

$$l(l+1)a_0 + 2a_2 = 0$$

$$(l-1)(l+2)a_1 + 6a_3 = 0$$

$$(k+2)(k+1)a_{k+2} + (l-k)(l+k+1)a_k = 0 , \ k = 2, 3, \cdots$$

或

$$a_2 = -\frac{l(l+1)}{2!}a_0$$

$$a_3 = -\frac{(l-1)(l+2)}{3!}a_1$$

$$a_{k+3} = -\frac{(l-k)(l+k+1)}{(k+2)(k+1)}a_k$$

$$= \frac{k(k+1) - l(l+1)}{(k+2)(k+1)}a_k , \ k = 2, 3, 4, \cdots \qquad (8\text{-}21)$$

式（8-21）為級數中係數 a_k 間的循環關係式。因為方程式為二階微分方程

式，應有兩個常數，因此以 a_0 與 a_1 來表示方程式函數解中的兩個常數。

今取

$$k = 2 \text{，} a_4 = \frac{a_0}{4!} (l-2)l(l+1)(l+3)$$

$$k = 3 \text{，} a_5 = \frac{a_1}{5!} (l-3)(l-1)(l+2)(l+4)$$

$$k = 4 \text{，} a_6 = -\frac{a_0}{6!} (l-4)(l-2)l(l+1)(l+3)(l+5)$$

$$k = 5 \text{，} a_7 = -\frac{a_1}{7!} (l-5)(l-3)(l-1)(l+2)(l+4)(l+6)$$

等等。因此級數解為

$$
\begin{aligned}
P_l(x) = a_0 &\left[1 - \frac{l(l+1)}{2!} x^2 + \frac{(l-2)l(l+1)(l+3)}{4!} x^4 \right. \\
&\left. - \frac{(l-4)(l-2)l(l+1)(l+3)(l+5)}{6!} x^6 + \cdots \right] \\
+ a_1 &\left[x_1 - \frac{(l-1)(l+2)}{3!} x^3 + \frac{(l-3)(l-1)(l+2)(l+4)}{5!} x^5 \right. \\
&\left. - \frac{(l-5)(l-3)(l-1)(l+2)(l+4)(l+6)}{7!} x^7 + \cdots \right]
\end{aligned}
\tag{8-22}
$$

由此可瞭解 $P_l(x)$ 可分兩個互為獨立的級數解。一個為**偶函數**的級數多項式，另一個為**奇函數**的級數多項式。

於此注意，這兩個獨立級數多項式不能同時存在，因為 $P_l(x)$ 為有限函數，所幸 l = 偶數時，係數 a_0 的級數多項式為有限項，係數 a_1 的級數為無限項多項式；反之，l = 奇數時，係數 a_0 的級數為無限項多項式，係數 a_1 的級數為有限項的多項式。無限項多項式級數不符合物理意義，應該排

除。例如

$$l=4 \text{，} P_4(x) = a_0 \left(1 - 10x^2 + \frac{35}{3}x^4 \right) + a_1 \text{（無限項級數）}$$

$$l=5 \text{，} P_5(x) = a_0 \text{（無限項級數）} + a_1 \left(x - \frac{14}{3}x^3 + \frac{21}{5}x^5 \right)$$

或

$$P_4(x) = 3 - 30x^2 + 35x^4 \qquad (a_0 = 3)$$

$$P_5(x) = 15x - 70x^3 + 63x^5 \quad (a_1 = 15)$$

由式（8-22），例子 $P_4(x), P_5(x)$ 以及所敘述 $P_l(x)$ 級數的要求，$P_l(x)$ 的級數解為

$$
\begin{aligned}
P_l(x) &= \sum_{k=0}^{\infty} a_k x^k \\
&= \sum_{m=0}^{\infty} \frac{(-1)^m (2l-2m)!}{2^l m! (l-m)! (l-2m)!} x^{l-2m}
\end{aligned}
\tag{8-23}
$$

$$l = \text{偶數時，} N = \frac{l}{2}$$

$$l = \text{奇數時，} N = \frac{l-1}{2}$$

另外，$P_l(x)$ 有另一種形式表示法，即

$$P_l(x) = \frac{1}{2^l l!} \frac{d^l}{dx^l} (x^2 - 1)^l \tag{8-24}$$

此式稱為**羅德里格**公式（Radeigues Formula）

(3) 李建德相伴方程式可接受解的條件

方程式（8-17）可接受解的條件時，可導出 m_l 與 l 量子數間的關係。
方程式的解爲

$$\Theta_{lm_l}(x) = (1 - x^2)^{\frac{1}{2}|m_l|} \frac{d^{|m_l|}}{dx^{|m_l|}} P_l(x)$$

$$P_l(x) = \sum_{k=0}^{\infty} a_k x^k \text{，或} \frac{1}{2^l l!} \frac{d^l}{dx^l} (x^2 - 1)^l$$

① 因爲特徵函數 Θ_{lm_l} 爲有限函數，因此 $P_l(x)$ 中只有有限項的級數方
可存在，則 l 必符合於下列任意中的數值，

$$l = 0, 1, 2, 3, \cdots \tag{8-25}$$

② m_l 對應 l 值的條件

$l = 0$，$P_0(x) = 1$

$$\Theta_{0m_l}(x) = (1 - x^2)^{\frac{1}{2}|m_l|} \frac{d^{|m_l|}}{dx^{|m_l|}} (1) \rightarrow 存在的條件爲$$

$m_l = 0$

則　$\Theta_{00}(x) = 1$

$l = 1$，$P_1(x) = x$

$$\Theta_{1m_l}(x) = (1 - x^2)^{\frac{1}{2}|m_l|} \frac{d^{|m_l|}}{dx^{|m_l|}} (1) \rightarrow 存在的條件爲$$

$|m_l| = 0, 1$

則

$$\Theta_{10}(x) = x$$

$$\Theta_{1\pm 1}(x) = (1 - x^2)^{\frac{1}{2}}$$

$l = 2$，$P_2(x) = 1 - 3x^2$

$$\Theta_{2m_l}(x) = (1 - x^2)^{\frac{1}{2}|m_l|} \frac{d^{|m_l|}}{dx^{|m_l|}} (1 - 3x^2) \rightarrow 存在的條件爲$$

$|m_l| = 0, 1, 2$

則

$$\Theta_{20}(x) = 1 - 3x^2$$

$$\Theta_{2\pm1}(x) = (1 - x^2)^{\frac{1}{2}} x$$

$$\Theta_{2\pm2}(x) = 1 - x^2$$

$l = 3$，$P_3(x) = 3x - 5x^3$

$$\Theta_{3m_l}(x) = (1 - x^2)^{\frac{1}{2}|m_l|} \frac{d^{|m_l|}}{dx^{|m_l|}} (3x - 5x^3) \rightarrow 存在的條件爲$$

$|m_l| = 0, 1, 2, 3$

則

$$\Theta_{30}(x) = 3x - 5x^3$$

$$\Theta_{3\pm1}(x) = (1 - x^2)^{\frac{1}{2}} (1 - 5x^2)$$

$$\Theta_{3\pm2}(x) = (1 - x^2)x$$

$$\Theta_{3\pm3}(x) = (1 - x^2)^{3/2}$$

等等。由以上可知 m_l 對於 l 值應爲如下：

$$m_l = (-l), (-l+1), \cdots -1, 0, 1, \cdots (l-1), l \qquad (8\text{-}26)$$

或

$$l = |m_l|, |m_l| + 1, |m_l| + 2, |m_l| + 3, \cdots \qquad (8\text{-}27)$$

$\Theta_{lm_l}(x=\cos\theta)$為$\cos\theta$的多項式，$l$稱為**量子數**（方向角的量子數）

3. $R(r)$函數——徑向方程式（The Radial Equation）

在單一電子原子中，折合電子的位態函數為

$$V(r)=-\frac{1}{4\pi\varepsilon_0}\frac{Ze^2}{r} \qquad (8\text{-}28)$$

因此徑向的薛丁格方程式（8-14）是

$$\frac{1}{r^2}\frac{d}{dr}\left(r^2\frac{dR}{dr}\right)+\frac{2\mu}{\hbar^2}\left[E+\frac{1}{4\pi\varepsilon_0}\frac{Ze^2}{r}\right]R=l(l+1)\frac{R}{r^2} \qquad (8\text{-}29)$$

解此方程式中我們集中於電子的束縛態，即方程式解$E<0$

(1) 變數轉換

為了方便式（8-29）的一般微分方程式的標準化，作個變數轉換，令

$$\rho=2\beta\gamma \qquad (8\text{-}30\text{-}1)$$

$$\beta^2=\frac{2\mu E}{\hbar} \qquad (8\text{-}30\text{-}2)$$

$$\gamma=\frac{\mu Ze^2}{4x\epsilon_0\hbar^2\beta} \qquad (8\text{-}30\text{-}3)$$

因此式（8-29）變成為

$$\frac{d^2R}{d\rho^2}+\frac{2}{\rho}\frac{dR}{d\rho}-\frac{l(l+1)}{\rho^2}R+\left(\frac{\gamma}{\rho}-\frac{1}{4}\right)R=0 \qquad (8\text{-}31)$$

(2) 方程式的解

徑向方程式（8-31）的解法可比照第七章振盪子函數處理，即不能直接以級數法解之，因為會導致兩個以上的常數所含級數，但可以間接方法處理，

① 第一步先考慮 ρ 值很大時，$R(\rho)$ 的形式：

ρ 值趨近於無限大時，方程式（8-31）的第二項，第三項以及第四項中的括符內的第一項等可忽略之，則方程式變為

$$\frac{d^2R}{d\rho^2} - \frac{1}{4}R = 0 \qquad\qquad （8\text{-}32）$$

此時方程式的解為

$$R(l) = C_1 e^{-\frac{1}{2}\rho} + C_2 e^{\frac{1}{2}\rho}$$

但 $\rho \to \infty$ 時，$R(\rho)$ 為有限值，因此 $C_2 = 0$，因此

$$R(\rho) \approx e^{-\frac{1}{2}\rho} \qquad\qquad （8\text{-}33）$$

② 第二步就一般 ρ 值尋找方程式的解，因此介紹一個新函數 $F(\rho)$，使得方程式解可設為

$$R(\rho) = e^{-\frac{1}{2}\rho} F(\rho) \qquad\qquad （8\text{-}34）$$

代入式（8-31），$F(\rho)$ 函數的微分方程式為

$$\frac{d^2F}{d\rho^2}+\left(\frac{2}{\rho}-1\right)\frac{dF}{d\rho}+\left[\frac{\gamma-1}{\rho}-\frac{l(l+1)}{\rho^2}\right]F=0 \qquad (8\text{-}35)$$

③ 第三步解 $F(\rho)$的微分方程式——級數解

因 $\rho=0$ 爲方程式的正規奇異點（regular singular point），因此依**福羅賓雅士**方法（Frobenius method），可令

$$F(\rho)=\rho^s\sum_{k=0}^{\infty}a_k\rho^k，a_0\neq 0，s\geq 0 \qquad (8\text{-}36)$$

代入式（8-35）得

$$\sum_{k=0}a_k\rho^{s+k-2}[(s+k)(s+k-1)-l(l+1)]$$
$$-\sum_{k=0}a_k\rho^{s+k-1}[(s+k+1)-\gamma]=0$$

將上式級數和展開使得有**同相位**的級數之和，則

$$\rho^{s-2}a_0[s(s+1)-l(l+1)]+\rho^{s-2}\sum_{k=1}a_k\rho^k[(s+k)(s+k+1)-l(l+1)]$$
$$-\rho^{s-1}\sum_{k=0}a_k\rho^k[(s+k+1)-\gamma]=0$$

或

$$\rho^{s-2}a_0[s(s+1)-l(l+1)]+\rho^{s-1}\sum_{k=1}a_k\rho^{k-1}[(s+k)(s+k+1)-l(l+1)]$$
$$-\rho^{s-1}\sum_{k=0}a_k\rho^k[(s+k+1)-\gamma]=0$$

上式中第二項級數中令 $k-1=j$，第三項級數中令 $k=j$，因此前式的級數和變成另一形式，

$$\rho^{s-2} a_0 [s(s+1) - l(l+1)] + \rho^{s-1} \sum_{j=0} a_{j+1} \rho^j [(s+j+1)(s+j+2) - l(l+1)]$$

$$- \rho^{s-1} \sum_{j=0} a_j \rho^j [(s+j+1) - \gamma] = 0 \qquad (8\text{-}37)$$

或恆等式成立，則

$$a_0 \neq 0 \text{，} s(s+1) - l(l+1) = 0 \qquad (8\text{-}38)$$

及係數循環式為

$$a_{j+1} = \frac{(s+j+1) - \gamma}{(s+j+1)(s+j+2) - l(l+1)} a_j \text{，} j=0, 1, 2, 3\cdots \qquad (8\text{-}39)$$

(3) 式（8-34）中的 $F(\rho)$ 函數

① 由式（8-38），可得 $s=l$ 及 $s = -(l+1)$，但在式（8-36）中已定下 $s \geq 0$，因此 s 的負值不適合物理條件。

② $s=l$ 時，係數循環式為

$$a_{j+1} = \frac{(j+l+1) - \gamma}{(j+l+1)(j+l+2) - l(l+1)} a_j \text{，} j=0, 1, 2, \cdots$$

③ $F(\rho)$ 為有限項函數，則必有係數的終結項，因此令

$$\gamma = n \qquad\qquad (8\text{-}40)$$

式中 n 值可為下列數字，即

$$n = l+1,\ l+2,\ l+3,\ \cdots \qquad\qquad (8\text{-}41)$$

而由前面式（8-25）知道 l 值為

$$l = 0,\ 1,\ 2,\ 3\cdots \qquad\qquad (8\text{-}25)$$

④ $F(\rho)$ 函數可由 n 與 l 值來確定，即 $F_{nl}(\rho)$，或由式（8-36）

$$F_{nl}(\rho) = \rho^l \sum_{k=0} a_k \rho^k \qquad\qquad (8\text{-}42)$$

$$a_{k+1} = \frac{(k+l+1)-n}{(k+l+1)(k+l+2)-l(l+1)} a_k,\ k = 0,\ 1,\ 2,\ 3\cdots$$

⑤ 列舉一些 $F_{nl}(\rho)$ 函數如下：

$$n = 1,\ \to l = 0 \quad (a_0 = 1)$$

$$F_{10}(\rho) = 1$$

$$n = 2,\ \to l = 1,\ 0 \quad (a_0 = 1)$$

$$F_{21}(\rho) = \rho$$

$$F_{20}(\rho) = 2 - \rho$$

$$n = 3,\ \to l = 2,\ 1,\ 0 \quad (a_0 = 1)$$

$$F_{32}(\rho) = \rho^2$$

$$F_{31}(\rho) = 4\rho - \rho^2$$

$$F_{30}(\rho) = 6 - 6\rho + \rho^2$$

等等

⑥ 最後徑向函數 $R(\rho)$ 為

$$R_{nl}(\rho) = e^{-\frac{1}{2}\rho} F_{nl}(\rho) \tag{8-43}$$

$$n = l+1,\, l+2,\, l+3,\, \cdots$$

$$l = 0,\, 1,\, 2,\, 3,\, \cdots$$

$$F_{nl}(\rho) = \rho^l \sum_{k=0}^{\infty} a_k \rho^k$$

$$a_{k+1} = \frac{(k+l+1) - n}{(k+l+1)(k+l+2) - l(l+1)} a_k, \quad k = 0,\, 1,\, 2,\, 3\cdots$$

8-5 單一電子原子的特徵能量與特徵函數

1.特徵能量 E_n

由前面式（8-30-2），（8-30-3）所設 γ, β 等常數得知

$$E = -\frac{\hbar^2}{2\mu}\beta^2 = -\frac{\hbar^2}{2\mu}\left[\frac{\mu Z e^2}{4\pi\varepsilon_0 \hbar^2 \gamma}\right]^2$$

而式（8-40）中 $\gamma = n$，因此上式 E 可寫為

$$E_n = -\left(\frac{1}{4\pi\epsilon_0}\right)^2 \frac{\mu Z^2 e^4}{2\hbar^2}\frac{1}{n^2}\, ,\ n = 1,\, 2,\, 3,\, \cdots \tag{8-44}$$

成為量子化的能量。

　　式（8-44）E_n 為單一電子原子的薛丁格理論的重要結果，且是原子中的束縛態可允許的能量值。波爾模型與薛丁格理論對單一電子原子（指氫原子）的能量值的預測與實驗值相當一致，即

$$E_n = -\frac{\mu Z^2 e^4}{(4\pi\epsilon_0)2\hbar^2 n^2} = -\frac{13.6}{n^2}\,\text{eV}$$

圖 8-2 所示為單一電子原子的庫侖位態 $V(r)$ 與其特徵能量值。

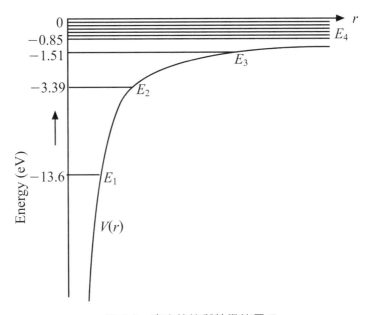

圖 8-2　庫侖位能與特徵能量 E_n

2.量子數關係

　　(1) 方位角 φ 的函數 $\Phi_{m_l}(\varphi)$ 所引導出的量子數 m_l 為

$$|m_l| = 0, 1, 2, 3, \cdots \tag{8-45-1}$$

(2) 方向角 θ 的函數 $\Theta_{lm_l}(\theta)$ 所引導出的量子數 l 為

$$l = |m_l|, |m_l| + 1, |m_l| + 2, \cdots \qquad (8\text{-}45\text{-}2)$$

(3) 徑向 r 的函數 $R_{nl}(r)$ 所引導出的量子數 n 為

$$n = l + 1, l + 2, l + 3, \cdots \qquad (8\text{-}45\text{-}3)$$

這些條件關係可以更簡便表示如下：

$$\begin{aligned} &n = 1, 2, 3, \cdots \\ &l = 0, 1, 2, 3, \cdots, n - 1 \\ &m_l = -l, -l + 1, \cdots, -1, 0, 1, \cdots, l - 1, l \end{aligned} \qquad (8\text{-}46)$$

由式（8-45-1、2、3），l 的最小值為 $|m_l|$，而 $|m_l|$ 的最小值為 0。所以 l 的最小值為 0，而 n 的最小值等於 $l+1$，因 n 的最小值 $n = l + 1 = 0 + 1 = 1$。又因 n 的增加值是以整數增加，而沒有極限，即 $n = 1, 2, 3\cdots$。針對已知 n 值，l 的最大值為 $n = l + 1$，即 $l = n - 1$，結果 l 的可能量是 0, 1, 2, 3, $\cdots$, $n - 1$。最後地，對一個已知 l 值，最大的 $|m_l|$ 可假設為 $|m_l| = l$，如此 m_l 的最大值是 $+l$，最小值為 $-l$，即 m_l 的值為 $m_l = -l, -l + 1, \cdots, -1, 0, 1, \cdots, l - 1$, l 等。

n, l, m_l 三個量子數關係如表 8-1 所示。

表 8-1　$n=1, 2, 3$ 所對應的 l 與 m_l 的可能值

n	1	2		3		
l	0	0	1	0	1	2
m_l	0	0	$-1, 0, +1$	0	$-1, 0, +1$	$-2, -1, 0, +1, +2$
每一個 l 值的特徵函數數	1	1	3	1	3	5
每一個 n 值的特徵函數數	1	4		9		

3.特徵函數的簡併（Degeneracy）

特徵能量的量子數 n，而 $n=1, 2, 3, \cdots$，每一個 n 值只對應一個能量，即 E_1，E_2，$\cdots$，E_n。但是對應 n 值有一些不同的能量態函數，即特徵函數 ψ_{nlm_l}，所以 n 值就有 n^2 數的簡併函數。所謂簡併的意義就是說同一個能量值有一些不同函數存在。

例如，每一個 n 值，就有 n 個 l 值數。又每一個 l 值就有 $(2l+1)$ 個 m_l 值數。因此每一個 n 值就有 n^2 個簡併特徵函數。參閱表 8-1。

4.特徵函數

單一電子原子的特徵函數可由式（8-11），式（8-16），式（8-18）及式（8-43）綜合之，即

$$\psi_{nlm_l}(r, \theta, \phi) = R_{nl}(r)\,\Theta_{lm_l}(\theta)\Phi_{m_l}(\varphi) \tag{8-47}$$

於表 8-2 中列舉一些特徵函數 $\psi_{nlm_l}(r, \theta, \varphi)$：
此處

$$a_0 = \frac{4\pi\epsilon_0\hbar^2}{\mu e^2} = 0.529 \times 10^{-10}\,\text{m} = 0.529\text{Å}$$

為波爾氫原子的最小軌道半徑。

表 8-2　單一電子原子的一些特徵函數

Quantum Numbers			
n	l	m_l	Eigenfunctions
1	0	0	$\psi_{100} = \dfrac{1}{\sqrt{\pi}}\left(\dfrac{Z}{a_0}\right)^{3/2} e^{-Zr/a_0}$
2	0	0	$\psi_{200} = \dfrac{1}{4\sqrt{2\pi}}\left(\dfrac{Z}{a_0}\right)^{3/2}\left(2 - \dfrac{Zr}{a_0}\right) e^{-Zr/2a_0}$
2	1	0	$\psi_{210} = \dfrac{1}{4\sqrt{2\pi}}\left(\dfrac{Z}{a_0}\right)^{3/2}\dfrac{Zr}{a_0} e^{-Zr/2a_0}\cos\theta$
2	1	±1	$\psi_{21\pm1} = \dfrac{1}{8\sqrt{\pi}}\left(\dfrac{Z}{a_0}\right)^{3/2}\dfrac{Zr}{a_0} e^{-Zr/2a_0}\sin\theta\, e^{\pm i\varphi}$
3	0	0	$\psi_{300} = \dfrac{1}{81\sqrt{3\pi}}\left(\dfrac{Z}{a_0}\right)^{3/2}\left(27 - 18\dfrac{Zr}{a_0} + 2\dfrac{Z^2r^2}{a_0^2}\right)e^{-Zr/3a_0}$
3	1	0	$\psi_{310} = \dfrac{\sqrt{2}}{81\sqrt{\pi}}\left(\dfrac{Z}{a_0}\right)^{3/2}\left(6 - \dfrac{Zr}{a_0}\right)\dfrac{Zr}{a_0} e^{-Zr/3a_0}\cos\theta$
3	1	±1	$\psi_{31\pm1} = \dfrac{1}{81\sqrt{\pi}}\left(\dfrac{Z}{a_0}\right)^{3/2}\left(6 - \dfrac{Zr}{a_0}\right)\dfrac{Zr}{a_0} e^{-Zr/3a_0}\sin\theta\, e^{\pm i\varphi}$
3	2	0	$\psi_{320} = \dfrac{1}{81\sqrt{6\pi}}\left(\dfrac{Z}{a_0}\right)^{3/2}\dfrac{Z^2r^2}{a_0^2} e^{-Zr/3a_0}(3\cos^2\theta - 1)$
3	2	±1	$\psi_{32\pm1} = \dfrac{1}{81\sqrt{\pi}}\left(\dfrac{Z}{a_0}\right)^{3/2}\dfrac{Z^2r^2}{a_0^2} e^{-Zr/3a_0}\sin\theta\cos\theta\, e^{\pm i\varphi}$
3	2	±2	$\psi_{32\pm2} = \dfrac{1}{162\sqrt{\pi}}\left(\dfrac{Z}{a_0}\right)^{3/2}\dfrac{Z^2r^2}{a_0^2} e^{-Zr/3a_0}\sin^2\theta\, e^{\pm 2i\varphi}$

例題 1　試證特徵函數 ψ_{211} 與其伴隨的特徵能量 E_2 可符合於非時變性薛丁格方程式，取 $z=1$ 的單一電子原子。

解：　特徵函數 ψ_{211} 為

$$\psi_{211} = \frac{1}{8\sqrt{\pi}} \left(\frac{1}{a_0}\right)^{3/2} \frac{r}{a_0} e^{-\frac{r}{2a_0}} \sin\theta\, e^{i\varphi}$$

又單一電子原子的電位為

$$V(r) = -\frac{1}{4\pi\epsilon_0} \frac{e^2}{r}$$

代入式（8-9）得

$$-\frac{\hbar^2}{2\mu}\left[2\left(\frac{1}{r^2} - \frac{1}{ra_0} + \frac{1}{8a_0^2}\right) - \frac{2}{r^2}\right]\psi_{211} - \frac{1}{4\pi\epsilon_0}\frac{e^2}{r}\psi_{211} = E_2\psi_{211}$$

因此

$$E_2 = \frac{\hbar^2}{\mu}\frac{\mu e^2}{4\pi\epsilon_0\hbar^2}\left(\frac{1}{r} - \frac{\mu e^2}{8(4\pi\epsilon_0)\hbar^2}\right) - \frac{1}{4\pi\epsilon_0}\frac{e^2}{r}$$

$$= -\frac{\mu e^4}{8(4\pi\epsilon_0)^2\hbar^2} = -\frac{\mu e^4}{(4\pi\epsilon_0)^2 2\hbar^2}\frac{1}{2^2}$$

符合於式（8-44）

8-6 機率密度

1.機率密度函數

將以單一電子原子的特徵函數或波函數表示之，即

$$\Psi^*\Psi = \left(\psi_{nlm_l}e^{-iE_nt/\hbar}\right)^* \left(\psi_{nlm_l}e^{-iE_nt/\hbar}\right)$$

$$= \psi_{nlm_l}^*\psi_{nlm_l} = \left(R_{nl}\,\Theta_{lm_l}\Phi_{m_l}\right)^*\left(R_{nl}\,\Theta_{lm_l}\Phi_{m_l}\right)$$

$$= \left(R_{nl}^*R_{nl}\right)\left(\Theta_{lm_l}^*\Theta_{lm_l}\right)\left(\Phi_{m_l}^*\Phi_{m_l}\right)$$

$$= \left(R_{nl}^*R_{nl}\right)\left(\Theta_{lm_l}^*\Theta_{lm_l}\right)$$

當這些皆是為三個座標的函數，我們不能直接以二維來圖表之，但是可以研討它三維的行為，分別考慮他們每一個座標相關的機率——(a)徑向相關的機率密度與(b)方向角相關的機率密度。本章節只就徑向相關發現電子的位置的機率來討論。

2.徑向機率密度 $P(r)$

(1) 定義

$P(r)\,dr$ 定義爲發現電子在徑向方面在 dr 厚度原子殼內任何位置的機率。

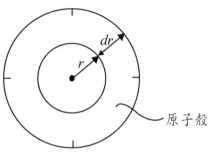

圖 8-3　厚度 dr 的原子殼

電子在空間被發現的機率爲

$$P = \int \Psi^* \Psi d\tau = \int \Psi^* \Psi (4\pi r^2 dr)$$
$$= \int R_{nl}^* (r) R_{nl} (r)\, 4\pi r^2 dr$$
$$= \int P_{nl}(r)\, dr$$

因此

$$P_{nl}(r)\, dr = R_{nl}^* (r) R_{nl} (r)\, 4\pi r^2 dr$$

或

$$P_{nl}(r) = R_{nl}^* (r) R_{nl} (r)\, 4\pi r^2 \qquad (8\text{-}48)$$

(2) $P_{nl}(r)$ 的圖示——如圖 8-4

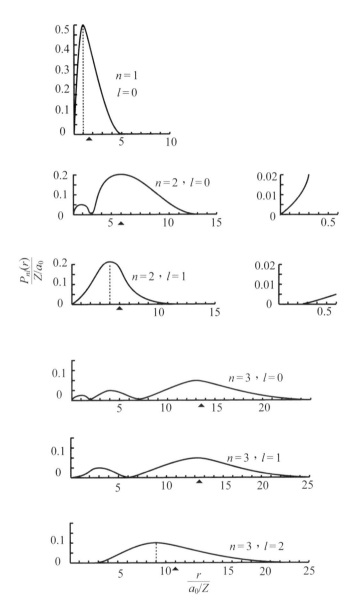

圖 8-4　單一電子原子的電子徑向密度函數，$n = 1, 2, 3$ 及其 l 值。黑色三角形所處
　　　　為 $\langle r \rangle_{nl}$ 值。

(3) **物理意義**

電子相當可能性被發現在 dr 厚度的原子殼內。

(4) **電子徑向座標 r 的平均值可描述原子殼的半徑**

電子徑向座標 r 的平均值為

$$\langle r \rangle_{nl} = \int_0^\infty r P_{nl}(r)\, dr \qquad (8\text{-}49)$$

積分後得

$$\langle r \rangle_{nl} = \frac{n^2 a_0}{Z} \left\{ 1 + \frac{1}{2} \left[1 - \frac{l(l+1)}{n^2} \right] \right\} \qquad (8\text{-}50)$$

① 圖 8-4 中的小黑三角形所示位置為 $\langle r \rangle_{nl}$ 值。

② $\langle r \rangle_{nl}$ 與波爾原子半徑的比較：

$$波爾原子半徑為\ r_{Bohr} = \frac{n^2 a_0}{Z}$$

因此量子力學方面證明原子殼的半徑 $\langle r \rangle_{nl}$ 近似於波爾軌道的尺寸大小半徑。

③ $\langle r \rangle_{nl} \sim n^2$，以致於 n 增加時，E_n 會變成更靠近正值，因此 r 座標區域來講，E_n 會大於 $V(r)$，這可由圖 8-2 觀察到。這也就是說，原子殼隨 n 的增加而膨脹，因為經典力學也允許區域的膨脹。

例題2 (a)計算氫原子 $n=2$，$l=1$ 的特徵態的徑向機率密度的最大值。

(b)同時計算這能量態的徑向座標的平均值。

(c)同時解釋(a)與(b)的不同物理意義之處。

解： (a) $n=2$，$l=1$ 的機率密度為

$$P_{21}(r) = R_{21}^*(r) R_{21}(r) 4\pi r^2$$

$$= \left[\frac{1}{4\sqrt{2\pi}} \left(\frac{1}{a_0} \right)^{3/2} \frac{1}{a_0} \right]^2 r^2 e^{-\frac{r}{a_0}} (4\pi r^2)$$

$\dfrac{dP_{21}(r)}{dr}=0$ 為最大值的條件，因此

$$4 - \frac{r}{a_0} = 0 \text{，} r = 4a_0$$

(b) $\langle r \rangle_{nl} = \int \psi_{nlm_l}^* r \psi_{nlm_l} d\tau$

$$= \int r R_{nl}^* R_{nl} \Theta_{nl}^* \Theta_{nl} (2\pi r^2 \sin\theta \, d\theta \, dr)$$

$$\therefore \langle r \rangle_{2l} = 2\pi \int_0^\infty r^3 \left[\frac{1}{4\sqrt{2\pi}} \left(\frac{1}{a_0} \right)^{3/2} \frac{1}{a_0} \right]^2 r^2 e^{-\frac{r}{a_0}} dr \int_0^\pi \cos^2\theta \sin\theta \, d\theta$$

$$= 5a_0$$

(c) 由圖 8-4 中，平均值 $\langle r \rangle_{2l}$ 是大於最大值 $r_{\max}$ 是對的。

8-7 軌道角動量

1.量子物理的特性

(1) 電子在原子中環繞原子中心的運轉，其軌道上的角動量 L 與其 z 軸分量 L_z，我們在此將進行證明他們的量子數 l 及 m_l 與 L 及 L_z 間的關係如下

$$L_z = m_l \hbar \qquad (8\text{-}51)$$

$$L = \sqrt{l(l+1)}\hbar \tag{8-52}$$

在所有原子或原子核中，角動量是非常重要的物理量。在連心力場中，$V = V(r)$，由於原子所承受的力矩 $\boldsymbol{\tau} = 0$，因此

$$\boldsymbol{\tau} = \frac{d\boldsymbol{L}}{dt} = 0$$

則電子的角動量與分量是守恆的，即常數值。這是屬於經典力學的結果。

(2) 在量子力學方面，L_z 及 L 於（8-51）與（8-52）中所說明他們是量子化的，而導致總能量的量子化為

$$E_n = \frac{-\mu^2 Z^2 e^4}{(4\pi\epsilon_0)^2 2\hbar^2} \frac{1}{n^2} \qquad n = 1, 2, 3, \cdots$$

2.角動量的定義

(1) 經典力學

$$\boldsymbol{L} = \boldsymbol{r} \times \boldsymbol{p} \tag{8-53-1}$$

其分量為

$$\begin{aligned}
L_x &= yp_z - zp_y \\
L_y &= zp_x - xp_z \\
L_z &= xp_y - yp_x
\end{aligned} \tag{8-53-2}$$

(2) 角動量的算符——量子力學

① 直角座標

$$L_{xop} = -i\hbar \left(y \frac{\partial}{\partial z} - z \frac{\partial}{\partial y} \right)$$

$$L_{yop} = -i\hbar \left(z \frac{\partial}{\partial x} - x \frac{\partial}{\partial z} \right) \qquad (8\text{-}54)$$

$$L_{zop} = -i\hbar \left(x \frac{\partial}{\partial y} - y \frac{\partial}{\partial x} \right)$$

在一般量子力學方面很少使用直角座標的算符，因爲被演算的函數——氫原子的態函數 $\psi_{nlm_l}(r, \theta, \varphi)$ 是以圓球座標表示。利用座標轉換到圓球座標，其結果如下

$$L_{xop} = i\hbar \left(\sin \varphi \frac{\partial}{\partial \theta} + \cot \theta \cos \varphi \frac{\partial}{\partial \varphi} \right)$$

$$L_{yop} = i\hbar \left(-\cos \varphi \frac{\partial}{\partial \theta} + \cot \theta \sin \varphi \frac{\partial}{\partial \varphi} \right) \qquad (8\text{-}55)$$

$$L_{zop} = -i\hbar \frac{\partial}{\partial \varphi}$$

② 角動量 L

$L^2 = L_x{}^2 + L_y{}^2 + L_z{}^2$ 的算符爲

$$L_{op}^2 = -\hbar^2 \left[\frac{1}{\sin \theta} \frac{\partial}{\partial \theta} \left(\sin \theta \frac{\partial}{\partial \theta} \right) + \frac{1}{\sin^2 \theta} \frac{\partial^2}{\partial \varphi^2} \right] \qquad (8\text{-}56)$$

(3) 角動量的平均值

在導出角動量的量子化方程式中——式（8-51）與式（8-52），先利

用他們的算符性質計算 L 與 L_z 的平均值，會涉及到氫原子的量子數 n、l、m_l。氫原子的波函數為

$$\Psi_{nlm_l}(r,\theta,\varphi,t) = \psi_{nlm_l}(r,\theta,\varphi)\,e^{-iE_n t/\hbar}$$

① L_z 的平均值為

$$\begin{aligned}\langle L_z \rangle &= \int \Psi_{nlm_l}^* L_{zop} \Psi_{nlm_l}\, d\tau \\ &= \int \psi_{nlm_l}^*(r,\theta,\varphi)\, L_{zop}\, \psi_{nlm_l}(r,\theta,\varphi)\, d\tau \end{aligned} \qquad (8\text{-}57)$$

② L^2 的平均值

$$\begin{aligned}\langle L^2 \rangle &= \int \Psi_{nlm_l}^* L_{op}^2 \Psi_{nlm_l}\, d\tau \\ &= \int \psi_{nlm_l}^*(r,\theta,\varphi)\, L_{op}^2\, \psi_{nlm_l}(r,\theta,\varphi)\, d\tau \end{aligned} \qquad (8\text{-}58)$$

在①與②中，我們先要計算 $L_{zop}\,\psi_{nlm_l}$ 和 $L_{op}^2\,\psi_{nlm_l}$ 這兩項。

在氫原子中的特徵函數為 $\psi_{nlm_l} = R_{nl}(r)\Theta_{lml}(\theta)\Phi_{ml}(\varphi)$，因此

① $\begin{aligned}L_{zop}\,\psi_{nlm_l} &= -i\hbar\frac{\partial}{\partial\varphi}[\psi_{nlm_l}] \\ &= R_{nl}(r)\Theta_{lml}(\theta)\left[-i\hbar\frac{\partial}{\partial\varphi}\Phi_{ml}(\varphi)\right] \\ &= R_{nl}(r)\Theta_{lml}(\theta)[(-i\hbar)(im_l)e^{im_l\varphi}] \\ &= m_l\hbar R_{nl}(r)\Theta_{lml}(\theta)\Phi_{ml}(\varphi) \\ &= m_l\hbar\,\psi_{nlm_l} \end{aligned} \qquad (8\text{-}59)$

ψ_{nlm_l} 為 L_z 的特徵函數，其特徵值為 $m_l\hbar$：

$$\langle L_z \rangle = \int \psi_{nlm_l}^* L_{zop} \psi_{nlm_l} d\tau = m_l \hbar \int \psi_{nlm_l}^* \psi_{nlm_l} d\tau$$

$$= m_l \hbar \tag{8-60}$$

② $L_{op}^2 \psi_{nlm_l} = -\hbar^2 \left[\frac{1}{\sin\theta} \frac{\partial}{\partial\theta} \left(\sin\theta \frac{\partial}{\partial\theta} \right) + \frac{1}{\sin^2\theta} \frac{\partial^2}{\partial\varphi^2} \right] \psi_{nlm_l}$

$$= -\frac{\hbar^2}{\sin\theta} \frac{\partial}{\partial\theta} \left(\sin\theta \frac{\partial \Theta_{lm_l}}{\partial\theta} \right) R_{nl} \Phi_{ml} - \frac{\hbar^2}{\sin^2\theta} \frac{\partial^2}{\partial\varphi^2} (\Phi_{ml}) R_{nl} \Theta_{lm_l}$$

$$= \left[\frac{\hbar^2}{\sin\theta} \frac{\partial}{\partial\theta} \left(\sin\theta \frac{\partial \Theta_{lm_l}}{\partial\theta} \right) + \frac{m_l^2 \hbar^2}{\sin^2\theta} \Theta_{lm_l} \right] R_{nl} \Phi_{ml}$$

利用式（8-13），上式括符內爲 $l(l+1)\Phi_{ml}$，因此

$$L_{op}^2 \psi_{nlm_l} = \hbar^2 l(l+1) R_{nl} \Theta_{lm_l} \Phi_{ml}$$

$$= \hbar^2 l(l+1) \psi_{nlm_l} \tag{8-61}$$

ψ_{nlm_l} 爲 L^2 的特徵函數，特徵值爲 $l(l+1)\hbar^2$，

$$\langle L^2 \rangle = \int \psi_{nlm_l}^* L_{op}^2 \psi_{nlm_l} d\tau$$

$$= \hbar^2 l(l+1) \int \psi_{nlm_l}^* \psi_{nlm_l} d\tau$$

$$= l(l+1)\hbar^2 \tag{8-62}$$

這些平均值的計算結果可與前面式（8-51）與式（8-52）的量子化關係作個比較，即

$$\langle L_z \rangle = L_z = m_l \hbar$$

$$\langle L^2 \rangle = L^2 = l(l+1)\hbar^2$$

③ 角動量 L 的 L_x 與 L_y 的分量就沒有量子化的關係了！因此 ψ_{nlm_l} 就不能成為 L_x 與 L_y 的特徵函數（參考式（8-55）），則其平均值為

$$\langle L_x \rangle = \int \psi_{nlm_l}^* L_{xop} \, \psi_{nlm_l} \, d\tau = 0$$

$$\langle L_y \rangle = \int \psi_{nlm_l}^* L_{yop} \, \psi_{nlm_l} \, d\tau = 0 \qquad (8\text{-}63)$$

此結果將在後面介紹角動量的階梯算符時可以證明之。

例題 3 已知氫原子的特徵函數為 ψ_{432}

(a)總能量

$$E_4 = -13.6 \frac{1}{n^2} \bigg|_{n=4} = -0.85\text{eV}$$

(b)徑向座標平均值

$$\langle r \rangle = \int \psi_{432}^* \, r \, \psi_{432} \, d\tau$$

$$= \left[\frac{1}{32\sqrt{6}} \frac{1}{\sqrt{2\pi}} \left(\frac{1}{2a_0} \right)^{9/2} \right]^2 \int_0^\infty r^7 \, e^{-\frac{r}{2a_0}} \, dr$$

$$\int_{-1}^{+1} \cos^2\theta (1 - \cos^2\theta)^2 \, d(\cos\theta) \times \int_0^{2\pi} d\varphi$$

$$= 9(2a_0) = 18a_0 = 18 \times 0.529\text{Å} = 9.52\text{Å}$$

(c)總角動量

$$L^2 \psi_{432} = 3(3+1)\hbar^2 \psi_{432} = 12\hbar^2 \psi_{432}$$

$$\therefore L = \sqrt{12\hbar^2} = \sqrt{12}\hbar = 3.464\hbar$$

(d)L_z：$L_z \psi_{432} = 2\hbar \psi_{432}$，$L_z = 2\hbar$

(e)角動量的不準確量

$$\langle L \rangle = \int \psi_{432}^* L \, \psi_{432} \, d\tau = \sqrt{l(l+1)}\hbar = \sqrt{12}\hbar$$

$$\langle L^2 \rangle = \int \psi_{432}^* L^2 \, \psi_{432} \, d\tau = l(l+1)\hbar^2 = 12\hbar^2$$

$$\therefore \Delta L = [\ \langle L^2 \rangle - \langle L \rangle^2]^{1/2} = 0$$

(f)L_z 的不準確量

$$\langle L_z \rangle = \int \psi_{432}^* L_z \psi_{432}\, d\tau = 2\hbar$$

$$\langle L_z^2 \rangle = \int \psi_{432}^* L_z^2 \psi_{432}\, d\tau = 4\hbar^2$$

$$\therefore \Delta L_z = [\ \langle L_z^2 \rangle - \langle L_z \rangle^2]^{1/2} = 0$$

3.角動量行為的幾何描述——向量模式（Vector Model）

有很多角動量的性質可以很方便地使用向量模型來表達角動量與電子運轉的關係連結起來。前述已瞭解角動量的平均值及分量 L_z 的平均值的存在，但在 L_x 與 L_y 的平均值都為零。如何滿足這些的量的角動量以向量模型表達出來。

就以圖 8-5 所示的角動量 **L** 對 z 軸進動（precession），其 z 軸分量 L_z 的平均值不變，而分量 L_x 與 L_y 的平均值為零等來表達式（8-60），式（8-62）及式（8-63）。

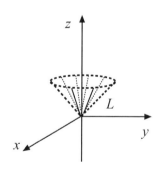

圖 8-5　角動量 **L** 對 z 軸進動

圖 8-5 可視為一群有共同量子數 l 值的電子態。每一個電子態的角動量的單位以 $\hbar$ 表示，因此角動量的長度為 $L/\hbar = \sqrt{l(l+1)}$。同理，分量 L_z 的

單位也以 $\hbar$ 表示,其大小為 $L_z/\hbar = m_l$。因此 m_l 值可由 $-l$ 到 $+l$。圖 8-6 描畫 $l=2$ 的角動量狀態的幾何表示。圖中共有 5 個 m_l 的電子態,而每一個 m_l 對應每個角動量 L 進動情形,圖中並沒有顯示 L_x 與 L_y 的平均值,因為他們是零值。

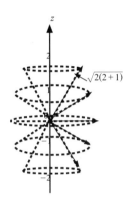

圖 8-6　$l=2$ 的角動量狀態的幾何表示

角動量 L 的方向可由 L_z 的量子數 m_l（$\pm l$）來決定,即

$$\theta = \cos^{-1}\left[\frac{L_z}{L}\right] = \cos^{-1}\left[\frac{m_l}{\sqrt{l(l+1)}}\right] = \cos^{-1}\left[\frac{l}{\sqrt{l(l+1)}}\right] \qquad (8\text{-}64)$$

如圖 8-7 所示而 m_l 與能量的量子化無關

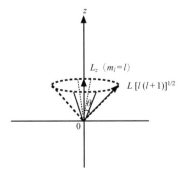

圖 8-7　角動量 L 的方向

4.角動量的特徵函數與特徵值

在量子力學方面討論角動量的特徵函數和特徵值有兩個方法進行。一為從動能 $\dfrac{p^2}{2\mu}$ 中的 p^2 進而直接獲得角動量的特徵值方程式作為一個微分方程式；另一方法利用角動量算符的定義以及它與電子的罕米吞H（Hamiltonian）間的對易關係或角動量間的對易關係等。

於第五章中提及一物理動力量 A 的平均值時間導數為式（5-30）

$$\frac{d}{dt}\langle A\rangle = \left\langle \frac{\partial A}{\partial t}\right\rangle + \frac{i}{\hbar}\langle [H, A]\rangle$$

H 為系統中的罕米吞（Hamiltonian）。因為電子的角動量為守恆量，即

$$\frac{d\boldsymbol{L}}{dt}=0$$

因此上式（5-30）中可獲得

$$[H, \boldsymbol{L}]=0 \qquad\qquad\qquad (8\text{-}65)$$

式（8-65）與式（5-36）及式（5-37）構成一群角動量的對易關係，進而推廣到角到量與任何物理動力量的對易關係的範式：

① 向量算符 A

$$[A, \hat{n}\cdot\boldsymbol{L}]=i\hbar\hat{n}\times A \qquad\qquad\qquad (8\text{-}66)$$

② 純量算符 S

$$[S, \boldsymbol{L}] = SL - LS = 0 \qquad (8\text{-}67)$$

③ 角動量與位能 $V(\boldsymbol{r})$，動能 $\dfrac{p^2}{2m}$ 及角動量 $L^2 = \boldsymbol{L} \cdot \boldsymbol{L}$ 的對易關係，取
其中一項爲例

$$[\boldsymbol{L}, L^2] = 0 \qquad (8\text{-}68)$$

(1) 角動量的特徵函數情形

於式（8-65）與式（8-68）中只有一個分量與 H, L^2 等可形成同時性的
對易。

首先先讓我們來假設角動量 $\boldsymbol{L}$ 的三個分量都有同時性的特徵函數。假
設

$$L_x|u\rangle = l_x|u\rangle \quad , L_y|u\rangle = l_y|u\rangle$$

所以

$$(L_xL_y)|u\rangle = l_xl_y|u\rangle \quad , (L_yL_x)|u\rangle = l_yl_x|u\rangle$$

但是依式（5-36）$[L_x, L_y] = i\hbar L_z$，則上兩式會導致 $L_z|u\rangle = 0$。但依此結果，
我們會發現

$$l_y|u\rangle = L_y|u\rangle = \frac{1}{i\hbar}\,[L_z, L_x]|u\rangle = \frac{1}{i\hbar}\,L_z l_x|u\rangle$$
$$= \frac{l_x}{i\hbar}\,L_z|u\rangle$$
$$= 0$$

同理

$$l_x|u\rangle = L_x|u\rangle = \frac{l_y}{i\hbar}\,L_z|u\rangle = 0$$

因此可發現角動量 **L** 分量有同時性的特徵函數的話，只有發生於 **L** = 0。

依式（8-68）中，只有式（5-37）$[L_z, L^2] = 0$，此表示 L_z 與 L^2 有同時性的特徵函數。我們以量子數 l 與 m_l 來表示的特徵函數為 $= |lm_l\rangle$ ，同時開始為下列式來討論

$$L^2|l, m_l\rangle = l\,(l+1)\hbar^2|l, m_l\rangle$$
$$L_z|l, m_l\rangle = m_l\hbar|l, m_l\rangle \qquad\qquad （8\text{-}69）$$

在此並沒有特意敘述 l 與 m_l 值是什麼，但是它們是實數值。因為 **L** 算符是厄米特算符，而 $\hbar$ 實際上是有因次的，只要來自於 **r** × **p** 的乘積有 $\hbar$ 的因次存在。

(2) 角動量的上昇算符（Raising Operator）與下降算符（Lowering Operator）

我們假設特徵函數$|l, m_l\rangle$有正交歸一的性質，即

$$\langle l', m'_l | l, m_l \rangle = \delta_{ll'} \delta_{m_l m_{l'}} \qquad (8\text{-}70)$$

在此介紹兩個算符

$$L_+ = L_x + iL_y$$
$$L_- = L_x - iL_y \qquad (8\text{-}71)$$

因此

$$L^2 = L_x^2 + L_y^2 + L_z^2 = L_+ L_- + L_z^2 + i\,[L_x, L_y]$$
$$= L_+ L_- + L_z^2 - \hbar L_z \qquad (8\text{-}72)$$

同理

$$L^2 = L_x^2 + L_y^2 + L_z^2 = L_- L_+ + L_z^2 + \hbar L_z \qquad (8\text{-}73)$$

式（8-71）L_+ 與 L_- 分別稱為**上昇算符**與**下降算符**，這可往後會提到它們演算角動量特徵函數的結果就可以真正瞭解其真諦。這些算符符合於下列對易關係。

① $[L_+, L_-] = [L_x + iL_y, L_x - iL_y] = (-2i)[L_x, L_y]$
$$\qquad\qquad = 2\hbar L_z \qquad (8\text{-}74)$$

② $[L_z, L_\pm] = [L_z, L_x \pm iL_y] = i\hbar L_y \mp i\,(i\hbar L_x)$
$$\qquad\quad = \pm\hbar\,[L_x \pm iL_y]$$
$$\qquad\quad = \pm\hbar L_\pm \qquad (8\text{-}75)$$

③ $[L^2, L_\pm] = 0$ （8-76）

(3) L_+, L_- 算符的演算

① 首先利用 $\langle l, m_l | L_x^2 | l, m_l \rangle = \langle L_x(l, m_l) | L_x(l, m_l) \rangle \geq 0$ 延伸到

$$\langle l, m_l | L^2 | l, m_l \rangle \geq 0$$

因此 $l(l+1) \geq 0$，則取 $l \geq 0$，l 為小 1 的負數不考慮。

② $[L^2, L_\pm] = 0$，L^2 與 $L_\pm$ 有同時性特徵函數，因此

$$L^2 L_\pm | l, m_l \rangle = L_\pm L^2 | l, m_l \rangle = l(l+1)\hbar^2 L_\pm | l, m_l \rangle$$

所以 $L_\pm | l, m_l \rangle$ 也為 L^2 的特徵函數，其特徵值為 $l(l+1)\hbar^2$。

③ 由式（8-75）來看看 $L_z L_+ | l, m_l \rangle$ 與 $L_z L_- | l, m_l \rangle$ 的結果。因 $[L_z, L_\pm] = \pm\hbar L_\pm$，則 $L_z L_+ = L_+ L_z + \hbar L_+$，所以

$$\begin{aligned} L_z L_+ | l, m_l \rangle &= [L_+ L_z + \hbar L_+] | l, m_l \rangle \\ &= m_l \hbar L_+ | l, m_l \rangle + \hbar L_+ | l, m_l \rangle \\ &= (m_l + 1)\hbar L_+ | l, m_l \rangle \end{aligned}$$ （8-77）

同理

$$L_z L_- | l, m_l \rangle = (m_l - 1)\hbar L_- | l, m_l \rangle$$ （8-78）

由此可知，$L_+ | l, m_l \rangle$ 為 L_z 的特徵函數，其特徵值的 m_l 上昇一個單

位，即(m_l+1)；$L_-|l, m_l\rangle$ 也為 L_z 的特徵函數，其特徵值 m_l 下降一個單位，即(m_l-1)。所以稱 $L_\pm$ 算符為**上昇**態與**下降**態的算符，分別為

$$L_+|l, m_l\rangle = C_+ (l, m_l)|l, m_l+1\rangle$$
$$L_-|l, m_l\rangle = C_- (l, m_l)|l, m_l-1\rangle \qquad （8\text{-}79）$$

④ $C_+ (lm_l)$與 $C_- (lm_l)$的計算

於式（8-79）$L_+|l, m_l\rangle$ 取其共軛，則

$$\langle l, m_l|L_+^* = \langle l, m_l|L_- = \langle l, m_l+1|C_+^* (l, m_l)$$

因此

$$\langle l, m_l|L_-L_+|l, m_l\rangle$$
$$= \langle l, m_{l+1}|C_+^* C_+|l, m_{l+1}\rangle = |C_+ (l, m_l)|^2$$

或

$$\langle l, m_l|L^2 - L_z^2 - \hbar L_z|l, m_l\rangle = \hbar^2 \left[l (l+1) - m_l^2 - m_l \right]$$

則

$$C_+ (l, m_l) = \sqrt{[l(l+1) - m_l^2 - m_l]}\hbar$$
$$= \sqrt{(l-m_l)(l+m_l+1)}\hbar \qquad （8\text{-}80）$$

同理

$$C_-\,(l,m_l)=\sqrt{[l(l+1)-m_l^2+m_l]}\hbar$$
$$=\sqrt{(l+m_l)(l-m_l+1)}\hbar \qquad (8\text{-}81)$$

⑤ l 與 m_l 的關係

因為

$$\langle L_\pm\,(l,m_l)|L_\pm\,(l,m_l)\rangle \geq 0$$

因此

$$\langle L_\pm\,(l,m_l)|L_\pm\,(l,m_l)\rangle = \langle l,m_l|L_\pm^* L_\pm|l,m_l\rangle$$
$$= \langle l,m_l|L_\mp L_\pm|l,m_l\rangle$$
$$= \langle l,m_l|L^2-L_z^2\pm\hbar L_z|l,m_l\rangle$$
$$= \hbar^2\,[l\,(l+1)-m_l\,(m_l\mp 1)] \geq 0$$

則

$$l\,(l+1) \geq m_l\,(m_l+1)$$
$$l\,(l+1) \geq m_l\,(m_l-1)$$

由於 $l\geq 0$，則

$$-l \leq m_l \leq l \qquad (8\text{-}82)$$

⑥ m_l 值的最大值與最小值

a. 若 m_l 為最小值，即$(m_l)_{\min}$，則 m_l 狀態就不能再下降狀態，這表示 $L_-|l, (m_l)_{\min}\rangle = 0$，因此$(m_l)_{\min} = -l$。

b. 若 m_l 為最大值，即$(m_l)_{\max}$，則 m_l 狀態就不能再升高狀態，這表示 $L_+|l, (m_l)_{\max}\rangle = 0$，因此$(m_l)_{\max} = l$。

⑦ 電子態額數

因為$(m_l)_{\max}$ 值的到達係由$(m_l)_{\min}$ 值以 L_+ 算符一階單位的重複演算達成的，因此總共有$(2l+1)$階單位進行，這表示$(2l+1)$的整數，因此 m_l 可取為

$$m = -l,\ -l+1,\ -l+2,\ \cdots,\ -1,\ 0,\ 1,\ \cdots,\ (l-1),\ l \qquad (8\text{-}83)$$

此處，我們限制 l 為整數值。當然 l 也有可能是半整數，即 $l = \dfrac{1}{2}$, $\dfrac{3}{2}$, $\dfrac{5}{2}$, $\cdots$，這涉及電子自旋角動量。

針對已知 l 值，L_z 算符的譜線 m_l 如圖 8-8 所示

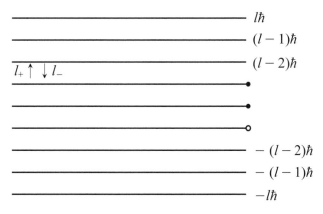

圖 8-8　m_l 譜線

8-8 角動量特徵函數$|l, m_l\rangle$的表示式──球性諧和函數 $Y_l^{m_l}(\theta, \varphi)$

1.角動量算符

$$L_x = i\hbar \left(+\sin\varphi\frac{\partial}{\partial\theta} + \cos\varphi\cot\theta\frac{\partial}{\partial\varphi} \right)$$

$$L_y = i\hbar \left(-\cos\varphi\frac{\partial}{\partial\theta} + \sin\varphi\cot\theta\frac{\partial}{\partial\varphi} \right) \tag{8-55}$$

$$L_z = -i\hbar\frac{\partial}{\partial\varphi}$$

$$L^2 = L_x^2 + L_y^2 + L_z^2$$

$$= -\hbar^2 \left[\frac{1}{\sin^2\theta}\frac{\partial^2}{\partial\varphi^2} + \frac{1}{\sin\theta}\frac{\partial}{\partial\theta}\left(\sin\theta\frac{\partial}{\partial\theta}\right) \right] \tag{8-56}$$

2.L_z的特徵方程式

$$L_z\,\Phi(\varphi) = m_l\hbar\Phi(\varphi) = -i\hbar\frac{\partial}{\partial\varphi}\Phi(\varphi)$$

$$\Phi(\varphi) = e^{im_l\varphi} \text{──特徵函數} \tag{8-16}$$

$$m_l = 0, \pm1, \pm2 \text{──特徵值（}m_l\hbar\text{）} \tag{8-15}$$

3.L^2的特徵方程式

因為$[L_z, L^2] = 0$，因此L_z與L^2有同時性的特徵函數，因此設為

$$Y(\theta, \phi) = \Theta(\theta)\,\Phi(\varphi) \tag{8-84}$$

所以，L^2的特徵方程式為

$$L^2 Y(\theta, \varphi) = l(l+1)\hbar^2 Y(\theta, \varphi)$$

$$= -\hbar^2 \left[\frac{1}{\sin^2}\frac{\partial^2}{\partial \varphi^2} + \frac{1}{\sin\theta}\frac{\partial}{\partial\theta}\left(\sin\theta\frac{\partial}{\partial\theta}\right)\right] Y(\theta, \varphi) \tag{8-85}$$

或

$$\frac{1}{\sin\theta}\frac{d}{d\theta}\left(\sin\theta\frac{d\Theta}{d\theta}\right) - \frac{m_l^2}{\sin^2\theta}\Theta + l(l+1)\Theta = 0 \tag{8-86}$$

此式與式（8-13）相同，即 $\Theta(\theta)$ 方向角微分方程式，其解爲

$$\Theta_{lm_l}(\theta) = P_l^m(x) = (1-x^2)^{\frac{1}{2}|m_l|}\frac{d^{|m_l|}}{dx^{|m_l|}}P_l(x) \tag{8-87}$$

$$= \frac{1}{2^l l!}(1-x^2)^{\frac{1}{2}|m_l|}\frac{d^{l+|m_l|}}{dx^{l+|m_l|}}(x^2-1)^l \tag{8-88}$$

(1) $P_l(x)$ 的性質

① $P_l(\pm 1) = (\pm 1)^l$ \hfill (8-89)

② 正交歸一性

$$\int_{-1}^{+1}P_{l'}(x)P_l(x)\,dx = \frac{2}{2l+1}\delta_{l'l} \tag{8-90}$$

(2) $P_l^{m_l}(x)$ 的性質

① $P_l^{-m_l}(x) = (-1)^{m_l}P_l^{m_l}(x)$ \hfill (8-91)

② 正交歸一性

$$\int_{-1}^{+1}P_{l'}^{m_l}(x)P_l^{m_l}(x)\,dx = \frac{2}{2l+1}\frac{(l+m_l)!}{(l-m_l)!}\delta_{l'l} \tag{8-92}$$

4.球性諧和函數（Spherical Harmonic Function） $Y_l^{m_l}(\theta,\varphi)$

(1) 從式（8-87）或式（8-88）以及 $P_l^{m_l}(x)$ 的正交歸一性，式（8-86）方程式的解可寫爲

$$\Theta_{lm_l}(\theta)=\sqrt{\frac{2l+1}{4\pi}\frac{(l-m_l)!}{(l+m_l)!}}(-1)^{m_l}P_l^{m_l}(\cos\theta)，\quad m_l\geq 0$$

又從式（8-84），$Y(\theta,\varphi)$ 爲 L_z 爲 L^2 的同時性特徵函數，因此爲了方便，將此特徵函數 $Y(\theta,\varphi)$ 定爲**球性諧和函數** $Y_l^{m_l}(\theta,\varphi)$ 爲

$$Y_l^{m_l}(\theta,\varphi)=\sqrt{\frac{2l+1}{4\pi}\frac{(l-m_l)!}{(l+m_l)!}}(-1)^{m_l}e^{im_l\varphi}P_l^{m_l}(\cos\theta)\qquad（8\text{-}93）$$

$$-l\leq m_l\leq l$$

(2) $Y_l^{m_l}(\theta,\varphi)$ 的性質

① $Y_l^{m_l}(\theta,\varphi)=(-1)^{m_l}[Y_l^{-m_l}(\theta,\varphi)]^*$　　　　　　　　（8-94）

② $Y_l^{-m_l}(\theta,\varphi)=(-1)^{m_l}(Y_l^{m_l}(\theta,\varphi))^*$　　　　　　　　（8-95）

③ 特徵值方程式

$$L_zY_l^{m_l}(\theta,\varphi)=m_l\hbar Y_l^{m_l}(\theta,\varphi)$$
$$L^2Y_l^{m_l}(\theta,\varphi)=\hbar^2 l(l+1)Y_l^{m_l}(\theta,\varphi)$$

④ 正交歸一性

$$\int_0^{2\pi}\int_0^{\pi}(Y_l^{m_l}(\theta,\varphi))^*Y_{l'}^{m_l'}(\theta,\varphi)\sin\theta d\theta d\varphi=\delta_{ll'}\delta_{m_lm_l'}\qquad（8\text{-}96）$$

(3) L_x 與 L_y 算符演算 $Y_l^{m_l}(\theta, \varphi)$ 的效應

因為 $Y_l^{m_l}(\theta, \varphi)$ 不是 L_x 與 L_y 算符的特徵函數，但我們可將 L_x 與 L_y 組合成階梯算符來演算之，即

$$L_+ = L_x + iL_y = \hbar e^{i\varphi}\left(\frac{\partial}{\partial\theta} + i\cot\theta\frac{\partial}{\partial\varphi}\right)$$

$$L_- = L_x - iL_y = -\hbar e^{-i\varphi}\left(\frac{\partial}{\partial\theta} - i\cot\theta\frac{\partial}{\partial\varphi}\right)$$

那麼 L_+ 與 L_- 算符演算 $Y_l^{m_l}(\theta, \varphi)$ 的結果如何？首先先來計算下列式，即

① $\dfrac{\partial}{\partial\varphi} Y_l^{m_l}(\theta, \varphi) = \dfrac{i}{\hbar}L_z Y_l^{m_l}(\theta, \varphi) = \dfrac{i}{\hbar}\left(m_l\hbar Y_l^{m_l}(\theta, \varphi)\right) = im_l Y_l^{m_l}(\theta, \varphi)$

② $\dfrac{\partial}{\partial\theta} Y_l^{m_l}(\theta, \varphi) = \ ?$

根據 $P_l^{m_l}(\cos\theta)$ 的定義

$$\frac{\partial}{\partial\theta} Y_l^{m_l}(\theta, \varphi) \sim \frac{d}{d\theta} P_l^{m_l}(\cos\theta) \sim \frac{dP_l^{m_l}(x)}{dx}$$

$$= \frac{1}{\sqrt{1-x^2}} P_l^{m_l+1}(x) - \frac{m_l x}{\sqrt{1-x^2}} P_l^{m_l}(x)$$

$$= \frac{-(l+m_l)(l-m_l+1)}{\sqrt{1-x^2}} P_l^{m_l-1}(x) + \frac{m_l x}{1-x^2} P_l^{m_l}(x)$$

利用(1)與(2)的結果可得

$$L_+ Y_l^{m_l}(\theta, \varphi) = \hbar\sqrt{(l-m_l)(l+m_l+1)}\ Y_l^{m_l+1}(\theta, \varphi) \qquad (8\text{-}97)$$

$$L_- Y_l^{m_l}(\theta, \varphi) = \hbar\sqrt{(l+m_l)(l-m_l+1)}\ Y_l^{m_l-1}(\theta, \varphi)$$

因此 L_+ 與 L_1 演算 $Y_l^{m_l}(\theta, \varphi)$ 結果只與 m_l 量子數有關

(4) 列舉一些 $Y_l^{m_l}(\theta, \varphi)$ 如下：

$$Y_0^0 = \frac{1}{\sqrt{4\pi}}$$

$$Y_1^0 = \sqrt{\frac{3}{4\pi}}\cos\theta \, , \qquad Y_1^{\pm 1} = \mp\sqrt{\frac{3}{8\pi}}\,e^{\pm i\varphi}\sin\theta$$

$$Y_2^0 = \sqrt{\frac{5}{16\pi}}(3\cos^2\theta - 1) \, , \qquad Y_2^{\pm 1} = \mp\sqrt{\frac{15}{8\pi}}\,e^{\pm i\varphi}\sin\theta \, , \qquad Y_2^{\pm 2} = \sqrt{\frac{15}{32\pi}}\,e^{\pm 2i\varphi}\sin^2\theta$$

$$Y_3^0 = \sqrt{\frac{7}{16\pi}}(5\cos^3\theta - 3\cos\theta) \, , \qquad Y_3^{\pm 1} = -\sqrt{\frac{21}{64\pi}}\,e^{\pm i\varphi}\sin\theta(5\cos^2\theta - 1) \, ,$$

$$Y_3^{\pm 2} = \sqrt{\frac{105}{64\pi}}\,e^{\pm 2i\varphi}\sin^2\theta\cos\theta \, , \qquad Y_3^{\pm 3} = -\sqrt{\frac{35}{64\pi}}\,e^{\pm 3i\varphi}\sin^3\theta$$

例題 4　利用 L_+ 與 L_- 算符演算 Y_2^2 以求得 Y_2^1, Y_2^0, Y_2^{-1}

(1)為了求得 Y_2^1，可利用 $L_- Y_2^2$ 來計算，即

$$L_- Y_2^2 = \hbar\sqrt{(2+2)(2-2-1)}\,Y_2^1 = 2\hbar Y_2^1$$

$$\therefore Y_2^1 \sim L_- Y_2^2 = -\hbar e^{i\varphi}\left(\frac{\partial}{\partial\theta} - i\cot\theta\frac{\partial}{\partial\varphi}\right)Y_2^2 \sim \sin\theta\cos\theta\, e^{i\varphi}$$

(2) Y_2^0 可由 $L_- Y_2^1$ 計算之

$$L_- Y_2^1 = \hbar\sqrt{(2+1)(2-1+1)}Y_2^0 = \sqrt{6}\hbar Y_2^0$$

$$\therefore Y_2^0 \sim L_- Y_2^1 = -\hbar e^{i\varphi}\left(\frac{\partial}{\partial\theta} - i\cot\theta\frac{\partial}{\partial\varphi}\right)(\sin\theta\cos\theta\, e^{i\varphi})$$

$$\therefore Y_2^0 \sim (3\cos^2\theta - 1)$$

(3) $Y_2^{-1} = -(Y_2^1)^* \sim \sin\theta\cos\theta\, e^{-i\varphi}$

習題

1. 氫原子、重氫原子（氘－ deuterium）與單一游離的氦原子都是單一電子原子的例子。氘的原子核電量與氫原子核相同，而質量幾乎是兩倍。

氦原子核的電量兩倍於氫原子核，而質量是四倍於氫原子核。計算這些原子於基態能量的比例。

2. (a)計算氫原子於 $n=1, 2, 3$ 等三個能階的能量。

(b)這些能階間有躍遷產生放射出光，計算這些光的頻率。

(c)這些光的電磁光譜的範圍屬於什麼光譜。

3. (a)計算氫原子於基態時的徑向機率密度為最大值時，其徑向座標位置。

(b)計算徑向座標的平均值。

(c)比較這兩個結果。

4. (a)於氫原子第一激發態（$n=2, l=0, m_l=0$）的位能 V 的平均值的計算。

(b)證明第一激發態總能量 $E_2 = \dfrac{1}{2}\langle V \rangle$

(c)利用 $E=K+V$ 關係，計算 $\langle K \rangle_{200} = -\dfrac{1}{2}\langle V \rangle_{200}$

5. 在氫原子的 $+z$ 軸半角 23.5°的三角圓錐內，來看看電子被發現的機率。

(a)假設電子相當於如同空間內被發現，計算電子在三角圓錐內被發的機率。(b)假設氫原子的狀態為 $n=2, l=1, m_l=0$ 再度計算此機率。

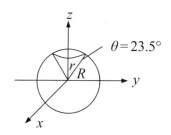

6. 利用角動量階梯算符 $L_\pm$ 計算

(a) $\langle l, 2|L_x|l, 1 \rangle$ 與 $\langle l, 2|L_y|l, 1 \rangle$

(b) $\langle l, 2|L_x^2|l, 0 \rangle$ 與 $\langle l, 2|L_y^2|l, 0 \rangle$

7. 已知圓球諧和函數 $Y_1^1(\theta, \varphi) = -\sqrt{\dfrac{3}{8\pi}}\sin\theta\, e^{i\varphi}$ 計算 $Y_1^0(\theta, \varphi)$ 及 $Y_1^{-1}(\theta, \varphi)$。

8. 如圖所示，一粒子的質量爲μ固定置於一條不計質量的固體棒，長度爲R。這條固體棒一端以可旋轉鈕置於座標原點。這條固體棒在xy平面上旋轉，其軸在z軸(a)試求系統的總能量，以角動量L表示。(b)引進適當的算符作用於能量方程式(a)，而導入薛丁格方程式

$$-\frac{\hbar^2}{2I}\frac{\partial^2\Psi(\varphi,t)}{\partial\varphi^2}=i\hbar\frac{\partial\Psi(\varphi,t)}{\partial t}$$

式中$I=\mu R^2$爲繞z軸的轉動慣量。$\Psi(\varphi,t)$爲波函數。

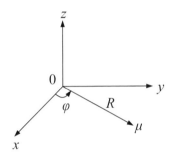

9. 利用變數分離法解第 8 題$\Psi(\varphi,t)=\Phi(\varphi)T(t)$，得

(a)非時變性薛丁格方程式

$$-\frac{\hbar^2}{2I}\frac{d^2\Phi(\varphi)}{d\varphi^2}=E\Phi(\varphi)$$

(b)波函數的時間變數的方程式

$$\frac{dT(t)}{dt}=-\frac{iE}{\hbar}T(t)$$

10.(a)解出第 9 題波函數時間變數的方程式

(b)同時證明分離常數E爲總能量

11.解出第 9 題(a)，其$\Phi(\varphi)\sim e^{im\varphi}$，而$m=\sqrt{\dfrac{2IE}{\hbar^2}}=\dfrac{1}{\hbar}\sqrt{2IE}$。

12.已知一個軸性對稱的旋轉體的罕米吞 H 爲

$$H=\frac{L_x^2+L_y^2}{2I_1}+\frac{L_z^2}{2I_3}$$

(a)H的特徵值為何？

(b)若$I_1 \gg I_3$，則特徵值譜的極限為何？

13.若角動量$l = 2$狀態，計算下列算符的演算結果。

(a)L_z，(b)$\dfrac{3}{5}L_x - \dfrac{4}{5}L_y$，(c)$2L_x - 6L_y + 3L_z$。

第九章　磁偶矩，自旋與躍遷率

9-1 緒論

　　本章繼續研討單一電子原子的另外物理性質。首先來瞭解一些實驗測量原子的電子軌道角動量 L。而實際上，這些實驗不能直接測量，而借用以電子**軌道磁偶矩**（orbital magnetic dipole moment）μ_l 與角動量 L 之間的關係來測量，但須在磁場的作用下進行，即量測 μ_l 與磁場的交互作用。

　　原子磁偶矩的量測結果發現電子擁有固有的**自旋**（spin）的角動量，同時也對應出電子自旋的磁偶矩 μ_s。電子自旋的效應使得單一電子原子的能階產生**離散**（discrete）現象曝光—**精細結構**（Fine Structure），而進一步計算單一電子原子從激發態能階躍遷到較低態能階的有關**躍遷率**（Transition rates）以及所輻射出光子的頻率而形成原子的線譜。躍遷的過程涉及到**選擇規則**（Selection Rules）。

9-2 軌道磁偶矩

1.磁偶與磁偶矩的認識

　　磁偶是一個電流的封閉迴路的環流現象，磁偶矩是以右手定則迴路的指向，其大小是等於迴路的電流之乘上迴路的面積 A，如圖 9-1(a)所示

圖 9-1　磁偶矩(a)　磁棒磁偶矩(b)

一條永久磁鐵，例如磁棒，擁有自己磁性而來自於電子的固有磁偶矩，磁棒的磁偶矩的指向從磁南極（S）到磁北極（N），如圖 9-1(b)所示。

電子之所以有磁偶矩是因為它能營造出磁場如同於小迴路電流的磁場，不過電子磁偶矩並不是來自於迴路電流，而是電子的**固有特性**（intrinsic property）。

致於**磁單極**（magnetic monopole）在實驗上並沒有發現，即不存在。

2.電子軌道磁偶矩 μ_l（Electron orbital magnetic dipole moment）

假設電子的軌道為波爾軌道，如圖 9-2 所示

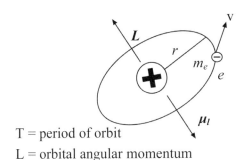

T = period of orbit
L = orbital angular momentum

圖 9-2　電子的軌道角動量 L 與軌道磁偶矩 μ_l

電子在波爾軌道運轉而環繞原子核，軌道上的電子流為

$$i = \frac{e}{T} = \frac{ev}{2\pi r} \tag{9-1}$$

T 為軌道週期，v 為電子軌道上的速度，電子流所造成的軌道磁偶矩 μ_l 為

$$\mu_l = iA = \left(\frac{ev}{2\pi r}\right)(\pi r^2) = \frac{1}{2}evr \tag{9-2}$$

其方向如圖 9-2 所示。

(1) μ_l 與電子軌道角動量 L 間的關係

電荷粒子（q）的角動量為 $\boldsymbol{L} = \boldsymbol{r} \times \boldsymbol{p} = (-m\mathrm{v}) \times \boldsymbol{r}$，因此 $\boldsymbol{L}$ 的大小為 $L = mvr$，但電子電量 $q = -e$，$\boldsymbol{L}$ 方向如圖 9-2 所示。μ_l 與 L 兩者大小的比值為

$$\frac{\mu_l}{L} = \frac{\frac{1}{2}(evr)}{mr\mathrm{v}} = \frac{e}{2m} \tag{9-3}$$

為一常數。一般上，我們都將 μ_l/L 的比值寫成下式

$$\frac{\mu_l}{L} = g_l \mu_b / \hbar \tag{9-4}$$

式中

$$\mu_b = \frac{e\hbar}{2m} = 0.927 \times 10^{-23} \text{amp-m}^2 \tag{9-5}$$

$$g_l = 1 \tag{9-6}$$

μ_b 稱為**波爾磁子**（Bohr magneton），此磁子為原子磁偶矩的量測單位，g_l 為**軌道 g 因子**（orbital g-factor），屬於電子軌道時，$g_l = 1$。

根據上述的一些量與圖 9-2 所示，$\boldsymbol{\mu}_l$ 與 L 間的關係式為

$$\boldsymbol{\mu}_l = -\left(\frac{g_l \mu_b}{\hbar}\right) \boldsymbol{L} \tag{9-7}$$

於此注意，μ_l/L的比值與電子軌道的大小與運行頻率無關。式（9-7）的計算是來自於經典電磁等的結果，但在量子力學方面的計算爲

$$\mu_l = \frac{g_l \mu_b}{\hbar} L = \frac{g_l \mu_b}{\hbar} \hbar \sqrt{l(l+1)}$$
$$= g_l \mu_b \sqrt{l(l+1)} \qquad (9\text{-}8)$$

$$\mu_{lz} = \frac{g_l \mu_b}{\hbar} L_Z = \frac{g_l \mu_b}{\hbar} m_l \hbar$$
$$= g_l \mu_b m_l \qquad (9\text{-}9)$$

(2) 磁偶矩 μ_l 與外磁場 B 的作用

當磁偶矩 μ_l 置放於外磁場 B 中，它承受一力矩爲

$$\tau = \mu_l \times B \qquad (9\text{-}10)$$

以致於 μ_l 轉向磁場方向，因此磁偶矩轉動能成爲它在磁場中的位能，即方向位能

$$\Delta E = -\mu_l \cdot B \qquad (9\text{-}11)$$

例題 1 (a)假設電子在波爾—索末菲（Bohr-Sommerfeld）原子中的軌道爲橢圓形，計算電子的軌道磁偶矩 μ_l 與它的軌道角動量 L 的比值 μ_l/L

(b)比較(a)的結果與圓形軌道的狀況

解： (a)角動量 $L = mr^2\omega = mr^2 \dfrac{d\theta}{dt}$

$$\mu_l = i \int dA = i \int \frac{1}{2} r^2 \, d\theta = i \int \frac{1}{2} r^2 \frac{d\theta}{dt} \, dt$$

$$= \int \frac{iL}{2m} \, dt = \frac{iL}{2m} \, t = \frac{iL}{2m} \left(\frac{e}{i} \right)$$

$$= \frac{eL}{2m}$$

因此

$$\frac{\mu_l}{L} = \frac{e}{2m} = 常數$$

(b) 與圓形軌道的結果相同。

(3) μ_l 的進動（precession）

　　若 μ_l 沒有能量的損失時，則 $\Delta E =$ 常數。因此 μ_l 就不會與 *B* 成為同方向，則 μ_l 會對 *B* 以一個固定角度對 *B* 作個進行環繞而形成所謂的**進動**，如圖 9-3 所示。

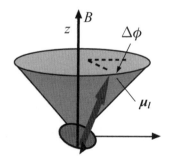

圖 9-3　μ_l 對 *B* 的環繞進動

其進動頻率（角速度）為

$$\boldsymbol{\omega} = \left(\frac{g_l \mu_b}{\hbar} \right) \boldsymbol{B} \tag{9-12}$$

式（9-12）公式寫法如下：

依經典力學

$$\frac{dr}{dt} = r \times \omega$$

將 r 代替為 μ_l，則

$$\frac{d\mu_l}{dt} = \mu_l \times \omega$$

所以

$$\frac{d}{dt}\left(-\frac{g_l\mu_b}{\hbar}L\right) = -\left(\frac{g_l\mu_b}{\hbar}\right)\frac{dL}{dt}$$

$$= -\left(\frac{g_l\mu_b}{\hbar}\right)(-\tau) = \frac{g_l\mu_b}{\hbar}\tau = \left(\frac{g_l\mu_b}{\hbar}\right)(\mu_l \times B)$$

$$= \mu_l \times \omega,$$

因此

$$\omega = \left(\frac{g_l\mu_b}{\hbar}\right)B$$

這種現象稱為**拉莫進動**（Larmor Precession），同時稱此頻率為**拉莫頻率**（Larmor freaquency）。

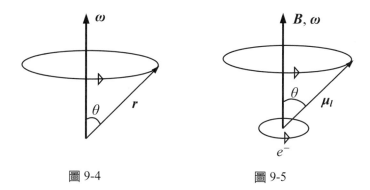

圖 9-4　　　　　　　　　　圖 9-5

(4) μ_l 的移動（Translation）

　　在均勻磁場中，μ_l 的拉莫進動是靜止態的運動，但若在非均勻磁場中，則 μ_l 會承受一磁場的移動力，因此 μ_l 除了拉莫進動外會有移動的情況，即所謂一方面進動，另一方面在移動，這稱為動態的進動。如圖 9-6、及 9-7 所示。

　　圖 9-6 中，磁場是收斂形態時，則電子以一速度 v 作圓形軌道運行時，則承受一磁力（$-\mathrm{v} \times \boldsymbol{B}$），此磁力有一分量在磁場的增強方向。

　　若增強方向在 z 軸，則磁力為

$$F_z = \left(\frac{\partial B_z}{\partial z} \right) \mu_{lz} \qquad （9-13）$$

$\dfrac{\partial B_z}{\partial z}$ 為磁場增強率，如圖 9-7 所示，此時 F_N 大於 F_s，因此往 $\boldsymbol{B}$ 增強方向移動。

　　最後陳述 μ_l 的進動與移動的原因如下：

① μ_l 承受一個力矩產生進動，一圖 9-6，

② μ_l 承受一個磁力產生移動，一圖 9-7，

③ 力矩與磁力同時存在，μ_l 的行為為進動與移動的聯合運動。

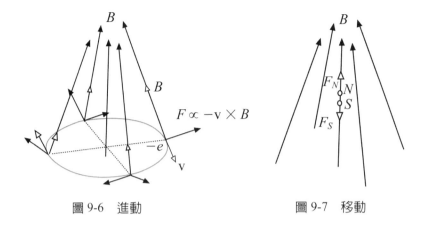

圖 9-6　進動　　　　　　　　圖 9-7　移動

9-3 思特恩－格拉赫實驗與電子自旋

1.思特恩－格拉赫實驗（Stern-Gerlach Experiment）

(1) 實驗結果

　　1922 年，思特恩與格拉赫兩人設計一套研究裝置，使銀原子進入非均勻磁場以量測 μ_l 的可能值，如圖 9-8 所示。

　　當銀原子束進入非均勻磁場 $\boldsymbol{B}$ 中，它承受一磁力

$$F_z = \left(\frac{\partial B_z}{\partial z}\right)\mu_{l_z}$$

因此每一個原子經過非均勻磁場中皆會產生偏轉，其程度與 μ_{l_z} 成正比，所以這些原子束被細查到各其他分量完全由 μ_{l_z} 的各種不同值來決定，偏轉的模式就呈現在觀測板上的圖樣，如圖 9-8(d)。

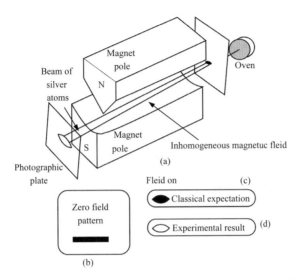

圖 9-8　(a)思特恩－格拉赫實驗結果；(b)沒有磁場的圖樣；(c)經典物理期望圖樣；
(d)實驗結果圖樣

(2) 分析 1

① 經典力學──沒有磁場

原子中μ_l沒有受磁力，就直接打在觀測板上，如圖 9-8(b)的圖樣。

② 經典力學──有磁場存在

原子中μ_l在z軸中的分量μ_{l_z}值可從 $-\mu_l$到$+\mu_l$，因此原子束的偏轉
應分佈在**連續帶**（continuous band），如圖 9-9 所示。

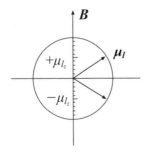

圖 9-9　μ_{l_z} 的連續帶

在實驗觀測板上的圖樣如圖 9-8(c)。

③ 量子力學

量子力學方面，μ_{l_z} 的唯一量子化值應為

$$\mu_{l_z} = -g_l \mu_b m_l \tag{9-14}$$

m_l 是一個整數值，即

$$m_l = -l_1 - l + 1, \cdots, -1, 0, 1, \cdots, l - 1, l \tag{9-15}$$

因此原子束的偏轉分佈到一些各別的分量性而形成**不連續帶**，如圖 9-10 所示。

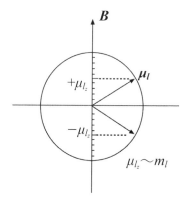

圖 9-10 　μ_{l_z} 的離散帶（不連續帶）

在實驗觀測板的圖樣如圖 9-8(d)。

(3) 分析 2

① 定性分析方面——空間量子化（space quantization）

實驗上，銀原子束分佈出兩個各別分量上。一個分量向 +z 軸方向偏轉，一個分量向 −z 軸方面偏轉，如圖 9-8(d)。這顯示與所取 z 軸方向無關，實際 z 軸方面就是磁場方向。此實驗再利用其他原子進行觀察，仍然有同樣結果。這些結果可以說是**定性**的，屬於原子 $\boldsymbol{\mu}_l$ 的 z 分量的**量子化**的實驗證明。換言之，這些實驗結果顯示出原子空間方位的量子化，即所謂的**空間量子化**。

② 定量分析方面

這些實驗在**量數**方面與式（9-14），（9-15）兩式不一致性，μ_{l_z} 的可能值數應該等於 μ_l 的可能值數，即$(2l+1)$數量。因為 l 是整數，而 $2l+1$ 為奇數，所以每一個 l 值必有一個 $m_l = 0$ 的可能值，而事實上，原子束偏轉為只有兩個分量，即使原子的基態 $l = 0$，$m_l = 0$ 也呈現兩個偏轉分。在數量上的分析顯然與原子的薛丁格理論相違背，要不然就是理論不完整。

2.電子自旋（Electron Spin）的發現——實驗與理論的完整性

(1) 菲浦斯與泰勒實驗（Phipps and Taylor Experiment）

1927 年，菲浦斯與泰勒的實驗結果說明理論並不是有錯誤，而是薛丁格原子理論的不完整。他們兩人利用氫原子束來取代銀原子束。因為氫原子中只有一個電子，氫原子在實驗中的溫度是相當低，因此應該說氫原子是在基態下，所以 $l = 0$ 及 $m_l = 0$，那麼依理論其 μ_{l_z} 為零，而不致於有電子偏轉現象，但實際上實驗結果有對稱性上下偏轉現象。

電子偏轉現象表示說在原子上的某些磁偶矩至今沒有被考慮之。如果有某些磁偶矩要考慮之，則**第一**認定**原子核**中電荷的運動，則有所謂的原

子核磁偶矩，大小有某些量級爲$e\hbar/2M(=\mu_M)$，M爲原子核中的質子質量，但是$e\hbar/2M$與電子的$e\hbar/2m\ (=\mu_b)$之間的差額約有 2000 倍，所以原子核磁偶矩不是電子偏轉的角色。這樣一來就認定問題是在電子本身上爲**第二認定的因素**。

電子本身已有軌道的磁偶矩$\pmb{\mu_l}$而來自於其角動量$\pmb{L}$事實的存在，因此我們就假設電子本身尚有所謂**固有磁偶矩**$\pmb{\mu_s}$而也對應其**固有角動量**$\pmb{S}$，此角動量就是所謂的**電子自旋**（Electron Spin）。既然電子有自旋，其角動量$\pmb{S}$及其分向量S_z的大小也比照L與L_z的量子數處理，即s與m_S。

(2) 電子自旋的量子數——s 與 m_s

電子的自旋角動量及其分量的量子數爲s與m_S，因此大小爲

$$S=\sqrt{s(s+1)}\hbar \text{ 與 } S_z=m_s\hbar \qquad (9\text{-}16)$$

接著自旋的磁偶矩$\pmb{\mu_s}$與分量$\pmb{\mu_{sz}}$也應比照軌道角動量等物理量μ_l與μ_{lz}關係爲

$$\pmb{\mu_s}=-\frac{g_s\mu_b}{\hbar}\pmb{S} \qquad (9\text{-}17)$$

$$\mu_{sz}=-g_s\mu_b m_s \qquad (9\text{-}18)$$

式中g_s稱爲**自旋g因子**（spin g factor）

依實驗結果，氫原子分裂爲兩個上下對稱的偏轉，因此可認定μ_{sz}應有兩個值——大小相同，但有正、負號存在。比照l與μ_l關係（$l=0, 1, 2, 3, \cdots$；$m_l=-l, -l+1, \cdots, -1, 0, 1, \cdots, l-1, l$），則$m_s$值的範圍由$-s$到$+s$，因此結論$m_s$只有兩個值，即

$$m_s = +\frac{1}{2}, \; -\frac{1}{2} \qquad\qquad (9\text{-}19)$$

而 s 只有單一值，即

$$s = \frac{1}{2} \qquad\qquad (9\text{-}20)$$

至於 g_s 因子的測定，可由在氫原子束分裂的量測中，氫原子的受力為

$$F_z = \left(\frac{\partial B_z}{\partial z}\right)\mu_{sz} = -\left(\frac{\partial B_z}{\partial z}\right)g_s\mu_b m_s$$

式中 μ_b 為已知，$\dfrac{\partial B_z}{\partial z}$ 可量測之，因此 $g_s\,m_s = \pm 1$ 而導致（$m_s = \pm\dfrac{1}{2}$）

$$g_s = 2 \qquad\qquad (9\text{-}21)$$

以上這些結果皆由不同實驗可確認之。

3.電子自旋與外磁場的作用──則曼效應（Zeeman Effect）

氫原子在基態下，$n=1$，$l=0$，$m_l=0$，以致於原子沒有軌道角動量，同時也沒有軌道磁偶矩 μ_l，但是在外磁場的作用下，基態能階會產生分列為兩個對稱性的上下能階，這反應出有兩個可能的位能值，即

$$\begin{aligned}
\Delta E &= -\boldsymbol{\mu_s} \cdot \boldsymbol{B} = -\mu_s B\cos\theta = -\mu_{sz}B \\
&= g_s\mu_b Bm_s \qquad\quad (m_s = \pm\tfrac{1}{2}) \\
&= \pm\frac{1}{2}g_s\mu_b B
\end{aligned}$$

$$= \pm\mu_b B \qquad (g_s = 2)$$

如圖 9-11 所示

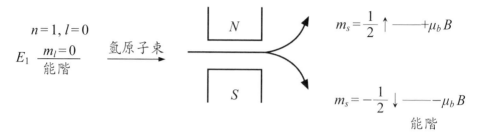

圖 9-11　則曼效應能階

4. g 因子，磁偶矩與角動量三者關係

(1) g 因子

$$g_l = 1 \text{——軌道角動量 } g \text{ 因子}$$
$$g_s = 2 \text{——自旋角動量 } g \text{ 因子}$$

(2) μ_l 與 μ_s 的比較

$$\boldsymbol{\mu}_l = -\frac{g_l \mu_b}{\hbar} \boldsymbol{L} , \qquad \boldsymbol{\mu}_s = -\frac{g_s \mu_b}{\hbar} \boldsymbol{S}$$

　　兩者磁偶矩都與角動量方向相同，完全來自於電子帶負電荷關係的事實。

例題2　在思特恩－格拉賽的實驗的磁鐵長 $D=1\text{m}$，今由高溫 $T=400°$ K中的爐中發射一束氫原子。這些氫原子隨磁場梯度 10tesla/m，因而有力施於電子自旋磁偶矩，以致於出口處原子有橫向偏轉情形，計算上下偏轉的距離。如圖 9-12。

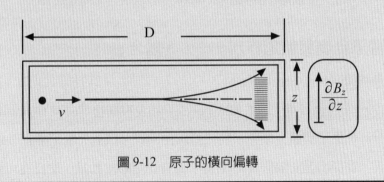

圖 9-12　原子的橫向偏轉

解： 氫原子發射能量為

$$\frac{1}{2}Mv_x^2 = \frac{3}{2}kT \text{，} v_x = \sqrt{\frac{3kT}{M}}$$

氫原子承受橫向力直到出口處的時間為

$$t = \frac{D}{v_x} = \frac{D}{\sqrt{\dfrac{3kT}{M}}} = D\sqrt{\frac{M}{3kT}}$$

氫原子承受的橫向力為 F_z，即

$$F_z = -\left(\frac{\partial B_z}{\partial z}\right)\mu_b g_s m_s$$

又 $g_s m_s = \pm 1$，則

$$F_z = \pm\left(\frac{\partial B_z}{\partial z}\right)\mu_b$$

因此

$$z = \frac{1}{2}a_z t^2 = \frac{1}{2}\frac{F_z}{M}\left[D\sqrt{\frac{M}{3kT}}\right]^2$$

$$= \pm\frac{\left(\frac{\partial B_z}{\partial z}\right)\mu_b D^2}{6kT}$$

$$= \pm\frac{(10\,\text{tesla/m})(0.927\times 10^{-23}\,\text{amp-m}^2))(1\text{m})^2}{6\times 1.38\times 10^{-23}\,\text{joule/°K}\times 400°\text{K}}$$

$$= \pm 2.8\times 10^{-3}\text{m}$$

這上下偏離的距離為 5.6mm，可以很容易觀測到的。

9-4 電子自旋與軌道作用——*L-S* 耦合

1.精細結構（Fine Structure）

　　1925 年烏倫貝克（G. E. Uhlenbeck）和戈德斯密（S. A. Goudsmit）為了要瞭解氫原子與鹼金屬原子的光譜線由兩條（成對）緊緊靠在一起譜線所組成，曾提出過兩個假設：(1)電子具有固定的角動量，即自旋角動量，(2)電子具有磁偶極矩。1927 年，菲浦斯與泰勒的實驗也證實上述的假設的存在。1928 年狄拉克（Paul Adrien Maurice Dirac）提出的相對論性量子力學把他們的假設自動地包括在內。這個光譜線的分裂稱為譜線的**精細結構**（Fine Structure）。例如鈉原子的 *D* 線分裂：

圖 9-13　鈉原子的 *D* 線精細結構

　　1887 年邁克耳孫（Albert Abraham Michelson）與莫雷（Edward W. Marley）發現巴耳麥（J. J. Balmer）的光譜線中第一條譜線 H_α 線也有精細

結構，當時由於譜線本底太強，無法分辨結構細節，只能認為是由雙線組成。1913 年，波爾提出定態躍遷原子模型，雖然成功地推出了巴耳麥公式，然而仍不能解釋精細結構。1916 年索末菲（Sommerfeld）對波爾理論作了相對論修正，計算出了雙線的理論，與實驗所得基本吻合。1926 年，海森伯（Werner Karl Heisenberg）等人用量子力學計算能階，與索末菲的結果稍有出入。1928 年，**狄拉克**提出相對論量子力學將烏倫貝克和戈德斯密兩人的假設考慮在內（自旋－軌道耦合），提出狄拉克方程式，可以描述氫原子的能階。據此得出氫譜 H_α 的精細結構。

　　原子的能譜的精細結果係由電子本身的固有自旋角動量與原子內部的內磁場間的交互作用所產生的能譜分裂。這與所謂的則曼效應不同，能譜的分裂係由電子自旋角動量與外磁場的交互作用所產生的。

2.電子自旋與軌道的交互作用

(1) 內部磁場

　　前節分析讓我們瞭解到單一電子原子的能量分裂的光譜精細結構，係由電子的自旋角動量與原子內部磁場的交互作用所引起。原子內部磁場是如何產生的，我們可先瞭解電子在原子內部所承受之電磁力開始談起。如果是電力，作用力來自於電場，電場 **E** 的產生係由原子核內的正電荷產生，如圖 9-14(a)的實驗系所示，在此實驗系中電子環繞原子核時就有軌道式的角動量 **L**。如果電子所承力的作用力來自於磁場 **B**，即所謂磁力，那麼架在電子上的磁場可說由原子核正電荷對電子的相對運動所引起，如圖 9-14(b)所示的電子系。就原子內磁場 **E** 的存在就採用電子系座標。

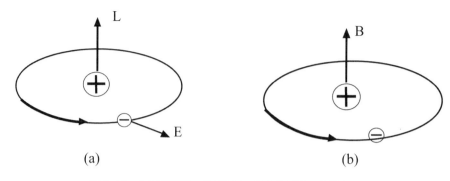

圖 9-14 (a)實驗系─電場 $\boldsymbol{E}$ (b)電子系─磁場 $\boldsymbol{B}$

① 電流密度 $\boldsymbol{j}$

帶正電荷電子核對電子的相對運動的速度為（$-\mathbf{v}$），因此建立的電流單位 $\boldsymbol{j}$ 為

$$\boldsymbol{j} = (Ze)(-\mathbf{v}) = -Ze\mathbf{v}$$

② 磁場強度 $\boldsymbol{B}$

依必歐─沙伐定律（Biot-Savart law），電流單元 $\boldsymbol{j}$ 對電子位置處的磁場 $\boldsymbol{B}$ 為

$$\boldsymbol{B} = \frac{\mu_0}{4\pi} \frac{\boldsymbol{j} \times \hat{r}}{r^2} = \frac{\mu_0}{4\pi} \frac{\boldsymbol{j} \times \boldsymbol{r}}{r^3}$$
$$= -\frac{Z\mu_0 e}{4\pi} \left(\frac{\mathbf{v} \times \boldsymbol{r}}{r^3} \right)$$

如圖 9-15 右邊圖所示

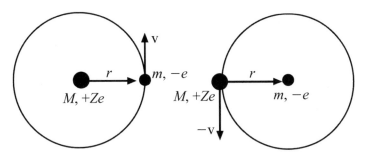

圖 9-15　電子上的磁場

③ 電子上的電磁場 E 與 B 間的關係

　　從圖 9-14 中可知道電子上有電場 E 與磁場 B，兩者間的關係如下：
從實驗系中，電子所處的電場為

$$E = \frac{1}{4\pi\varepsilon_0}\frac{Ze\mathbf{r}}{r^3}$$

因此，磁場 B 可寫為

$$B = -\frac{E\mu_0 e}{4\pi}\left(\frac{\mathbf{v}\times\mathbf{r}}{r^3}\right) = -\frac{Z\mu_0 e}{4\pi}\mathbf{v}\times\left(\frac{1}{4\pi\epsilon_0}\frac{\mathbf{r}}{r^3}\right)(4\pi\epsilon_0)$$
$$= -\epsilon_0\mu_0\,\mathbf{v}\times E$$

或

$$B = -\frac{1}{c^2}\mathbf{v}\times E \qquad\qquad (9\text{-}22)$$

式中 $c = \dfrac{1}{\sqrt{\epsilon_0 \mu_0}}$ 爲光速，$\mathbf{v}$ 爲電子速度（相對於原子核）因此電子在原子的運行中，其上有電場 $\boldsymbol{E}$ 與磁場 $\boldsymbol{B}$，兩者關係如式（9-22）。

(2) 電子自旋角動量 $\boldsymbol{S}$ 與軌道角動量 $\boldsymbol{L}$ 的交互作用能

一般上電子有自旋的磁偶矩 $\boldsymbol{\mu}_s$，在磁場 $\boldsymbol{B}$（不管內部或外部磁場）中的交互作用能爲

$$\Delta E = -\boldsymbol{\mu}_s \cdot \boldsymbol{B}$$

今引進式（9-17）

$$\Delta E = \frac{g_s \mu_b}{\hbar} \boldsymbol{S} \cdot \boldsymbol{B}$$

上式的能量的計算是建立在電子靜止的座標系中，但我們較有興趣的能量是應建立在原子核靜止的正常座標系。因爲相對論的速度轉換效應，則應使轉換回到原子核的靜止系，其結果這交互作用能量應有 $\dfrac{1}{2}$ 的減少量，因此自旋－軌道的交互作用能爲

$$\Delta E = \Delta E_{LS} = \frac{1}{2} \frac{g_s \mu_b}{\hbar} \boldsymbol{S} \cdot \boldsymbol{B} \tag{9-23}$$

(3) 內部磁場 $\boldsymbol{B}$ 與角動量 $\boldsymbol{L}$ 關係

由式（9-22）中的電場 $\boldsymbol{E}$ 與電子電位能關係得

$$E = -\frac{F}{e} = -\frac{1}{e}\left[-\frac{dV(r)}{dr}\hat{r}\right] = \frac{1}{e}\frac{dV(r)}{dr}\frac{r}{r} \qquad (9\text{-}24)$$

因此式（9-22）可寫爲

$$B = -\frac{1}{c^2}\mathbf{v} \times \left(\frac{1}{e}\frac{dV(r)}{dr}\right)\frac{r}{r}$$

$$= -\frac{1}{ec^2}\frac{1}{r}\frac{dV(r)}{dr}\mathbf{v} \times r$$

$$= \frac{1}{emc^2}\frac{1}{r}\frac{dV(r)}{dr}(-m\mathbf{v} \times r) \qquad (9\text{-}25)$$

$$B = \frac{1}{emc^2}\frac{1}{r}\frac{dV(r)}{dr}L \qquad (9\text{-}26)$$

於此注意，角動量 L 係由電子環繞原子核的軌道角動量（如圖 9-13(a)）。式（9-26）說明磁場強度 B 與角動量的大小 L 成正比，同時方向也同方向。如圖 9-14 所示。

(4) 以角動量 L 來描述自旋－軌道交互作用能

我們將以自旋－軌道的交互作用功 $S \cdot L$ 來表示式（9-23），即將式（9-26）代入式（9-23）得

$$\Delta E_{LS} = \frac{1}{2}\frac{g_s\mu_b}{\hbar}S \cdot B$$

$$= \frac{g_s\mu_b}{2emc^2\hbar}\frac{1}{r}\frac{dV(r)}{dr}S \cdot L$$

而 $g_s\mu_b = 2 \times \dfrac{e\hbar}{2m} = \dfrac{e\hbar}{m}$ ，因此

$$\Delta E_{LS} = \frac{1}{2m^2c^2}\frac{1}{r}\frac{dV(r)}{dr}S \cdot L \qquad (9\text{-}27)$$

上式方程式是於 1926 年**湯姆斯**（Thomas）應用波爾原子模型，薛丁格量子力學與相對動力論等所導出。無論如何，這個結果也與狄拉克相對論量子力學的推導完全吻合。同時在多數電子原子的理論上也是很重要，如同於單一電子原子。更進一步，有一類似方程式是主要的來瞭解原子核結構的理論。

例題 3　(a)計算氫原子在 $n=2$，$l=1$ 原子態時的自旋－軌道的交互作用能 ΔE_{LS}，同時檢測所觀察到精細結構線譜分裂的大小程度的能階。

　　　　　(b)計算內部磁場的大小作用於電子的自旋磁偶矩。

解：　(a). 於此注意，氫原子態 $n=1$ 時，l 必為 0，因此 $L=0$，這表示

$$\Delta E_{LS} = 0$$

電子位能為

$$V(r) = -\frac{e^2}{4\pi\epsilon_0}\frac{1}{r}$$

$$\frac{dV(r)}{dr} = \frac{e^2}{4\pi\epsilon_0}\frac{1}{r^2}$$

因此

$$\Delta E_{LS} = \frac{e^2}{4\pi\epsilon_0}\frac{1}{2m^2c^2}\frac{1}{r^3}\boldsymbol{S}\cdot\boldsymbol{L}$$

$L=\sqrt{l(l+1)}\hbar=\sqrt{2}\hbar$，$S=\sqrt{s(s+1)}\hbar=\frac{\sqrt{3}}{2}\hbar$，則 $\boldsymbol{S}\cdot\boldsymbol{L}$ 約為 $\hbar^2$，

$\frac{1}{r^3}$ 的平均值為

$$\left\langle\frac{1}{r^3}\right\rangle = \int \psi_{21m_l}^*(r)\frac{1}{r^3}\psi_{21m_l}(r)d\tau$$

$$\simeq \frac{1}{(3a_0)^3}$$

$$\Delta E_{LS} = \frac{e^2}{4\pi\epsilon_0\, 2m^2c^2} \frac{1}{(3a_0)^3}\hbar^2 = \frac{me^8}{54 \times (4\pi\epsilon_0)^4\, c^2\, \hbar^4}$$

$$= \frac{(9 \times 10^9 \text{nt-m}^2/\text{caul}^2)^4 \times (9 \times 10^{-31}\text{kg}) \times (1.6 \times 10^{-19}\text{caul})^8}{54 \times (3 \times 10^8\text{m/s})^2 \times (1.1 \times 10^{-34}\text{J-s})^4}$$

$$\simeq 10^{-23}\text{joule} \simeq 10^{-4}\text{eV}$$

因此能階分裂約 2×10^{-4}eV。而氫原子能階為 $E_2 = -3.4$eV。則 $\left|\dfrac{\Delta E}{E}\right| \sim \dfrac{1}{10000}$。這結果對氫原子線譜的細精結構線譜分裂相當吻合。

(b). (a)的結果 $\Delta E_{LS} \sim 10^{-23}$j，因此

$$\Delta E_{LS} = -\boldsymbol{\mu}_s \cdot \boldsymbol{B}$$

或

$$\Delta E_{LS} \sim \mu_s B \sim \mu_b B$$

$$\therefore B \sim \frac{\Delta E_{LS}}{\mu_b} = \frac{10^{-23}\text{joule}}{10^{-23}\text{amp-m}^2} \sim 1 \text{ tesler}$$

這表示電子自旋磁偶矩會有感覺到此一強磁場的存在，因為電子以高速度通過磁場環繞原子核。

9-5 總角動量

1.電子自旋角動量與軌道角動量無交互作用

(1) 若 LS 不耦合，則電子自旋角動量 $\boldsymbol{S}$ 與軌道角動量 $\boldsymbol{L}$ 將各自獨立。在一般自由空間中，沒有力矩，即沒有外磁場作用 $\boldsymbol{L}$ 及 $\boldsymbol{S}$ 上，因此獨立環繞於以 z 軸為軸的圓錐內進動，如圖 9-16 所示。

(2) 這些向量 $\boldsymbol{L}, \boldsymbol{S}$ 等有固定的大小與分量，即 L, L_z, S, S_z 等等，而其固定值則以所對應的量子數 l, m_l, s 及 m_s 等表示。

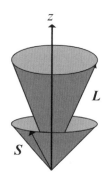

圖 9-16　L 與 S 獨立繞 z 軸進動

2.電子自旋角動量 S 與軌道角動量 L 間的交互作用。

(1) 若 LS 有耦合時，S 與 L 的獨立進動被破壞，而重組另一向量和角動量 J，並環繞理論的 z 軸進動，如圖 9-17。

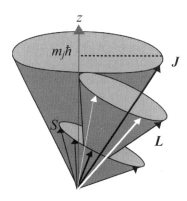

圖 9-17　L 和 S 等速地環繞 J 進動，而 J 再環繞理論軸，即新 z 軸，進動

(2) 因爲原子內有一強有力的磁場作用在電子，因此才有 LS 的耦合現象。這內部磁場 **B** 有力矩作用於電子的角動量 **L** 及 **S**，即

$$\tau = \mu_l \times B \text{，而 } \mu_l \sim L$$

$$\tau = \mu_s \times B，而 \mu_s \sim S$$

同時演進**拉莫**進動（Larmor Precession），而力矩不會改變 *L* 與 *S* 的大小，但是會增強耦合。他們進行進動，其進動方向決定於各個向量的方向。*L* 與 *S* 的進動是環繞他們的組合向量 *J* 進行進動。如圖 9-16 所示。

3.總角動量 *J*

當電子軌道角動量 *L* 和電子自旋角動量 *S* 合在一起時，將會產生原子的電子的總角動量 *J*，這種聯合過程可以看成相當於**半經典向量模式**的相加。

若原子在自由空間及沒有外磁場的力矩作用下，這總角動量是守恆的，大小與方向是固定的。因此圖 9-17 所示的總角動量 *J* 為

$$J = L + S \qquad (9\text{-}28)$$

將會維持一固定的大小 *J* 及分量 J_z，同時 *L* 與 *S* 也環繞他們的合向量 *J* 進行進動。

(1) **總角動量 *J* 的大小及分量 J_z 所對應的量子數 j 與 m_j**

如同於軌道角動量 *L* 的特性的研討，*J* 的大小及其分量 J_z 可由兩個量子數 j 與 m_j 來指定，因此 *J* 與 J_z 的大小為

$$J = \sqrt{j(j+1)}\hbar \qquad (9\text{-}29)$$

$$J_z = m_j \hbar \qquad (9\text{-}30)$$

而 m_j 的可能值為

$$m_j = -j, \; -j+1, \; \cdots, \; -1, \; 0, \; 1, \; \cdots, j-1, j \qquad (9\text{-}31)$$

(2) 量子數 m_j, m_l 及 m_s 等的關係

由式（9-28）J 的定義，則 z 軸分量爲

$$J_z = L_z + S_z$$

因此

$$m_j \hbar = m_l \hbar + m_s \hbar$$

或

$$m_j = m_l + m_s$$

而 $m_l = -l, \; -l+1, \; \cdots, \; -1, \; 0, \; 1, \; \cdots, l-1, l$

$$m_s = -\frac{1}{2}, \; \frac{1}{2}$$

因此

$$(m_j)_{\max} = l + \frac{1}{2} \qquad (9\text{-}32)$$

(3) 量子數 j, l 及 s 等的關係

依式（9-31），$(m_j)_{\max}$ 也等於 j 的最大可能值，同時角動量量子數通常是一個整數量的遞減，因此

$$j = l + \frac{1}{2} , \ l - \frac{1}{2} , \ l - \frac{3}{2} , \ l - \frac{5}{2} , \tag{9-33}$$

但依向量不等式（參閱圖 9-18）

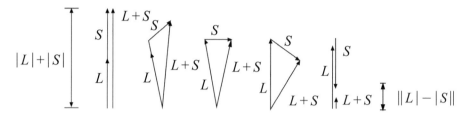

圖 9-18 向量 L 與 S 的合向量 J 的向量圖

$$|\boldsymbol{L} + \boldsymbol{S}| \geq |\boldsymbol{L}| - |\boldsymbol{S}|$$

或

$$|\boldsymbol{J}| \geq |\boldsymbol{L}| - |\boldsymbol{S}|$$

或

$$\sqrt{j(j+1)}\,\hbar \geq \left| \sqrt{l(l+1)}\,\hbar - \sqrt{s(s+1)}\,\hbar \right| \tag{9-34}$$

又由於 $s = \dfrac{1}{2}$，因此式（9-33）的系列中，只有兩個 j 值能滿足式（9-34），即

$$j = l + \frac{1}{2} , \ l - \frac{1}{2} \tag{9-35a}$$

由此很明顯地，$l=0$ 時，j 只有一個可能值，即

$$j=\frac{1}{2}\ (l=0\ 時)\qquad\qquad\qquad (9\text{-}35b)$$

例題 4 計算 $l=3$ 態時，量子數 j 與 m_j 的可能值及向量圖示

解： 依式（9-35a）及式（9-31）

$l=3$，$S=\dfrac{1}{2}$

(1)$j=l+\dfrac{1}{2}=3+\dfrac{1}{2}=\dfrac{7}{2}$

$m_j=-\dfrac{7}{2},\ -\dfrac{5}{2},\ -\dfrac{3}{2},\ -\dfrac{1}{2},\ \dfrac{1}{2},\ \dfrac{3}{2},\ \dfrac{5}{2},\ \dfrac{7}{2}$

(2)$j=l-\dfrac{1}{2}=3-\dfrac{1}{2}=\dfrac{5}{2}$

$m_j=-\dfrac{5}{2},\ -\dfrac{3}{2},\ -\dfrac{1}{2},\ \dfrac{1}{2},\ \dfrac{3}{2},\ \dfrac{5}{2}$

(3)向量圖示（如圖 9-19）

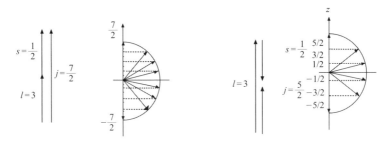

圖 9-19

(4) *L-S* 耦合的角度──cosθ

依向量合成，如圖 9-20 所示

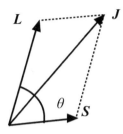

圖 9-20 合成向量 $\boldsymbol{J} = \boldsymbol{L} + \boldsymbol{S}$

$$\boldsymbol{J} = \boldsymbol{L} + \boldsymbol{S}$$

$$J^2 = L^2 + S^2 + 2LS\cos\theta$$

$$\cos\theta = \frac{J^2 - L^2 - S^2}{2LS}$$

$$= \frac{j(j+1) - l(l+1) - s(s+1)}{2\sqrt{l(l+1)}\sqrt{s(s+1)}} \tag{9-36}$$

例如，例 9-4，$l=3$，$s=\dfrac{1}{2}$，則

① $j = l + \dfrac{1}{2} = 3 + \dfrac{1}{2} = \dfrac{7}{2}$

$$\cos\theta = \frac{\left(\frac{7}{2}\right)\left(\frac{7}{2}+1\right) - 3(3+1) - \frac{1}{2}\left(\frac{1}{2}+1\right)}{2\sqrt{3(3+1)}\sqrt{\frac{1}{2}\left(\frac{1}{2}+1\right)}} = \frac{3}{6} = \frac{1}{2}$$

$\theta = 60°$

② $j = l - \dfrac{1}{2} = 3 - \dfrac{1}{2} = \dfrac{5}{2}$

$$\cos\theta = \frac{\left(\frac{5}{2}\right)\left(\frac{5}{2}+1\right) - 3(3+1) - \frac{1}{2}\left(\frac{1}{2}+1\right)}{2\sqrt{3(3+1)}\sqrt{\frac{1}{2}\left(\frac{1}{2}+1\right)}} = -\frac{4}{6}$$

$\theta = 132°$ （約）

9-6 L-S 耦合能量 ΔE_{LS} 與氫原子能階──精細結構

1. L-S 耦合能量 ΔE_{LS}

從式（9-27）與總角動量，得

$$\Delta E_{LS} = \frac{1}{2m^2c^2} \frac{1}{r} \frac{dV_{(r)}}{dr} \boldsymbol{S} \cdot \boldsymbol{L}$$

$$= \frac{1}{2m^2c^2} \frac{1}{r} \frac{dV_{(r)}}{dr} \times \frac{1}{2} (J^2 - L^2 - S^2)$$

或

$$\Delta E_{LS} = \frac{\hbar}{4m^2c^2} [j(j+1) - l(l+1) - s(s+1)] \frac{1}{r} \frac{dV_{(r)}}{dr}$$

而一般對於原子態的能量皆以平均值來計算，因此

$$\langle \Delta E_{LS} \rangle = \frac{\hbar}{4m^2c^2} [j(j+1) - l(l+1) - s(s+1)] \langle \frac{1}{r} \frac{dV_{(r)}}{dr} \rangle \qquad （9-37）$$

此處

$$\langle \frac{1}{r} \frac{dV_{(r)}}{dr} \rangle = \int \psi_{nlm_l}^* (r, \theta, \varphi) \left(\frac{1}{r} \frac{dV_{(r)}}{dr} \right) \psi_{nlm_l} (r, \theta, \varphi) \, d\tau$$

$$= \int R_{nl}^* (r) \left(\frac{1}{r} \frac{dV_{(r)}}{dr} \right) R_{nl} (r) \, 4\pi r^2 dr$$

此計算實際是以**徑向機率密度**（$4\pi r^2 R_{nl}^* R_{nl}$）處理。

2.氫原子能階

(1) 氫原子能階態在有 LS 耦合時的符號：nA_j

氫原子態在 LS 耦合時

$$J = L + S$$

J, L 及 S 的量子數爲 j, l, s，且

$$j_{\max} = l + s, \qquad j_{\min} = l - s$$

同時主量子數爲 n，對於不同 l 量子數的書寫字體如下：

$$l : 0 \quad 1 \quad 2 \quad 3 \quad 4 \quad 5 \quad \cdots$$

$$書寫字體 A = s \quad p \quad d \quad f \quad g \quad h \quad \cdots$$

例如：$n = 2$，$l = 0$ 與 1，$s = \dfrac{1}{2}$，因此

① $j = l + s = 1 + \dfrac{1}{2} = \dfrac{3}{2}$

　$j = l - s = 1 - \dfrac{1}{2} = \dfrac{1}{2}$

② $j = l + s = 0 + \dfrac{1}{2} = \dfrac{1}{2}$ 　　$(l = 0)$

　$j = l - s = 0 - s = -\dfrac{1}{2}$ 　　$(l = 0)$ 不成立，因 s, l, j 量子數皆必須大於

　等於 0。

因此氫原子能階應 nA_j 的書寫爲

$$n = 2，l = 1，s = \frac{1}{2}，j = \frac{3}{2} \longrightarrow 2P_{3/2}$$

$$n=2 \, , \, l=1 \, , \, s=-\frac{1}{2} \, , \, j=\frac{1}{2} \rightarrow 2P_{1/2}$$

$$n=2 \, , \, l=0 \, , \, s=\frac{1}{2} \, , \, j=\frac{1}{2} \rightarrow 2S_{1/2}$$

(2) 能量移位的存在

依例 9-3 題，氫原子在 $n=2$，$l=1$ 原子態，能量的上下移位線譜寬度 ΔE_{LS} 約有 $\frac{1}{10,000}$（$\approx 10^{-4}$eV）

① $\boldsymbol{L}$ 與 $\boldsymbol{S}$ 平行時（$2p_{3/2}$ 態），$l=1$，$s=\frac{1}{2}$，則 $j=\frac{3}{2}$，因此 ΔE_{LS} 向上移位。

② $\boldsymbol{L}$ 與 $\boldsymbol{S}$ 反平行時（$2p_{1/2}$ 態），$l=1$，$s=-\frac{1}{2}$，則 $j=\frac{1}{2}$，因此 ΔE_{LS} 向下移位。

③ $\boldsymbol{L}=0$ 不 $2s_{1/2}$ 態，$l=0$，$s=\frac{1}{2}$，則 $j=\frac{1}{2}$，因此 $\Delta E_{LS}=0$，因為沒有 L-S 耦合存在。

(3) 氫原子的精細結構分裂

在氫原子方面，電子的位能為

$$V(r) = -\frac{1}{4\pi\epsilon_0} \frac{e^2}{r}$$

因此

$$\langle \frac{1}{r} \frac{dV(r)}{dr} \rangle = \frac{e^2}{4\pi\epsilon_0} \langle \frac{1}{r^3} \rangle$$

就從式（9-37），能量移位 ΔE_{LS} 為

$$\langle \Delta E_{LS} \rangle = \frac{\hbar^2 e^2}{16\pi\epsilon_0 m^2 c^2} \left[j(j+1) - l(l+1) - s(s+1) \right] \left\langle \frac{1}{r^3} \right\rangle$$

$$= \frac{\hbar^2 e^2}{16\pi\epsilon_0 m^2 c^2} \frac{\left[j(j+1) - l(l+1) - s(s+1) \right]}{a_0^3 n^3 l \left(l + \frac{1}{2} \right)(l+1)}$$

$$= (E_n^2) \frac{1}{mc^2} \frac{n\left[j(j+1) - l(l+1) - s(s+1) \right]}{l \left(l + \frac{1}{2} \right)(l+1)}$$

或

$$\langle \Delta E_{LS} \rangle = \alpha_n \frac{n\left[j(j+1) - l(l+1) - s(s+1) \right]}{l \left(l + \frac{1}{2} \right)(l+1)}$$

式中 $\alpha_n = \dfrac{E_n^2}{mc^2}$ 只與主要量子數 n 有關。今 $n=2$，$l=1$ 時，有 $j=1+\dfrac{1}{2}=\dfrac{3}{2}$ 與 $j=1-\dfrac{1}{2}=\dfrac{1}{2}$，即表示有兩個能階態 $2p_{3/2}$ 與 $2p_{1/2}$，因此 E_2 會分裂兩個能階（$n=2$，$\alpha_2 = \dfrac{E_2^2}{mc^2} = 0.23 \times 10^{-4}\,\text{eV}$）

$$\langle \Delta E_{LS} \rangle_{2p_{3/2}} = \frac{2}{3}\alpha_2 \quad\text{——向上位移}$$

$$\langle \Delta E_{LS} \rangle_{2p_{1/2}} = -\frac{4}{3}\alpha_2 \quad\text{——向下位移}$$

如圖 9-21 所示

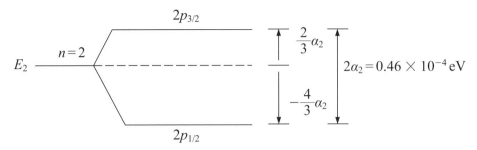

圖 9-21　LS 耦合時的精細結構能階分裂

與例 9-3 很吻合。若再從巴爾麥系列的能譜，精細結構的波長差距$\Delta\lambda$如下：

波長λ	波長差距$d\lambda$
656.28nm	0.014nm
486.13nm	0.008nm
434.05nm	0.007nm
412.20nm	0.006nm

這些分裂波長$\Delta\lambda$都是在微波的範圍，因此氫原子的精細結構能階較爲困難觀察得到。

(3) 氫原子能階

氫原子能階分裂的精細結構可從波爾理論開始，由一個所謂的**精細結構常數**（Fine structure constant）α 來跨大線譜分裂，即以$\left(\dfrac{1}{\alpha}\right)^2 = (137)^2 = 1.88 \times 10^4$的因子進行，

$$\alpha = \frac{e^2}{4\pi\epsilon_0\hbar c} \sim \frac{1}{137} \qquad (9\text{-}38)$$

氫原子能階的各種模型理論分別如下：

① 波爾模型理論

$$E_n = -\frac{m}{2}\left(\frac{Ze^2}{4\pi\epsilon_0\hbar}\right)^2 \frac{1}{n^2}$$

② 威爾遜－索末菲模型理論－含相對論的修正

$$E_{n,n_\theta} = -\frac{mZ^2e^4}{(4\pi\epsilon_0)^2 2n^2\hbar^2}\left[1 + \frac{\alpha^2Z^2}{n}\left(\frac{1}{n_\theta} - \frac{3}{4n}\right)\right] \tag{9-39}$$

③ 狄拉克模型理論——含相對論與 *LS* 耦合

$$E_{n,j} = -\frac{mZ^2e^4}{(4\pi\epsilon_0)^2 2n^2\hbar^2}\left[1 + \frac{\alpha^2Z^2}{n}\left(\frac{1}{j+\frac{1}{2}} - \frac{3}{4n}\right)\right] \tag{9-40}$$

能階譜線如圖 9-22 所示。

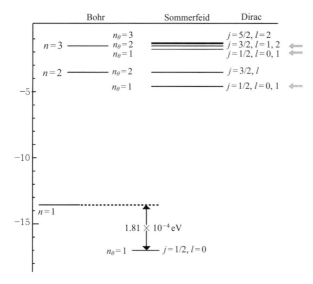

圖 9-22　氫原子能階

　　圖 9-22 中的索末菲與狄拉克能階的分移可從波爾能階以精細結構常數 $\left(\dfrac{1}{\alpha}\right)^2 = (137)^2 = 1.88 \times 10^4$ 的因子誇大之。若以精細結構常數 α 以 1 來替代 $\dfrac{1}{137}$，則圖 9-22 將很完整地核計之。但在狄拉克模型理論中，其能階有**簡併**（degeneracy），因為 $E_{n,j}$ 公式中，能階只與量子數 n 與 j 有關，而與量子數 l 無關。

(4) 氫原子能階的超精細能階分裂

　　超精細能階分裂是來自於內部磁場（電子的運動產生）與原子核的磁偶矩 $\boldsymbol{\mu}_n$ 間的交互作用所引起的**能量移位**。這種能量移位遠小於 LS 耦合的能量移位。

9-7 躍遷機率與選擇規則

1.躍遷選擇規則

　　氫原子吸收能量被激發到高能階，這些高能階的原子將及時瞬間自發躍遷逐步到低能階。在一對能階的每次躍遷會有某些頻率的光子輻射發射出來，其光子的頻率依下式計算之

$$v = \frac{1}{h}\,(E_H - E_L)$$

在所有躍遷所發射出來的離散頻率將構成一系列的光譜線，但量測的結果並不是所有的光譜線會有發生的存在，因此兩能階的躍遷所產生光子的頻率可觀測到的話，可依兩能階的**量子數**要符合下列所謂**選擇規則**（Selection Rules）來決定，即

$$\Delta l = \pm 1 \qquad\qquad (9\text{-}41)$$

$$\Delta j = 0, \pm 1 \qquad\qquad (9\text{-}42)$$

上兩式亦可適用於所有單一電子原子的躍遷

2.躍遷機率（Transition Rates）

在光譜分析中觀察到能階間的吸收或輻射線強度不同，對機率高的躍遷，曝光強度較強，機率低的躍遷，曝光強率較弱。

這些躍遷的機率可由原子的特徵函數來計算，即利用量子力學的微擾理論處理，因此所有選擇規則可由躍遷機率的計算得之。因為選擇規則剛好可詳細說明，若躍遷有機率的話，太小的機率就不會被觀察到。

(1) 躍遷機率的定義

原子從某一能階進行躍遷到另一能階的**每秒的機率**。

(2) 躍遷的機率密度函數

激發態原子躍遷會輻射放出光子，這個過程的機率密度函數有兩種狀況：

① 若原子的波函數中只對應單一量子態，則其機率密度 $\Psi^*\Psi$ 是時間方面的常數。

② 若原子的波函數中是**兩個量子態**的混合波函數，則機率密度 $\Psi^*\Psi$ 中含有**時間的振盪項**，其振盪項頻率為

$$v = \frac{1}{h}(E_2 - E_1)$$

E_2 及 E_1 為兩個量子態的能量。

③ 電荷行為的狀態

a. 原子的電子在某一位置被發現可由機率密度的適當值來確定,因此電子不會被確定在一特殊的位置上。

b. 原子的電荷分佈與機率密度成正比,所以當原子在兩量子態的混合中,其電荷分佈會振盪,其振盪頻率確精細為兩能量階間躍遷所輻射放出光子的頻率,即

$$v_{電荷} = v_{光子} = \frac{1}{h}\,(E_2 - E_1)　　　　（9-43）$$

④ 電荷分佈振盪的**輻射頻率**

電荷分佈的振盪是指的它的**電偶矩 p**,這個振盪 p 是一個最有效率的**輻射器**。

單一電子原子的電偶矩定義為

$$\boldsymbol{p} = -e\boldsymbol{r}$$

$(z=1)$

依電動力學,其輻射出的電磁能率的平均值為

$$\langle R \rangle = \frac{4\pi^3 v^4}{3\epsilon_0 c^3}p^2　　　　（9-44）$$

v 為 p 的振盪頻率。

原子所輻射出的電磁能是以**光子**帶走,因此光子的射出率 R 為

$$R = \frac{\langle R \rangle}{hv} = \frac{4\pi^3 v^3}{3\epsilon_0 c^3 h}p^2　　　　（9-45）$$

同時，光子放出的每秒機率出剛好為原子躍遷的每秒機率，因此 R 也稱為原子**躍遷機率**。

3.量子力學的躍遷機率

在式（9-45）中的 p 應以量子力學的**期望值**，即平均值式計算，因此需以原子的波函數 $\Psi(r, t)$，或特徵函數 $\psi(r)$ 來計算。假設原子處在兩原子態的混合態時，其**機率密度**為

$$\Psi^*\Psi = (c_1\psi_1\, e^{-iE_1 t/\hbar} + c_2\psi_2\, e^{-iE_2 t/\hbar})^* \times (c_1\psi_1\, e^{-iE_1 t/\hbar} + c_2\psi_2\, e^{-iE_2 t/\hbar})$$

$$= c_1^*c_1\psi_1^*\psi_1 + c_2^*c_2\psi_2^*\psi_2 + c_1^*c_2\psi_1^*\psi_2\, e^{-i(E_2 - E_1)t/\hbar} + c_2^*c_1\psi_1\psi_2^*\, e^{-i(E_1 - E_2)t/\hbar}$$

為方便計算，令 $c_1 = c_2 = 1$，同時 ψ_1 及 ψ_2 已是正歸一的，因此

$$\Psi^*\Psi = \psi_f^*\psi_f + \psi_i^*\psi_i + \psi_i^*\psi_f e^{i(E_i - E_f)t/\hbar} + \psi_f^*\psi_f e^{-i(E_i - E_f)t/\hbar}$$

那麼

$$\langle p \rangle = \int \Psi^*\,(-er)\,\Psi d\tau \sim \int \Psi^*\,(er)\,\Psi d\tau$$

$$\sim \int \psi_f^*\,(er)\,\psi_f d\tau + \int \psi_i^*\,(er)\,\psi_i d\tau$$

$$\nearrow 奇函數 \qquad \nearrow 奇函數$$

$$+ e^{i(E_i - E_f)t/\hbar} \int \psi_i^*\,(er)\,\psi_f d\tau$$

$$+ e^{-i(E_i - E_f)t/\hbar} \int \psi_f^*\,(er)\,\psi_i d\tau$$

上式第一，二項因積分函數為奇函數，積分值為零。
因為

$$2\pi v = \frac{1}{\hbar}\,(E_i - E_f)$$

因此上式中後兩項為敘述 p 振盪的平均值，其振幅與 p_{fi} 成正比，p_{fi} 為

$$p_{fi} = |\int \psi_f^* (er)\psi_i \, d\tau| \qquad (9\text{-}46)$$

p_{fi} 稱為初態與末態兩能態間電偶矩的期望值。這樣一來，原子的躍遷機率為

$$R = \frac{4\pi^3 v^3}{3\epsilon_0 \hbar c^3} p^2 \text{（古典）}$$

$$= \frac{16\pi^3 v^3}{3\epsilon_0 \hbar c^3} p_{fi}^2 \text{（量子力學）} \qquad (9\text{-}47)$$

摘記：

(1) $p_{fi} = 0$——無電偶矩的躍遷

(2) $p_{fi} \neq 0$——有電偶矩的躍遷

(3) 躍遷是否能發生並非絕對的，目前只考慮電偶矩的存在。

(4) $\dfrac{1}{R}$ 表示躍遷反應發生的時間，即電子處於高能階上的**生命期**

（lifetime）。

4.躍遷機率與選擇規則

由（9-46）、（9-47）式知，若兩能態間要有躍遷發生，則 p_{fi} 不可為零。反之，躍遷將不會發生。因此，躍遷發生與否將由特徵函數兩態量子數的固定條件決定而形成選擇規則。

躍遷的選擇規則如下：

(1)以單一電子原子的特徵函數 $\psi(r, \theta, \varphi)$ 為主，由（9-46）式與角動量守恆，允許躍遷規則為

$$\Delta l = \pm 1$$

$$\Delta j = 0, \pm 1 \quad （考慮 LS 偶合）$$

(2) 將混合式的機率密度 $\Psi^*\Psi$ 代入(42)式，可求得兩態間是否允許發生躍遷，其選擇規則：

$$\Delta m_l = 0, \pm 1 \quad （不考慮 LS 偶合）$$

$$（有強磁場作用）$$

例題 5　將氫原子置放於一很強的外磁場中，氫原子的 L-S 耦合被破壞，因此軌道角動量 L 與自旋角動量 S 各自獨立繞磁場進動。若磁場方向定為 z 軸，則分量 $L_z = m_l\hbar$ 與 $S_z = m_s\hbar$ 為定值常數，m_l 與 m_s 在這些情況是良好的量子數。氫原子的光譜線可量測到所依據的選擇規則的存在為 $\Delta m_l = 0, \pm 1$。想要獲此結果可計算電偶矩的躍遷 p_{fi}。

解：　電偶矩的躍遷為

$$p_{fi} = \int_0^\infty \int_0^\pi \int_0^{2\pi} \psi_j^* (r, \theta, \varphi) (e\boldsymbol{r}) \psi_i (r, \theta, \varphi) r^2 \sin\theta \, dr \, d\theta \, d\varphi$$

此處

$$\psi_j (r, \theta, \varphi) = \psi_{nlm_l} (r, \theta, \varphi)$$

$$= R_{nl} (r)\Theta_{lm_l} (\theta)\Phi_{m_l} (\varphi)$$

則

$$p_{fi} = e\int (R_{nl}^* (r))_f (R_{nl} (r))_i \, r^2 \, dr \int (\Theta_{lm_l}^* (\theta))_f (\Theta_{lm_l} (\theta))_i \, \sin\theta \, d\theta$$

$$\int (\Phi_{m_l}^* (\varphi))_f \boldsymbol{r} (\Phi_{m_l} (\varphi))_i \, d\varphi$$

上面的三個單一函數積分中，只有一個積分會導致選擇規則成立，即

$$I = \int_0^{2\pi} (\Phi_{m_l}^*(\varphi))_f \, r \, (\Phi_{m_l}(\varphi))_i \, d\varphi$$

分量為

$$I_x = \int_0^{2\pi} (\Phi_{m_l}^*(\varphi))_f \, x \, (\Phi_{m_l}(\varphi))_i \, d\varphi$$

$$I_y = \int_0^{2\pi} (\Phi_{m_l}^*(\varphi))_f \, y \, (\Phi_{m_l}(\varphi))_i \, d\varphi$$

$$I_z = \int_0^{2\pi} (\Phi_{m_l}^*(\varphi))_f \, z \, (\Phi_{m_l}(\varphi))_i \, d\varphi$$

將 x, y, z 轉換為球座標，即

$$x = r \sin\theta \cos\varphi, \ y = r \sin\theta \sin\varphi, \ z = r \cos\theta$$

同時，取

$$\Phi_{m_l}(\varphi) = e^{im_l\varphi}$$

因此

(1) $I_z = r\cos\theta \int_0^{2\pi} e^{i(m_{l_i} - m_{l_f})\phi} \, d\phi$ 的積分結果一定為零，但此積分的結果是有限值的條件應為

$$m_{l_i} - m_{l_f} = 0 \quad 或 \quad \Delta m_l = 0$$

(2) 其他兩個積分 I_x 及 I_y 都可依(1)的陳述

得

$$I_x = \frac{1}{2} r \sin\theta \int_0^{2\pi} \left[e^{i(m_{l_i} - m_{l_j - 1})\varphi} + e^{i(m_{l_i} - m_{l_j + 1})\varphi} \right] d\varphi$$

$$= 有限的積分值$$

則

$$m_{l_i} - m_{l_j} \mp 1 = 0 \text{，或} \Delta m_l = \pm 1$$

I_y 的積分結果如同 I_x。

由此結果，I 的分量的計算為有限的積分值的條件為

$$\Delta m_l = 0 \ 或 \ \Delta m_l = \pm 1$$

這說明在強磁場作用下，$\Delta m_l = 0$ 或 $\Delta m_l = \pm 1$ 的選擇規則是存在的。

📖 習題

1. 已知磁場 $B = 0.02 + 0.0115z^2$（tesla），z 軸方向為磁鐵 N 極，單位為 cm。
   有一磁偶矩 μ_l 的大小為 1.34×10^{-23} amp-m^2，置放於距 N 極 8.00cm
   處，且於該處的磁場的夾角為 40°。
   (a)計算 μ_l 所承受的力矩與磁力。
   (b)若磁場將 μ_l 轉向成平行，能量的釋放多少？

2. 在思特恩－格拉赫實驗中，磁鐵長度為 50cm，且有磁場梯度。銀原子
   從加熱器 960℃中射出，在出口處有兩束銀原子分開為 1mm 相距。銀
   原子中的電子磁偶矩的狀態為 $l = 0$，如同氫原子。試求磁場的梯度。

3. 就例 9-2 內容改為磁鐵長度為 3cm，磁場梯度為 1240T/m，高溫爐的溫
   度為 663K。計算原子束於出口處的分裂距離。

4. 若氫原子置放於一磁場中，此磁場遠強於內部磁場，因此 μ_l 與 μ_s 獨立
   對外磁場進動，其能量與量子數 m_l 及 m_s 有關，而其方向在磁場。
   (a)計算能階的分裂與 m_l 及 m_s 有關。
   (b)描畫出 $n = 2$ 能階的分裂。
   (c)計算外磁場的強度。此磁場所造成的能階分裂的能量差（$n = 2$）
   剛好等於沒有磁場存在時原先的兩能量階（$n = 2$ 與 $n = 1$）的差
   $\Delta E = E_2 - E_1$

5. (a)計算 $l = 1$ 的 j 與 m_j 的可能值
   (b)以向量圖形表示之。
   (c)同時也證明 $m_j = m_l + m_s$（即 $\mu_j = \mu_l + \mu_s$）的成立。

6. 下列氫原子量子數（n, l, m_l, m_s）中可允許產生躍遷時，其躍遷能量 ΔE $= E_f - E_i$ 為多少？

(a)$(2, 0, 0, \frac{1}{2}) \rightarrow (3, 1, 1, \frac{1}{2})$

(b)$(2, 0, 0, \frac{1}{2}) \rightarrow (3, 0, 0, \frac{1}{2})$

(c)$(4, 2, -1, -\frac{1}{2}) \rightarrow (2, 1, 0, \frac{1}{2})$

7. 在則曼效應（Zeeman Effect）中，兩分裂能階間的波長差為

$$\Delta\lambda = \frac{\lambda^2 \mu_b B}{hc}$$

試證之。

8. 已知氫原子的電子在 $n = 2$，$l = 1$ 能階態。

(a)計算沒有 LS 耦合時，能量、軌道角動量與自旋角動量的大小。

(b)計算所有可能的 j 與 m_j 值，並繪畫出向量圖形。

(c)定義出 $\boldsymbol{\mu}_l$ 與 $\boldsymbol{\mu}_s$，同時證明 $\boldsymbol{\mu}_l + \boldsymbol{\mu}_s$ 的合向量與總角動量 $\boldsymbol{J}$ 不同方向。

(d)求出 $\boldsymbol{L}$ 與 $\boldsymbol{S}$ 間的角度可能值。

9. 若鈉原子的 L-S 耦合造成兩能階態 $l = 1$ 與 $l = 0$ 的能譜差距為 0.002eV。試求引起能階分裂的內磁場。

10.(a)LS 耦合中，氫原子在 $n = 2$ 與 $l = 1$ 能階態中，計算 LS 耦合項中的能量平均值為

$$\langle \Delta E_{LS} \rangle_{2p_{3/2}} = \frac{1}{96}\alpha^4 m_e c^2 = \frac{2}{3}\frac{E_2^2}{m_e c^2}$$

$$\langle \Delta E_{LS} \rangle_{2p_{1/2}} = -\frac{2}{96}\alpha^4 m_e c^2 = -\frac{4}{3}\frac{E_2^2}{m_e c^2}$$

(b)計算 $2p_{3/2}$ 與 $2p_{1/2}$ 兩能階的差額。

11.利用電偶矩的躍遷 p_{fi} 計算簡諧振盪子的選擇規則的存在。起始態 $n_i = 3$, 2, 1，終態 $n_f = 0$。利用簡諧振盪子的特徵函數為

$$\psi_0(x)=c_0\,e^{-\frac{1}{2}x^2}\ ,\ \psi_1(x)=c_1\,x\,e^{-\frac{1}{2}x^2}$$

$$\psi_2(x)=c_2\,(1-2x^2)\,e^{-\frac{1}{2}x^2}\ ,\ \psi_3(x)=c_3\,(3x-2x^3)\,e^{-\frac{1}{2}x^2}$$

12.電子在 $0<x<L$ 範圍的無限位阱中運動。已知特徵函數爲

$$\psi_0(x)=\sqrt{\frac{2}{L}}\,\sin\left(\frac{\pi}{L}x\right)$$

$$\psi_1(x)=\sqrt{\frac{2}{L}}\,\sin\left(\frac{2\pi}{L}x\right)$$

$$\psi_2(x)=\sqrt{\frac{2}{L}}\,\sin\left(\frac{3\pi}{L}x\right)$$

(a)計算電偶矩的躍遷機率 p_{fi}，同時那些選擇規則可以或不可以存在。

(b)若在 $t=0$，電子的混合態爲

$$\psi(x)=\sqrt{\frac{1}{2}}\psi_0(x)+\sqrt{\frac{1}{2}}\psi_1(x)$$

(1) 試求 $t=t$ 時，電子的波函數

(2) 試求發現電子在 $t=0$ 時於 $0<x<\dfrac{L}{2}$ 區間內的機率。

13.直接計算氫原子的電偶矩 p 的躍遷，證明 $n=2$ 躍遷到 $n=1$，選擇規則 $\Delta l=\pm1$ 的成立。

14.(a)剛體旋轉子攜帶電荷 $(-e)$，其特徵函數爲 $\Phi(\varphi)=\sqrt{\dfrac{1}{2\pi}}\,e^{im_l\varphi}$，$m_l=0,1,2,3,\cdots$

　　試求電子電偶矩的躍遷的選擇規則 Δm_l。

(b)計算躍遷率 R_{12}/R_{01} 的比值（式 9-45）

第十章　微擾理論與變分法

10-1 緒論

　　前面幾章節中，我們已經瞭解一些位勢函數下的薛丁格方程式的解。所以我們將延伸到對所有其他的位勢函數，如何解出薛丁格方程式的特徵函數及特徵能量值，這是屬於眞實物理的系統。在量子力學方面面對非時變的薛丁格方程式如何解之，在這一章中我們介紹兩種近似方法來處理。第一種方法是**非時變性微擾理論**（time-independent perturbation theory），第二種方法是**變分法**（variation method）。每一種方法都能夠提供一些洞察到物理問題。

10-2 非簡併微擾理論

1.一般公式化的陳述

　　針對一般位勢函數 $V(x)$，其所對應的特徵函數 $\psi_n(x)$ 應屬於非時變的薛丁格方程式的解，即

$$-\frac{\hbar^2}{2m}\frac{d^2\psi_n(x)}{dx} + V(x)\,\psi_n(x) = E_n\,\psi_n(x) \qquad （10\text{-}1）$$

式中 $\psi_n(x)$ 與 E_n 分別爲系統的特徵函數與特徵值，而又符合於正交歸一化條件，即

$$\int_{-\infty}^{\infty} \psi_n(x)\,\psi_m(x)dx = \delta_{nm} \qquad （10\text{-}2）$$

今將位勢函數稍微擾亂一下為 $V'(x)$，

$$V'(x) = V(x) + \lambda v(x) \qquad （10\text{-}3）$$

式中 λ 為很小數值，如圖 10-1 所示。同時針對 $V'(x)$ 位勢，它亦符合於非時變薛丁格方程式，即

$$-\frac{\hbar^2}{2m}\frac{d^2\psi'_n(n)}{dx^2} + V'(x)\psi'_n(x) = E'_n\,\psi'_n(x) \qquad （10\text{-}4）$$

$\psi'_n(x)$ 與 E'_n 分別為 $V'(x)$ 位勢的特徵函數與特徵值。

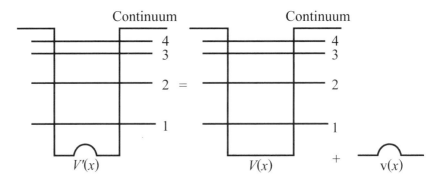

圖 10-1　微擾位勢的分解

一般上，由式（10-3）及式（10-4）要正確地解出方程式的解是不太容易，但可用**近似解方法**（approximation solution）處理。式（10-3）與（10-4）中的名稱介紹如下：

$V(x)$──非微擾位勢（unperturbed potential）

$V'(x)$──微擾位勢（perturbed potential）

$v(x)$──微擾位勢項目（perturbation）

$\psi_n(x)$——非微擾特徵函數

E_n——非微擾特徵值

$\psi'_n(x)$——微擾特徵函數

E'_n——微擾特徵值

由於 λ 是很小數值，甚至可以加速到 $\lambda = 1$，同時 $V'(x)$ 爲眞實的位勢函數，因此我們將以 λ 的**冪級數**（power series）方式表示 $\psi'_n(x)$ 與 E'_n，即

$$\psi'_n(x) = \psi_n^{(0)}(x) + \lambda\psi_n^{(1)}(x) + \lambda^2\psi_n^{(2)}(x) + \cdots \qquad (10\text{-}5)$$

$$E'_n = E_n^{(0)} + \lambda E_n^{(1)} + \lambda^2 E_n^{(2)} + \cdots \qquad (10\text{-}6)$$

式中

　　$E_n^{(0)}$，$\psi_n^{(0)}(x)$ 爲針對第 n 階特徵函數與特徵值的**零級相關**（zero-order）的特徵函數與特徵值

　　$E_n^{(1)}$，$\psi_n^{(1)}(x)$ 爲針對第 n 能階特徵函數與特徵值的**第一級相關**（first-order）的特徵函數與特徵值

　　$E_n^{(2)}$，$\psi_n^{(2)}(x)$ 爲針對第 n 能階特徵函數與特徵值的**第二級相關**（second-order）的特徵函數與特徵值

　　將式（10-5），（10-6）代入式（10-4）中，得

$$-\frac{\hbar^2}{2m}\frac{d^2}{dx^2}[\psi_n^{(0)} + \lambda\psi_n^{(1)} + \lambda^2\psi_n^{(2)} + \cdots] + [V(x) + \lambda v(x)][\psi_n^{(0)} + \lambda\psi_n^{(1)} + \lambda^2\psi_n^{(2)} + \cdots]$$

$$= [E_n^{(0)} + \lambda E_n^{(1)} + \lambda^2 E_n^{(2)} + \cdots][\psi_n^{(0)} + \lambda\psi_n^{(1)} + \lambda^2\psi_n^{(2)} + \cdots] \qquad (10\text{-}7)$$

現在以**狄拉克符號**來替代特徵函數 $\psi_n = |\psi_n\rangle$，及特徵值 $H|\psi_n\rangle = E_n|\psi_n\rangle$，以及正交歸一條件 $\langle\psi_n|\psi_m\rangle = \delta_{nm}$。式（10-7）經過整理與 λ 項的係數比較等得

λ^0 項：

$$H^0 \,|\, \psi_n^{(0)} \rangle = E_n^{(0)} \,|\, \psi_n^{(0)} \rangle \qquad\qquad （10\text{-}8）$$

式中　$H^0 = H = \dfrac{p^2}{2m} + V(x)$

$|\, \psi_n^{(0)} \rangle = |\, \psi_n \rangle$ 爲非微擾特徵函數

$E_n^{(0)} = E_n$ 爲非微擾特徵値

λ 項：

$$H^0 \,|\, \psi_n^{(1)} \rangle + \mathrm{v}(x) \,|\, \psi_n^{(0)} \rangle = E_n^{(0)} \,|\, \psi_n^{(1)} \rangle + E_n^{(1)} \,|\, \psi_n^{(0)} \rangle \qquad\qquad （10\text{-}9）$$

λ^2 項：

$$H^0 \,|\, \psi_n^{(2)} \rangle + \mathrm{v}(x) \,|\, \psi_n^{(1)} \rangle = E_n^{(0)} \,|\, \psi_n^{(2)} \rangle + E_n^{(1)} \,|\, \psi_n^{(1)} \rangle + E_n^{(2)} \,|\, \psi_n^{(0)} \rangle \qquad （10\text{-}10）$$

等等

2.能量偏移（energy shift）

(1) 第一級相關能量

於式（10-9）中，每一項乘上$(\psi_n^{(0)})^* = \langle \psi_n^{(0)}|$，而後積分，即狄拉克符號中的所謂內積（inner product）

則

$$\langle \psi_n^{(0)}|H^0|\psi_n^{(1)} \rangle + \langle \psi_n^{(0)}|\mathrm{v}(x)|\psi_n^{(0)} \rangle$$

$$= E_n^{(0)} \langle \psi_n^{(0)}|\psi_n^{(1)} \rangle + E_n^{(1)} \langle \psi_n^{(0)}|\psi_n^{(0)} \rangle$$

$$= E_n^{(0)} \langle \psi_n^{(0)}|\psi_n^{(1)} \rangle + E_n^{(1)} \qquad\qquad （10\text{-}11）$$

又因 H^0 爲厄米特算符（特徵值爲實數值），所以依其性質

$$\langle \phi(x) \mid H^0 \mid \psi(x) \rangle = \langle H^0\phi(x) \mid \psi(x) \rangle$$

因此式（10-11）變成爲

$$\langle H^0\psi_n^{(0)} \mid \psi_n^{(1)} \rangle + \langle \psi_n^{(0)} \mid v(x) \mid \psi_n^{(0)} \rangle$$
$$= E_n^{(0)} \langle \psi_n^{(0)} \mid \psi_n^{(1)} \rangle + E_n^{(1)}$$

或

$$E_n^{(0)} \langle \psi_n^{(0)} \mid \psi_n^{(1)} \rangle + \langle \psi_n^{(0)} \mid v(x) \mid \psi_n^{(0)} \rangle$$
$$= E_n^{(0)} \langle \psi_n^{(0)} \mid \psi_n^{(1)} \rangle + E_n^{(1)}$$

因此

$$E_n^{(1)} = \langle \psi_n^{(0)} \mid v(x) \mid \psi_n^{(0)} \rangle \qquad\qquad (10\text{-}12)$$
$$= v_{nn}$$
$$= \int_{-\infty}^{\infty} \psi_n^{(0)*}(x) v(x) \, \psi_n^{(0)}(x) dx$$

　　上式爲第一級微擾理論的基本結果，第一級相關的能量是微擾項 $v(x)$ 的平均值，而是以未微擾的特徵函數計算之。因此針對第 n 特徵態而言，其實際的第一級相關能量爲

$$E'_n = E_n^{(0)} + \mathrm{v}_{nn} \qquad\qquad (10\text{-}13)$$

$$= E_n^{(0)} + E_n^{(1)}$$

v_{nn}是第一級相關能量的偏移。

(2) 第一級相關的特徵函數

將式（10-9）整理如下

$$(H^0 - E_n^{(0)})|\psi_n^{(1)}\rangle = [E_n^{(1)} - \mathrm{v}(x)|\psi_n^{(0)}\rangle \qquad\qquad (10\text{-}14)$$

上式中$|\psi_n^{(0)}\rangle$為已知的未微擾的特徵函數，對左邊的$|\psi_n^{(1)}\rangle$為非齊次微分方程式，因此以$|\psi_n^{(0)}\rangle$的線性組合來表示，微擾特徵函數$|\psi_n^{(1)}\rangle$，即

$$|\psi_n^{(1)}\rangle = \sum_{\substack{m \\ (m \neq n)}} a_{nm}|\psi_m^{(0)}\rangle \qquad\qquad (10\text{-}15)$$

將式（10-15）代入式（10-14）而後整理得

$$\sum_{\substack{m \\ (m \neq n)}} a_{nm}[E_m^{(0)} - E_n^{(0)}]|\psi_m^{(0)}\rangle = [E_n^{(1)} - \mathrm{v}(x)|\psi_n^{(0)}\rangle$$

上式中每一項乘上$\psi_l^{(0)*}$（$\langle\psi_l^{(0)}|$）後再對x積分，得

$$\sum_{\substack{m \\ (m \neq n)}} a_{nm}[E_m^{(0)} - E_n^{(0)}]\langle\psi_l^{(0)}|\psi_m^{(0)}\rangle = E_n^{(1)}\langle\psi_l^{(0)}|\psi_n^{(0)}\rangle - \langle\psi_l^{(0)}|\mathrm{v}(x)|\psi_n^{(0)}\rangle$$

$$\sum_{\substack{m \\ (m \neq n)}} a_{nm}[E_m^{(0)} - E_n^{(0)}]\delta_{lm} = E_n^{(1)}\delta_{ln} - \mathrm{v}_{ln}$$

左邊項展開中，只有 $l=m$ 項存在，其餘項爲零，因此

$$a_{nl}\,[E_l^{(0)} - E_n^{(0)}] = 0 - v_{ln}$$

或爲配合式（10-15）的一致符號，上式將 l 改爲 m，即

$$a_{nm} = \frac{\langle \psi_m^{(0)} | v(x) | \psi_n^{(0)} \rangle}{E_n^{(0)} - E_m^{(0)}} = \frac{v_{mn}}{E_n^{(0)} - E_m^{(0)}} \qquad （10\text{-}16）$$

因此式（10-15）的微擾特徵函數 $|\psi_n^{(1)}\rangle$ 爲

$$|\psi_n^{(1)}\rangle = \sum_{\substack{m \\ (m \neq n)}} \left(\frac{v_{mn}}{E_n^{(0)} - E_m^{(0)}} \right) |\psi_m^{(0)}\rangle \qquad （10\text{-}17）$$

於此作初步摘要如下：

① $E_n^{(0)}$ 與 $|\psi_n^{(0)}\rangle$ 爲未微擾的特徵能量值與特徵函數，其 Hamiltonian 爲 $H^0 = \dfrac{p^2}{2m} + V(x)$。

② $E_n^{(1)}$ 與 $|\psi_n^{(1)}\rangle$ 爲第一級相關微擾特徵能量值（即能量偏移）與微擾特徵函數，而是以未微擾特徵函數 $|\psi_n^{(0)}\rangle$ 的線性組合表示之。

③ 微擾理論常常會產生驚奇的正確能量值，即 $E_n' = E_n^{(0)} + E_n^{(1)}$，但特徵函數在這一方面較爲貧乏地表達，而對一級相關針對 E_n' 的特徵函數可寫爲

$$|\psi_n'(x)\rangle = a_{nm}|\psi_m^{(0)}\rangle + \sum_{\substack{m \\ (m \neq n)}} \left(\frac{v_{mn}}{E_n^{(0)} - E_m^{(0)}} \right) |\psi_m^{(0)}\rangle \qquad （10\text{-}18）$$

例題 1　如圖 10-2 所示的位勢函數，計算第一級相關特徵能量與特徵

函數

位勢函數爲

$$V'(x) = \begin{cases} \dfrac{\delta}{a/2}|x| \,, & -a/2 < x < +\dfrac{\alpha}{2} \\ \infty & , \ x < -\dfrac{a}{2} \text{或} \ x > +\dfrac{a}{2} \end{cases}$$

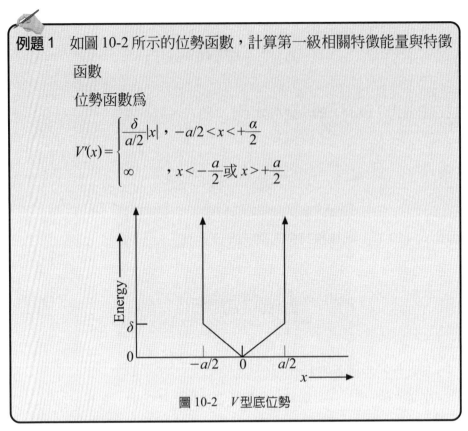

圖 10-2　*V* 型底位勢

解：　這微擾位勢函數就圖 10-2 可視爲如下

$$V'(x) = V(x) + \frac{\delta}{a/2}|x|$$

式中 $V(x)$ 爲未微擾位勢函數，即

$$V(x) = \begin{cases} 0 \,, & -a/2 < x < +\dfrac{\alpha}{2} \\ \infty \,, & -\dfrac{a}{2} > x \ \text{或} \ x > +\dfrac{a}{2} \end{cases}$$

以及微擾位勢項

$$v(x) = \frac{\delta}{a/2}|x|$$

就未微擾位勢函數 $V(x)$ 的特徵函數與特徵能量爲

$$|\psi_m^{(0)}\rangle = \begin{cases} \sqrt{\dfrac{2}{a}}\cos\left(\dfrac{m\pi}{a}x\right)\,, & m=1,3,5,\cdots \\[3mm] \sqrt{\dfrac{2}{a}}\sin\left(\dfrac{m\pi}{a}x\right)\,, & m=2,4,6,\cdots \end{cases}$$

$$E_m^{(0)} = \frac{\pi^2\hbar^2}{2ma^2}m^2\,,\ m=1,2,3,4,\cdots$$

(a)第一級微擾特徵能量

$$E_1' = E_1^{(0)} + E_1^{(1)} = E_1^{(0)} + v_{11}$$

$$E_1^{(0)} = \frac{\pi^2\hbar^2}{2ma^2}\,,\ |\psi_1^{(0)}\rangle = \sqrt{\frac{2}{a}}\cos\left(\frac{\pi}{a}x\right)$$

$$E_1^{(1)} = v_{11} = \langle\psi_1^{(0)}|v(x)|\psi_1^{(0)}\rangle = \langle\psi_1^{(0)}|\frac{\delta}{a/2}|x||\psi_1^{(0)}\rangle$$

$$= \left(\frac{2\delta}{a}\right)\left(\frac{2}{a}\right)\int_{-a/2}^{a/2}\cos\left(\frac{\pi}{a}x\right)|x|\cos\left(\frac{\pi}{a}x\right)dx$$

$$= \frac{8\delta}{a^2}\int_0^{a/2}x\cos^2\left(\frac{\pi}{a}x\right)dx$$

$$= \frac{8\delta}{\pi^2}\left(\frac{\pi^2}{16}-\frac{1}{4}\right) = 0.297\delta$$

因此

$$E_1' = E_1^{(0)} + E_1^{(1)} = \frac{\pi^2\hbar^2}{2ma^2} + 0.297\delta$$

(b)第一級微擾特徵函數

依式（10-17）第一級相關微擾特徵函數

$$|\psi_1^{(1)}\rangle = \sum_{m\neq1}\left(\frac{v_{m1}}{E_1^{(0)}-E_m^{(0)}}\right)|\psi_m^{(0)}\rangle = \sum_{m\neq1}a_{1m}|\psi_m^{(0)}\rangle$$

係數 a_{1m} 為

$$a_{1m} = \frac{v_{m1}}{E_1^{(0)}-E_m^{(0)}} = \frac{2ma^2}{\pi^2\hbar^2(1-m^2)}\left(\frac{2\delta}{a}\right)\langle\psi_m^{(0)}||x||\psi_1^{(0)}\rangle$$

$$= \frac{4ma\delta}{\pi^2\hbar^2}\frac{1}{1-m^2}\begin{cases}\dfrac{2}{a}\int_{-a/2}^{a/2}\cos\left(\dfrac{m\pi}{a}x\right)|x|\cos\left(\dfrac{\pi}{a}x\right)dx & m=3,5,7\cdots \\[3mm] \dfrac{2}{a}\int_{-a/2}^{a/2}\sin\left(\dfrac{m\pi}{a}x\right)|x|\cos\left(\dfrac{\pi}{a}x\right)dx & m=2,4,6\cdots\end{cases}$$

$$= \frac{16m\delta}{\pi^2\hbar^2}\frac{1}{1-m^2}\int_0^{a/2}\cos\left(\frac{m\pi}{a}x\right)x\cos\left(\frac{\pi}{a}x\right)dx \quad m=3,5,7\cdots$$

上式中的 $n = 2, 4, 6\cdots$ 等積分結果為零，因為積分函數為奇函數的關係。

$$a_{1m} = \frac{8\delta}{\pi^2 E_1^{(0)}} \frac{1}{1-m^2} \left\{ \frac{\cos\left[\frac{1}{2}(m+1)\pi\right] - 1}{2(m+1)^2} + \frac{\cos\left[\frac{1}{2}(m-1)\pi\right] - 1}{2(m-1)^2} \right\}$$

$$m = 3, 5, 7\cdots$$

式中 $E_{(1)}^{(0)} = \dfrac{\pi^2 \hbar^2}{2ma^2}$，

現今取前幾項

$$a_{13} = \frac{1}{32} \frac{8}{E_1^{(0)}} \frac{\delta}{\pi^2} = \frac{1}{32} \frac{8}{\pi^2} \frac{\delta}{E_1^{(0)}}$$

$$a_{15} = \frac{1}{864} \frac{8}{\pi^2} \frac{\delta}{E_1^{(0)}}$$

$$a_{17} = \frac{1}{1728} \frac{8}{\pi^2} \frac{\delta}{E_1^{(0)}}$$

$$a_{19} = \frac{1}{8000} \frac{8}{\pi^2} \frac{\delta}{E_1^{(0)}}$$

由此可知 a_{1m} 於 m 增加而會快速遞減，因此第一級相關特徵函數 $|\psi_1^{(1)}\rangle$ 的近似函數為

$$|\psi_1^{(1)}\rangle = \sum_{m \neq 1} a_{1m} |\psi_m^{(0)}\rangle$$

$$= a_{13}|\psi_3^{(0)}\rangle + a_{15}|\psi_5^{(0)}\rangle + \cdots$$

$$\simeq a_{13}|\psi_3^{(0)}\rangle$$

$$= \frac{1}{32} \frac{8}{\pi^2} \frac{\delta}{E_1^{(0)}} |\psi_3^{(0)}\rangle$$

$$= \frac{1}{32} \frac{8}{\pi^2} \frac{\delta}{E_1^{(0)}} \left(\sqrt{\frac{2}{a}} \cos\left(\frac{3\pi}{a}x\right) \right)$$

(c) E_1' 能量值所對應的特徵函數式（10-18）為

$$|\psi_1'\rangle = a_{nm}|_{n=m}|\psi_m^{(0)}\rangle + \sum_{m \neq n} a_{nm}|\psi_m^{(0)}\rangle$$

$$= a_{11}|\psi_1^{(0)}\rangle + a_{13}|\psi_3^{(0)}\rangle$$

$$= a_{11}\sqrt{\frac{2}{a}} \cos\left(\frac{\pi}{a}x\right) + \frac{1}{32} \frac{8}{\pi^2} \frac{\delta}{E_1^{(0)}} \left(\sqrt{\frac{2}{a}} \cos\left(\frac{3\pi}{a}x\right) \right)$$

利用正交歸一條件求 a_{11} 係數，即

$$1 = \langle \psi_1' | \psi_1' \rangle = \int \psi_1'^*(x) \psi_1'(x)\,dx$$

$$= \int_{-a/2}^{a/2} \left\{ a_{11} \sqrt{\frac{2}{a}} \cos\left(\frac{\pi}{a}x\right) + \frac{1}{32} \frac{8}{\pi^2} \frac{\delta}{E_1^{(0)}} \left[\sqrt{\frac{2}{a}} \cos\left(\frac{3\pi}{a}x\right) \right] \right\}^2 dx$$

$$= a_{11}^2 + \left(\frac{1}{32} \frac{8}{\pi^2} \frac{\delta}{E_1^{(0)}} \right)^2$$

$$\therefore a_{11} = \left[1 - \left(\frac{1}{32} \frac{8}{\pi^2} \frac{\delta}{E_1^{(0)}} \right)^2 \right]^{1/2}$$

因此完整的微擾的第一級相關特徵函數為

$$\psi_1'(x) = \left[1 - \left(\frac{1}{32} \frac{8}{\pi^2} \frac{\delta}{E_1^{(0)}} \right)^2 \right]^{1/2} \cos\left(\frac{\pi}{a}x\right) + \frac{1}{32} \frac{8}{\pi^2} \frac{\delta}{E_1^{(0)}} \cos\left(\frac{3\pi}{a}x\right)$$

(3) 第二級相關能量——$E_n^{(2)}$

有時候微擾位勢函數項 v(x) 所計算出的第一級相關能量 $E_n^{(1)} = V_{nn} = \langle \psi_n^{(0)} | v(x) | \psi_n^{(0)} \rangle$ 不一定會存在，因此要進一步推展到第二級相關能量 $E_n^{(2)}$ 的計算。如同前面的過程式，於式（10-10）中取

$$\langle \psi_n^{(0)} | H^0 | \psi_n^{(2)} \rangle + \langle \psi_n^{(0)} | v(x) | \psi_n^{(1)} \rangle$$

$$= E_n^{(0)} \langle \psi_n^{(0)} | \psi_n^{(2)} \rangle + E_n^{(1)} \langle \psi_n^{(0)} | \psi_n^{(1)} \rangle + E_n^{(2)} \langle \psi_n^{(0)} | \psi_n^{(0)} \rangle$$

或

$$\langle H^0 \psi_n^{(0)} | \psi_n^{(2)} \rangle + \langle \psi_n^{(0)} | v(x) | \psi_n^{(1)} \rangle = E_n^{(0)} \langle \psi_n^{(0)} | \psi_n^{(2)} \rangle + E_n^{(1)} \langle \psi_n^{(0)} | \psi_n^{(1)} \rangle + E_n^{(2)}$$

$$E_n^{(0)} \langle \psi_n^{(0)} | \psi_n^{(2)} \rangle + \langle \psi_n^{(0)} | v(x) | \psi_n^{(1)} \rangle = E_n^{(0)} \langle \psi_n^{(0)} | \psi_n^{(2)} \rangle + E_n^{(1)} \langle \psi_n^{(0)} | \psi_n^{(1)} \rangle + E_n^{(2)}$$

$$E_n^{(2)} = \langle \psi_n^{(0)} | v(x) | \psi_n^{(1)} \rangle - E_n^{(1)} \langle \psi_n^{(0)} | \psi_n^{(1)} \rangle$$

而將式（10-15）代入上式得

$$E_n^{(2)} = \langle \psi_n^{(0)} | \mathrm{v}(x) \left(\sum_{m \neq m} a_{nm} | \psi_m^{(0)} \rangle \right) - E_n^{(1)} \langle \psi_n^{(0)} | \left(\sum_{m \neq m} a_{nm} | \psi_m^{(0)} \rangle \right)$$

$$= \sum_{m \neq n} a_{nm} \left[\langle \psi_n^{(0)} | \mathrm{v}(x) | \psi_m^{(0)} \rangle - E_n^{(1)} \sum_{m \neq m} \langle \psi_n^{(0)} | \psi_m^{(0)} \rangle \right]$$

$$= \sum_{m \neq n} \left[\frac{\langle \psi_m^{(0)} | \mathrm{v}(x) | \psi_n^{(0)} \rangle}{E_n^{(0)} - E_m^{(0)}} \right] \langle \psi_n^{(0)} | \mathrm{v}(x) | \psi_m^{(0)} \rangle - E_n^{(1)} \sum_{m \neq m} \delta_{nm}$$

$$E_n^{(2)} = \sum_{m \neq n} \frac{\langle \psi_m^{(0)} | \mathrm{v}(x) | \psi_n^{(0)} \rangle \langle \psi_n^{(0)} | \mathrm{v}(x) | \psi_m^{(0)} \rangle}{E_n^{(0)} - E_m^{(0)}}$$

$$= \sum_{m \neq n} \frac{| \langle \psi_m^{(0)} | \mathrm{v}(x) | \psi_n^{(0)} \rangle |^2}{E_n^{(0)} - E_m^{(0)}} \tag{10-19}$$

　　上式爲第二級相關特徵能量。致於 $E_n^{(2)}$ 所對應的特徵向量 $| \psi_n^{(2)} \rangle$ 亦可以如同前敘述方法進行加以計算，但到目前爲止沒有實用的重要性，同時撰寫教本的宗旨是針對基礎量子力學，沒有必要進一步推導，故可忽略之。

　　綜合結果有關微擾位勢時，薛丁格方程式所解出的能量值爲

$$E_n' = E_n^{(0)} + E_n^{(1)} + E_n^{(2)} + \cdots \tag{10-20}$$

以及特徵函數

$$| \psi_n'(x) \rangle = | \psi_n^{(0)} \rangle + | \psi_n^{(1)} \rangle + \cdots$$

$$= | \psi_n^{(0)} \rangle + \sum_{m \neq n} a_{nm} | \psi_m^{(0)}(x) \rangle + \cdots \tag{10-21}$$

例題 2　有一個帶電子粒在簡諧振盪位勢函數 $\frac{1}{2}kx^2$ 中承受電場 E 的作用，使得粒子的微擾位勢函數 $\mathrm{v}(x) = qEx$。計算第 n 階態的第一級與第二級相關能量的偏移。

解：　(a) 第一級相關能量偏移

$$E_n^{(1)} = \langle \psi_n^{(0)} | v(x) | \psi_n^{(0)} \rangle = qE \langle \psi_n^{(0)} | x | \psi_n^{(0)} \rangle$$

利用簡諧振盪子的昇高與下降算符

$$x = \sqrt{\frac{\hbar}{2m\omega}} \, (A + A^+)$$

$$A | \psi_n^{(0)} \rangle = \sqrt{n} | \psi_{n-1}^{(0)} \rangle$$

$$A^+ | \psi_n^{(0)} \rangle = \sqrt{n+1} | \psi_{n+1}^{(0)} \rangle$$

因此

$$E_n^{(1)} = qE \sqrt{\frac{\hbar}{2m\omega}} \, \langle \psi_n^{(0)} | A + A^+ | \psi_n^{(0)} \rangle$$

$$= qE \sqrt{\frac{\hbar}{2m\omega}} \{ \sqrt{n} \, \langle \psi_n^{(0)} | \psi_{n-1}^{(0)} \rangle + \sqrt{n+1} \, \langle \psi_n^{(0)} | \psi_{n+1}^{(0)} \rangle \, \}$$

$$= 0$$

(b) 第二級相關能量偏移

$$E_n^{(2)} = \sum_{m \neq n} \frac{\langle \psi_m^{(0)} | v(x) | \psi_n^{(0)} \rangle \, \langle \psi_n^{(0)} | v(x) | \psi_m^{(0)} \rangle}{E_n^{(0)} - E_m^{(0)}}$$

$$= q^2 E^2 \sum_{m \neq n} \frac{| \, \langle \psi_m^{(0)} | x | \psi_n^{(0)} \rangle \, |^2}{(n-m)\hbar\omega}$$

$$= \frac{q^2 E^2}{\hbar\omega} \left(\frac{\hbar}{2m\omega} \right) \sum_{m \neq n} \frac{| \, \langle \psi_m^{(0)} | A + A^+ | \psi_n^{(0)} \rangle \, |^2}{(n-m)}$$

$$= \frac{q^2 E^2}{\hbar\omega} \left(\frac{\hbar}{2m\omega} \right) \left[\frac{|\sqrt{n}|^2}{1} + \frac{|\sqrt{n+1}|^2}{-1} \right]$$

$$= -\frac{q^2 E^2}{2m\omega^2}$$

這個結果與 n 無關。我們可以檢驗這結果是對的，即粒子在電場作用下的總位勢函數為

$$V'(x) = V(x) + v(x) = \frac{1}{2} kx^2 + qEx$$

$$= \frac{1}{2} m\omega^2 x^2 + qEx$$

$$= \frac{1}{2}m\omega^2\left(x^2 + \frac{2qE}{m\omega^2}x\right)$$

$$= \frac{1}{2}m\omega^2 + \left(x + \frac{qE}{m\omega^2}\right)^2 - \frac{q^2E^2}{2m\omega^2}$$

因此微擾項偏移位勢中心到 $x = -\dfrac{qE}{2m\omega^2}$ 處，而其能量下降

$\dfrac{q^2E^2}{2m\omega^2}$，此與第二級相關能量吻合。

10-3 簡併微擾理論

在特殊的情況下，一般上有兩個或兩個以上的不同特徵函數會有出現具有相同的特徵值，就是所謂的**簡併**，因此 $E_n^{(0)} = E_m^{(0)}$（$n \neq m$），則式（10-16）中變成無窮大，不能成立。處理這些現象就要將它消除，然後再繼續進行下去。

在此處我們僅就兩個不同特徵函數具有相同的特徵值來討論，即所謂的**二摺簡併**（two-fold degeneracy）。為了方便，將非時變性薛丁格方程式

$$-\frac{\hbar^2}{2m}\frac{d^2\psi_n}{dx^2} + V(x)\,\psi_n = E_n\psi_n$$

寫成為

$$\left[-\frac{\hbar^2}{2m}\frac{d^2\psi_n}{dx^2} + V(x)\right]\psi_n = E_n\psi_n \text{，或 } H^0\,\psi_n = E_n\,\psi_n$$

式中 $V(x)$ 為未微擾位勢函數，ψ_n 與 E_n 分別為未微擾特徵函數 $\psi_n^{(0)}$ 與特徵值 $E_n^{(0)}$，因此改寫為

$$H^0\psi_n^{(0)} = E_n^{(0)}\psi_n^{(0)} \text{，或 } H^0|\psi_n^{(0)}\rangle = E_n^{(0)}|\psi_n^{(0)}\rangle$$

　　現在假設 n 態有兩個不同特徵函數 $\psi_a^{(0)} = |\psi_a^{(0)}\rangle$ 與 $\psi_b^{(0)} = |\psi_b^{(0)}\rangle$ 均具有相同特徵值 $E_n^{(0)}$，且符合於正交條件，即

$$H^{(0)}|\psi_a^{(0)}\rangle = E_n^{(0)}|\psi_a^{(0)}\rangle \quad , \quad H^{(0)}|\psi_b^{(0)}\rangle = E_n^{(0)}|\psi_b^{(0)}\rangle \qquad (10\text{-}22)$$

$$\langle \psi_a^{(0)}|\psi_b^{(0)}\rangle = \int \psi_a^{(0)*}\psi_b^{(0)}\,dx = \delta_{ab} \qquad (10\text{-}23)$$

今將 $|\psi_a^{(0)}\rangle$ 與 $|\psi_b^{(0)}\rangle$ 作線組合為另一簡併未微擾特徵函數 $|\psi_n\rangle$，

$$|\psi_n\rangle = \alpha|\psi_a^{(0)}\rangle + \beta|\psi_b^{(0)}\rangle \qquad (10\text{-}24)$$

也是 H^0 的特徵函數，其特徵值仍然是 $E_n^{(0)}$，即

$$H^0|\psi_n\rangle = E_n^{(0)}|\psi_n\rangle \qquad (10\text{-}25)$$

　　一般較為確定地，微擾位勢項 $V(x)$ 會將簡併分裂出來。若當我們將 λ 值從 0 增加到 1 時，這未微擾特徵值 $E_n^{(0)}$ 會分裂出 2 部分，如圖 10-3 所示。

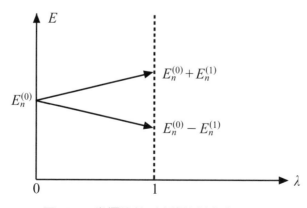

圖 10-3　微擾位勢 $v(x)$ 將簡併升降

上圖中，當微擾位勢項 v(x) 移入，則**上部態**（upper state）會簡化為$|\psi_a^{(0)}\rangle$與$|\psi_b^{(0)}\rangle$的一個線性組合，而**下部態**（lower state）也會簡化為另一個正交的線性組合，但是我們不知道到底那一個主導這些比較好的線性組合，因此為此理由，我們不知道到底那一個未微擾態用來計算這第一級相關能量偏移式（10-12）

　　所以於此時刻，利用式（10-24）作為較好的未微擾的特徵函數進行薛丁格方程式的解，即

$$H|\psi\rangle = E|\psi\rangle \qquad (10\text{-}26)$$

式中

$$H = H^0 + \lambda v(x)$$
$$E_n = E_n^{(0)} + \lambda E_n^{(1)} + \lambda^2 E_n^{(2)} + \cdots$$
$$\psi_n = |\psi_n^{(0)}\rangle + \lambda|\psi_n^{(1)}\rangle + \lambda^2|\psi_n^{(2)}\rangle + \cdots$$

代入式（10-26）

$$[H^{(0)} + \lambda v(x)][|\psi_n^{(0)}\rangle + \lambda|\psi_n^{(1)}\rangle + \lambda^2|\psi_n^{(2)}\rangle + \cdots]$$
$$= [E_n^{(0)} + \lambda E_n^{(1)} + \lambda^2 E_n^{(2)} + \cdots][|\psi_n^{(0)}\rangle + \lambda|\psi_n^{(1)}\rangle + \lambda^2|\psi_n^{(2)}\rangle + \cdots]$$

整理之，

$$H^0|\psi_n^{(0)}\rangle + \lambda\,[v(x)|\psi_n^{(0)}\rangle + H^{(0)}|\psi_n^{(1)}\rangle\,] + \lambda^2\,[H^{(0)}|\psi_n^{(2)}\rangle + v(x)\psi_n^{(1)}\rangle\,] + \cdots$$
$$= E_n^{(0)}\psi_n^{(0)}\rangle + \lambda\,[E_n^{(1)}\psi_n^{(0)}\rangle + E_n^{(0)}\psi_n^{(1)}\rangle\,] + \cdots$$

依式（10-25）第一項消除，第二項取 λ 的係數對等，即

$$\mathrm{v}(x)|\psi_n^{(0)}\rangle + H^0|\psi_n^{(1)}\rangle = E_n^{(1)}|\psi_n^{(0)}\rangle + E_n^{(0)}|\psi_n^{(1)}\rangle$$

或

$$[E_n^{(1)} - \mathrm{v}(x)]|\psi_n^{(0)}\rangle = [H^0 - E_n^{(0)}]|\psi_n^{(1)}\rangle$$

於上式中作乘積與積分處理——$\psi_a^{(0)*} = \langle\psi_a^{(0)}|$，即

$$\langle\psi_a^{(0)}|E_n^{(1)} - \mathrm{v}(x)|\psi_n^{(0)}\rangle = \langle\psi_a^{(0)}|H^0 - E_n^{(0)}|\psi_n^{(1)}\rangle$$

或

$$\begin{aligned}
\langle\psi_a^{(0)}|E_n^{(1)}|\psi_n^{(0)}\rangle &- \langle\psi_a^{(0)}|\,\mathrm{v}(x)\,|\psi_n^{(0)}\rangle \\
&= \langle\psi_a^{(0)}|H^0|\psi_n^{(1)}\rangle - E_n^{(0)}\,\langle\psi_a^{(0)}|\psi_n^{(1)}\rangle \\
&= \langle H^0\psi_a^{(0)}|\psi_n^{(1)}\rangle - E_n^{(0)}\,\langle\psi_a^{(0)}|\psi_n^{(1)}\rangle \\
&= E_n^{(0)}\,\langle\psi_a^{(0)}|\psi_n^{(1)}\rangle - E_n^{(0)}\,\langle\psi_a^{(0)}|\psi_n^{(1)}\rangle \\
&= 0
\end{aligned}$$

或

$$\langle\psi_a^{(0)}|E_n^{(1)}|\alpha\psi_a^{(0)} + \beta\psi_b^{(0)}\rangle = \langle\psi_a^{(0)}|\mathrm{v}(x)|\alpha\psi_a^{(0)} + \beta\psi_b^{(0)}\rangle$$
$$\alpha E_n^{(1)} = \alpha\,\langle\psi_a^{(0)}|\mathrm{v}(x)|\psi_a^{(0)}\rangle + \beta\,\langle\psi_a^{(0)}|\mathrm{v}(x)|\psi_a^{(0)}\rangle$$

或寫成爲

$$\alpha E_n^{(1)} = \alpha w_{aa} + \beta w_{ab} \tag{10-27}$$

同理，另以 $\psi_b^{(0)*} = \langle \psi_b^{(0)} |$ 作乘積與積分處理，得

$$\beta E_n^{(1)} = \alpha w_{ba} + \beta w_{bb} \tag{10-28}$$

式中

$$
\begin{aligned}
w_{aa} &= \langle \psi_a^{(0)} | \mathrm{v}(x) | \psi_a^{(0)} \rangle \\
w_{bb} &= \langle \psi_b^{(0)} | \mathrm{v}(x) | \psi_b^{(0)} \rangle \\
w_{ab} &= \langle \psi_a^{(0)} | \mathrm{v}(x) | \psi_b^{(0)} \rangle \\
w_{ba} &= \langle \psi_b^{(0)} | \mathrm{v}(x) | \psi_a^{(0)} \rangle
\end{aligned}
\tag{10-29}
$$

將式（10-27）與（10-28）組成聯立方程式，而以矩陣形式表示之，即

$$
\begin{pmatrix} w_{aa} - E_n^{(1)} & w_{ab} \\ w_{ba} & w_{bb} - E_n^{(1)} \end{pmatrix} \begin{pmatrix} \alpha \\ \beta \end{pmatrix} = 0
\tag{10-30}
$$

很顯然地，式（10-30）的無解條件爲

$$
\begin{vmatrix} w_{aa} - E_n^{(1)} & w_{ab} \\ w_{ba} & w_{bb} - E_n^{(1)} \end{vmatrix} = 0
$$

因此

$$(E_n^{(1)})^2 - E_n^{(1)}(w_{aa} + w_{bb}) + (w_{aa}w_{bb} - w_{ab}w_{ba}) = 0$$

或，得

$$E_{n\pm}^{(1)} = \frac{1}{2}\left[(w_{aa} + w_{bb}) \pm \sqrt{(w_{aa} - w_{bb})^2 + 4|w_{ab}|^2}\right] \qquad (10\text{-}31)$$

式中 $w_{bb}^* = w_{ba}$。上式是簡併微擾理論所獲得的兩個根對應於兩個微擾能量。

將 $E_{n\pm}^{(1)}$ 的根代入式（10-30）會獲得兩組的 $\alpha_\pm$ 及 $\beta_\pm$ 的解，即

$$\begin{pmatrix} w_{aa} - E_{n\pm}^{(1)} & w_{ab} \\ w_{ba} & w_{bb} - E_{n\pm}^{(1)} \end{pmatrix} \begin{pmatrix} \alpha_\pm \\ \beta_\pm \end{pmatrix} = 0 \qquad (10\text{-}32)$$

且

$$\alpha_\pm^2 + \beta_\pm^2 = 1 \qquad (10\text{-}33)$$

由式（10-32）與（10-33）解之，得 $\alpha_\pm$ 與 $\beta_\pm$。這樣一來，對應於微擾能量 $E_{n\pm}^{(1)}$ 的簡併未微擾特微函數 $|\psi_{n\pm}\rangle$ 為（式（10-24））

$$|\psi_{n\pm}\rangle = \alpha_\pm|\psi_a^{(0)}\rangle + \beta_\pm|\psi_b^{(0)}\rangle \qquad (10\text{-}34)$$

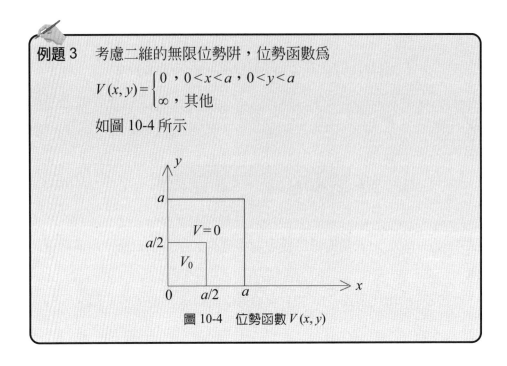

例題 3　考慮二維的無限位勢阱，位勢函數為

$$V(x, y) = \begin{cases} 0, & 0 < x < a, \ 0 < y < a \\ \infty, & \text{其他} \end{cases}$$

如圖 10-4 所示

圖 10-4　位勢函數 $V(x, y)$

1. 未微擾的特徵函數與特徵能量值為

$$\psi_{n_x, n_y}^{(0)}(x, y) = \frac{2}{a} \sin\left(\frac{n_x \pi}{a} x\right) \sin\left(\frac{n_y \pi}{a} y\right), \qquad n_x, n_y = 1, 2, 3, \cdots$$

$$E_{n_x, n_y}^{(0)}(x, y) = \frac{\pi^2 \hbar^2}{2ma^2}(n_x^2 + n_y^2), \ n_x, n_y = 1, 2, 3, \cdots$$

因此非簡併態特徵函數與特徵能量值為

$n_x = n_y = n_z = 1$ 為基態，則

$$\psi_{11}^{(0)}(x, y) = \frac{2}{a} \sin\left(\frac{\pi}{a} x\right) \sin\left(\frac{\pi}{a} y\right)$$

$$E_{11}^{(0)}(x, y) = 2\left(\frac{\pi^2 \hbar^2}{2ma^2}\right) = \frac{\pi^2 \hbar^2}{ma^2}$$

而簡併態特徵函數與特徵能量值爲

(1)$n_x = 1$，$n_y = 2$，$\psi_{12}^{(0)}(x, y) = \dfrac{2}{a} \sin\left(\dfrac{\pi}{a} x\right) \sin\left(\dfrac{2\pi}{a} y\right)$

$$E_{12}^{(0)}(x, y) = 5\left(\dfrac{\pi^2 \hbar^2}{2ma^2}\right)$$

(2)$n_x = 2$，$n_y = 1$，$\psi_{21}^{(0)}(x, y) = \dfrac{2}{a} \sin\left(\dfrac{2\pi}{a} x\right) \sin\left(\dfrac{\pi}{a} y\right)$

$$E_{21}^{(0)}(x, y) = 5\left(\dfrac{\pi^2 \hbar^2}{2ma^2}\right)$$

簡併情況發生於第一激發態。

2.微擾位勢函數項爲

$$v(x) = \begin{cases} V_0 ，0 < x < \dfrac{a}{2}，0 < y < \dfrac{a}{2} \\ 0，0 \end{cases}$$

(1) 第一級相關能量偏移——針對基態

$$\begin{aligned} E_1^{(1)} &= \langle \psi_{11}^{(0)} | V_0 | \psi_{11}^{(0)} \rangle \\ &= V_0\left(\dfrac{2}{a}\right)^2 \int_0^{a/2} \sin^2\left(\dfrac{\pi}{a} x\right) dx \int_0^{a/2} \sin^2\left(\dfrac{\pi}{a} y\right) dy \\ &= V_0\left(\dfrac{2}{a}\right)^2 \left(\dfrac{a}{4}\right)\left(\dfrac{a}{4}\right) = \dfrac{1}{4} V_0 \end{aligned}$$

(2) 針對簡併能量情形——第一激態

$$|\psi_a^{(0)}\rangle = |\psi_{12}^{(0)}\rangle \quad，|\psi_b^{(0)}\rangle = |\psi_{21}^{(0)}\rangle$$

或

$$\psi_a^{(0)} = \psi_{12}^{(0)}，\psi_b^{(0)} = \psi_{21}^{(0)}$$

$$E_{12}^{(0)} = E_{21}^{(0)} = E_1^{(0)} = 5\left(\dfrac{\pi^2 \hbar^2}{2ma^2}\right)$$

第一級相關能量偏移 $E_1^{(1)}$ 由式（10-30）的行列式爲零中求之，即

$$\begin{vmatrix} w_{aa} - E_n^{(1)} & w_{bb} \\ w_{ba} & w_{ab} - E_n^{(1)} \end{vmatrix} = 0$$

$$w_{aa} = \langle \psi_a^{(0)} | V_0 | \psi_a^{(0)} \rangle = V_0 \left(\frac{2}{a}\right)^2 \int_0^{a/2} \sin^2\left(\frac{\pi}{a}x\right) dx \int_0^{a/2} \sin^2\left(\frac{2\pi}{a}y\right) dy$$

$$= V_0 \left(\frac{2}{a}\right)^2 \left(\frac{a}{4}\right)\left(\frac{a}{4}\right) = \frac{1}{4} V_0$$

$$w_{bb} = \langle \psi_b^{(0)} | V_0 | \psi_b^{(0)} \rangle = V_0 \left(\frac{2}{a}\right)^2 \int_0^{a/2} \sin^2\left(\frac{2\pi}{a}x\right) dx \int_0^{a/2} \sin^2\left(\frac{\pi}{a}y\right) dy$$

$$= V_0 \left(\frac{2}{a}\right)^2 \left(\frac{a}{4}\right)\left(\frac{a}{4}\right) = \frac{1}{4} V_0$$

$$w_{ab} = \langle \psi_a^{(0)} | V_0 | \psi_b^{(0)} \rangle = V_0 \left(\frac{2}{a}\right)^2 \int_0^{a/2} \sin\left(\frac{\pi}{a}x\right) dx \sin\left(\frac{2\pi}{a}x\right) dx$$

$$\times \int_0^{a/2} \sin\left(\frac{2\pi}{a}y\right) \sin\left(\frac{\pi}{a}y\right) dy$$

$$= V_0 \left(\frac{2}{a}\right)^2 \left(\frac{2a}{3\pi}\right)\left(\frac{2a}{3\pi}\right)$$

$$= \frac{16}{9\pi^2} V_0$$

$$w_{ba} = \langle \psi_b^{(a)} | V_0 | \psi_a^{(0)} \rangle = V_0 \left(\frac{2}{a}\right) \int_0^{a/2} \sin\left(\frac{2\pi}{a}x\right) \sin\left(\frac{\pi}{a}x\right) dx$$

$$\times \int_0^{a/2} \sin\left(\frac{\pi}{a}y\right) \sin\left(\frac{2\pi}{a}y\right) dy$$

$$= \frac{16}{9\pi^2} V_0$$

因此

$$\begin{vmatrix} \frac{1}{4}V_0 - E_1^{(1)} & \frac{16}{9\pi^2} V_0 \\ \frac{16}{9\pi^2} V_0 & \frac{1}{4}V_0 - E_1^{(1)} \end{vmatrix} = 0$$

$$\left[\frac{1}{4}V_0 - E_1^{(1)}\right]^2 = \left[\frac{16}{9\pi^2}V_0\right]^2$$

$$\therefore E_{1\pm}^{(1)} = \left(\frac{1}{4} \pm \frac{16}{9\pi^2}\right)V_0$$

取　$E_1^{(1)} = E_{1+}^{(1)} = \left(\frac{1}{4} + \frac{16}{9\pi^2}\right)V_0$ 時，得

$$\psi_{1+} = \alpha_+\psi_a^{(0)} + \beta_+\psi_b^{(0)} = \frac{1}{\sqrt{2}}[\psi_a^{(0)} - \psi_b^{(0)}]$$

$$= \frac{1}{\sqrt{2}}[\psi_{12}^{(0)}(x, y) - \psi_{21}^{(0)}(x, y)]$$

取　$E_1^{(1)} = E_{1-}^{(1)} = \left(\frac{1}{4} - \frac{16}{9\pi^2}\right)V_0$

$$\psi_{1-} = \alpha_-\psi_a^{(0)} + \beta_-\psi_b^{(0)} = \frac{1}{\sqrt{2}}[\psi_a^{(0)} + \psi_b^{(0)}]$$

$$= \frac{1}{\sqrt{2}}[\psi_{12}^{(0)}(x, y) + \psi_{21}^{(0)}(x, y)]$$

因此，第一激發態能階 $E_1^{(0)} = 5\left(\frac{\pi^2\hbar^2}{2ma^2}\right)$ 受微擾位勢項 V(x) 分裂兩個能量偏移，即 $E_{1+}^{(1)}$ 與 $E_{1-}^{(1)}$。同時特徵函數分別爲 $\psi_+^{(0)}$ 與 $\psi_-^{(0)}$，如圖 10-5 所示。

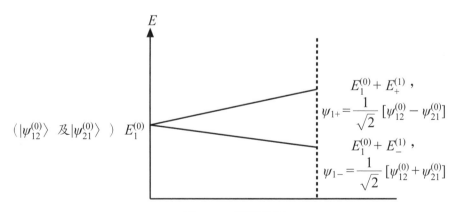

圖 10-5　能階分裂

10-4 量子力學的變分法

變分法（variational method）在量子力學的重要如同於經典力學，當量子力學應用在眞實的物理系統，我們通常必須使用到近似法，前一節已介紹微擾理論法。在這一章節介紹變分法來計算基態時能量近似值。

1.經典力學的變分微積分

已知某一函數中有一個自變數 x 與一個因變數 $y(x)$ 以及其導數 $y' = \dfrac{dy}{dx}$，即 $f(x, y, y')$。此函數在某條件（已知路徑）下對 x 的積分值有極值存在，則條件必符合所謂**奧衣勒**方程式（Euler's equation）。

函數 $f(x, y, y')$ 對 x 的積分，沿著某一路徑 $y(x)$ 的積分值爲

$$I = \int_{x_1}^{x_2} f(x, y, y')dx \qquad (10\text{-}35)$$

上式有極值時，則 $\delta I = 0$，因此

$$\delta I = \delta \int_{x_1}^{x_2} f(x, y, y')dx = \int_{x_1}^{x_2} \delta f(x, y, y')dx$$
$$= \int_{x_1}^{x_2} \left[\frac{\partial f}{\partial y}\delta y + \frac{\partial f}{\partial y}\delta y' \right]dx$$

而

$$\delta y' = \delta \left(\frac{dy}{dx} \right) = \frac{d}{dx}(\delta y)$$

因此

$$\delta I = \int_{x_1}^{x_2} \left[\frac{\partial f}{\partial y} + \frac{\partial f}{\partial y'}\frac{d}{dx}(\delta y) \right]dx$$

利用部分積分方法，得

$$\delta I = \int_{x_1}^{x_2} \left[\frac{\partial f}{\partial y} - \frac{d}{dx}\left(\frac{\partial f}{\partial y'} \right) \right] dx$$
$$= 0$$

所以

$$\frac{\partial f}{\partial y} - \frac{d}{dx}\left(\frac{\partial f}{\partial y'} \right) = 0 \qquad\qquad (10\text{-}36)$$

上式稱爲**奧利勒**方程式。因此若已知函數$f(x, y, y')$，則由上式（10-36）可求出$y = y(x)$。

若函數$f(x, y_i, y_i')$中有多個因變數$y_i(x)$，$i = 1, 2, \cdots$則式（10-36）可寫爲

$$\frac{\partial f}{\partial y_i} - \frac{d}{dx}\left(\frac{\partial f}{\partial y_i'} \right) = 0，i = 1, 2, 3, \cdots \qquad\qquad (10\text{-}37)$$

若$y = y(x)$中含有參數α存在時，則

$$I(\alpha) = \int_{x_1}^{x_2} f(x, y(\alpha, x), y'(\alpha, x))\, dx$$

也爲α參數的函數。因此，若此積分值爲固定值時，則在$y = y(\alpha, x)$中的α的第一階次與I值無關，即

$$\left.\frac{\partial I}{\partial \alpha}\right|_{\alpha=0} = 0 \qquad (10\text{-}38)$$

所以亦可導出符合式（10-36）

2.量子力學的變分微積分

如同經典力學利用變分方法導出式（10-36）的奧利勒方程式，也可用在量子力學等方面導出**非時變性薛丁格方程式**。公式的導法如下：

(1) 函數 $\psi(r)$ 有其約束條件為

$$\int \psi^*(r)\,\psi(r)\,d^3r = 1 \qquad (10\text{-}39)$$

同時函數 $\psi(r)$ 及 $\psi^*(r)$ 所引起下式表示

$$I = \int \left(\frac{\hbar^2}{2m}\nabla\psi^* \cdot \nabla\psi + V\psi^*\psi\right)d^3r \qquad (10\text{-}40)$$

的 $\delta I = 0$，因此可導出函數 $\psi(r)$ 符合於非時變性薛丁格方程式，同時 I 恰好為量子力學系統中 Hamiltonian H 的平均值，即 $I = \langle H \rangle$。

依向量恆等式

$$\nabla \cdot (\psi^*\nabla\psi) = \nabla\psi^* \cdot \nabla\psi + \psi^*\nabla \cdot \nabla\psi$$
$$= \nabla\psi^* \cdot \nabla\psi + \psi^*\nabla^2\psi$$

或積分

$$\int \nabla \cdot (\psi^*\nabla\psi)\,d^3r = \int \nabla\psi^* \cdot \nabla\psi\,d^3r + \int \psi^*\nabla^2\psi\,d^3r$$

利用**高斯定理**，上式左邊項可轉換為面積分，即

$$\oint_s \psi^* \nabla \psi \cdot d\boldsymbol{s} = \int \nabla \psi^* \cdot \nabla \psi \, d^3\boldsymbol{r} + \int \psi^* \nabla^2 \psi \, d^3\boldsymbol{r}$$

若 $\psi(\boldsymbol{r})$ 與 $\psi^*(\boldsymbol{r})$ 在邊界處是很平滑函數，因此在該處的積分值消失，則上式左邊項為零，因此

$$\int \nabla \psi^* \cdot \nabla \psi \, d^3\boldsymbol{r} = -\int \psi^* \nabla^2 V \, d^2\boldsymbol{r}$$

代入式（10-40），得

$$
\begin{aligned}
I &= \int \left(-\frac{\hbar^2}{2m} \psi^* \nabla^2 \psi + V\psi^*\psi \right) d^3\boldsymbol{r} \\
&= \int \psi^* \left(-\frac{\hbar^2}{2m} \nabla^2 \psi + V\psi \right) d^3\boldsymbol{r} \\
&= \int \psi^* H\psi \, d^3\boldsymbol{r} = \langle H \rangle
\end{aligned}
\tag{10-41}
$$

(2) 函數 $\psi(\boldsymbol{r})$，或 $\psi^*(\boldsymbol{r})$ 符合於非時變性薛丁格方程式

為了討論方便，暫以一維情況處理，同時也不考慮式（10-39）的約束時，則 $I - E\int \psi^*\psi dx$ 的積分值的變分微積分如下：

$$
\begin{aligned}
\delta \int F(x)dx &= \delta \int \left(-\frac{\hbar^2}{2m} \psi^* \frac{d\psi^2}{dx^2} + V\psi^*\psi - E\psi^*\psi \right) dx \\
&= 0
\end{aligned}
$$

式中 E 為未定值，同時 $\psi(x)$ 與 $\psi^*(x)$ 互為獨立變數，因此依式（10-41）可

得兩個奧利勒方程式，即

　① 針對變數 ψ^*

$$\frac{\partial F}{\partial \psi^*} - \frac{d}{dx}\left(\frac{\partial F}{\partial \psi^{*\prime}}\right) = -\frac{\hbar^2}{2m}\frac{d^2\psi}{dx^2} + V\psi - E\psi = 0$$

或

$$-\frac{\hbar^2}{2m}\frac{d^2\psi}{dx} + V\psi = E\psi$$

　② 針對變數 ψ

$$\frac{\partial F}{\partial \psi} - \frac{d}{dx}\left(\frac{\partial F}{\partial \psi^{\prime}}\right) = -\frac{\hbar^2}{2m}\frac{d^2\psi^*}{dx^2} + V\psi^* - E\psi^* = 0$$

或

$$-\frac{\hbar^2}{2m}\frac{d^2\psi^*}{dx^2} + V\psi^* = E\psi^*$$

上兩式皆爲非時變性薛丁格方程式，而此處 E 確爲實數值。

　(3) 基態能量 E_{gs} 爲 $\langle H \rangle$ 的絕對極小值

　① $\psi(\boldsymbol{r}), \psi^*(\boldsymbol{r})$ 有式（10-39）的約束條件時

$$\langle H \rangle = I = \int\left(-\frac{\hbar^2}{2m}\psi^*\nabla^2\psi + V\psi^*\psi\right)d^3\boldsymbol{r}$$
$$= \int \psi^* H\psi\, d^3\boldsymbol{r} \tag{10-41}$$

　② $\psi(\boldsymbol{r}), \psi^*(\boldsymbol{r})$ 沒有式（10-39）的約束條件時，

$$\langle H \rangle = \frac{\int \psi^* H \psi d^3 \, r}{\int \psi^* \psi \, d^3 \, r} \tag{10-42}$$

若 $\delta \langle H \rangle$ 的定義如下：

$$\delta \langle H \rangle = \frac{\int (\psi^* + \delta \psi^*) H (\psi + \delta \psi) \, d^3 \, r}{\int (\psi^* + \delta \psi^*)(\psi + \delta \psi) \, d^3 r} - \frac{\int \psi^* H \psi d^3 \, r}{\int \psi^* \psi \, d^3 \, r} \tag{10-43}$$

上式進行整理，得

$$
\begin{aligned}
(\textstyle\int \psi^* \psi \, d^3 \, r)^2 \delta \langle H \rangle \ &= \int \psi^* \psi \, d^3 \, r \left[\int \delta \psi^* H \psi \, d^3 \, r + \int \psi^* H \delta \psi \, d^3 \, r \right] \\
&\quad - \int \psi^* H \psi \, d^3 \, r \left[\int \delta \psi^* \psi \, d^3 \, r + \int \psi^* \delta \psi \, d^3 \, r \right] \\
&\quad + O[(\delta \psi)^2] \tag{10-44}
\end{aligned}
$$

式中 $O[(\delta \psi)^2]$ 為高於 $\delta \psi$ 與 $\delta \psi^*$ 高次方項。上式有兩個結論如下：

　　a. 若 $\psi = \psi_k$ 為 H 有正歸一波函數，則

$$\int \psi_k^* \psi_k d^3 \, r = 1$$
$$\int \psi_k^* H \psi_k d^3 \, r = E_k$$

　　則式（10-44）中

$$\delta \langle H \rangle = E_k \int \delta \psi_k^* \psi_k d^3 \, r + E_k \int \psi_k^* \delta \psi_k d^3 \, r - E_k \left[\int \delta \psi_k^* \psi_k d^3 \, r + \int \psi_k^* \delta \psi_k d^3 \, r \right]$$
$$= 0$$

　　因此於特徵函數 ψ_k 時，$\langle H \rangle$ 為定值。

　　b. 若針對於所有第一階變分 $\delta \langle H \rangle$ 為零時，則 ψ 必為 H 的特徵函數。

　　若我們選取 ψ 的變分微分為

$$\delta \langle \psi \rangle = \varepsilon \left[\left(\int \delta\psi^* \, \psi \, d^3 \, \boldsymbol{r} \right) H\psi - \left(\int \psi_k^* \, H\psi \, d^3 \, \boldsymbol{r} \right) \psi \right]$$

代入式（10-44），式中 ε 是很小的實數，因此在 $\delta \langle H \rangle = 0$ 後，則式（10-44）的第一階項可獲得

$$H\psi = E\psi \qquad\qquad （10\text{-}45）$$

式中

$$E = \langle H \rangle \qquad\qquad （10\text{-}46）$$

因此，式（10-45）中的方程式的特徵函數與特徵值為 ψ_k 與 E_k。

c. 由 a.及 b.的敘述可摘要如下：

　　若有一試探函數（trial function） $\psi_k + \delta\psi$ 與特徵函數 ψ_k 相差為 $\delta\psi$，而用來計算 Hamiltonian H的平均值，會得到 $E_k + \delta \langle H \rangle$，而對於很小的 $\delta\psi, \delta \langle H \rangle$ 的變化會是$(\delta\psi)^2$的級數項。

③ 在實用方面，若適當選取試探函數來計算 $\langle H \rangle$，我們都會獲得超過**基態的能量**。很明顯地，所有的錯誤計算有可能會獲得，除非試探函數有合理與基態的波函數同時是對的，所以需要選取「良好」波函數來改進基態能量的計算，這是必備的適用於容易計算。

④ 變分法時常應用於薛丁格方程使用試探函數計算平均值 $\langle H \rangle$，其結果可能含有許多實參數 $\alpha, \beta, \gamma, \cdots$。若 $\langle H \rangle$ 對這些參數可微分，那麼 $\langle H \rangle$ 的極值的可得，可借下列的方程式得之，即

$$\frac{\partial \langle H \rangle}{\partial \alpha} = \frac{\partial \langle H \rangle}{\partial \beta} = \frac{\partial \langle H \rangle}{\partial \gamma} = \cdots = 0 \qquad\qquad （10\text{-}47）$$

很顯然地，利用變分法所獲得 $\langle H \rangle$ 的絕對極小值會稍為高於 H 的最底的特徵值，即基態能量。

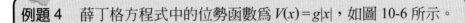

例題 4　薛丁格方程式中的位勢函數為 $V(x) = g|x|$，如圖 10-6 所示。

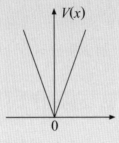

圖 10-6　$V(x) = g|x|$

利用變分法計算 $\langle H \rangle$，使用試探函數 $\psi_t(x)$ 為

$$\psi_t(x) = \left(\frac{2\alpha}{\pi} \right)^{1/4} e^{-\alpha x^2}$$

α 為參數

解：　$\langle H \rangle = \displaystyle\int_{-\infty}^{\infty} \psi_t^* \left[-\frac{\hbar^2}{2m} \frac{d^2}{dx^2} + g|x| \right] \psi_t \, dx$

$\qquad\qquad = \dfrac{\hbar^2 \alpha}{2m} + \dfrac{g}{\sqrt{2\pi\alpha}}$

絕對極小值的條件為

$$\frac{\partial \langle H \rangle}{\partial \alpha} = \frac{\hbar^2}{2m} - \frac{g}{\sqrt{2\pi}} \alpha^{-\frac{3}{2}} = 0$$

$$\alpha = \left(\frac{gm}{\sqrt{2\pi}\,\hbar^2} \right)^{2/3}$$

因此

$$\langle H \rangle = \frac{1}{\pi^{1/3}} \left[\frac{1}{2^{4/3}} + \frac{1}{2^{1/3}} \right] \left[\frac{g^2 \hbar^2}{m} \right]^{1/3}$$

$$= 0.813 \left(\frac{g^2 \hbar^2}{m} \right)^{1/3}$$

註：位勢函數爲 $V(x) = g|x|$ 的薛丁格方程式解出能量 E_0 值的參考資料如下：

(1)正確方法中的特徵函數爲

$$\psi_n(x) = A_i\left[\left(\frac{2mg}{\hbar^2}\right)^{1/3}\left(x - \frac{E_n}{g}\right)\right] , \; n = 0, 1, 2, \cdots$$

基態特徵函數爲 ψ_0，特徵能量 E_0，

$$E_0 = 0.8086\left(\frac{g^2\hbar^2}{m}\right)^{1/3}$$

(2)利用 WKB 方法，特徵能量值爲

$$(E_n)^3_{WKB} = \frac{9\pi^2}{32}\left(n + \frac{1}{2}\right)^2\frac{g^2\hbar^2}{m}$$

基態能量 E_0 爲

$$E_0 = 0.885\left(\frac{g^2\hbar^2}{m}\right)^{1/3}$$

由此可知 $\langle H \rangle$ 會大於 E_0，同時也很明顯趨近於 E_0。

 習題

1. 已知微擾位勢函數爲

$$V'(x) = \begin{cases} 0 , & x < -\frac{a}{2} , \; x > +\frac{1}{2}a \\ \delta\dfrac{x}{a/2} , & -\frac{a}{2} < x < +\frac{a}{2} \end{cases}$$

如圖 10-7 所示

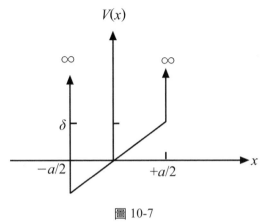

圖 10-7

計算第一能階態（$n=1$）的能量 E'_1 與其特徵函數 $\psi'_{n=1}(x)$。

2. 已知微擾位勢函數為

$$V'(x) = \begin{cases} 0, & x<0 \text{，} x>L \\ V_0\left(\dfrac{2}{x}\right), & 0<x<L \end{cases}$$

如圖 10-8 所示

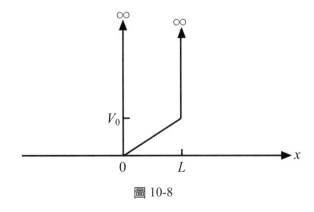

圖 10-8

(a)計算未微擾位勢函數時的無限位勢阱的特徵函數與特徵值。

(b)在微擾位勢函數 $V'(x)$ 時，計算第 n 能階的能量偏移及第 n 階能量 E'_n $= E_n^{(0)} + v_{nn}$。

3. 假設在一無限方位勢阱的中心處有一個 δ-函數的緩衝函數為 $v(x) = \alpha\delta\left(x - \dfrac{a}{2}\right)$，$\alpha$ 為常數。

(a)試求第一級相關的允許能量。同時解釋為什麼於 n 為偶數，能量未受微擾，即沒有偏移。

(b)試求前 3 項的相關的基態特徵函數 $\psi_1^{(1)}(x)$。

4. 若一個對稱的旋轉子的 $H_0 = \dfrac{L^2}{2I}$，L 為角動量，I 為轉動慣量。假設此系統承受一個微擾位勢項為

$$v = E \cos\theta$$

E 為電場，試求能階態 $l = 1$ 的能量偏移。

5. 質量為 m 的粒子在半徑為 R 的圓形線環上的旋轉。

(a)粒子的薛丁格方程式如何表示，

(b)解此方程式所應對的特徵函數，

(c)試求粒子的可能軌道角動量的特徵值，

(d)試證此粒子的允許的總能量值為

$$E = \dfrac{\hbar^2}{2I} m^2 \text{，} m = 0, \pm1, \pm2, \cdots$$

I 為粒子的轉動慣量。

(e)假設有一常定值的電場 ε，於 x 軸方向作用於此粒子，粒子的電荷量為 q，因此有微擾位勢項 $v(x) = -q\varepsilon x$ 存在。

計算 $m = 0$ 態的能量偏移（只針對第一級相關的能量）

(f)證明微擾的基態特徵函數為

$$\psi'_0 = A\left[\psi_0^{(0)} + \frac{Iq\varepsilon R}{\hbar^2}(\psi_1^{(0)} + \psi_{-1}^{(0)})\right]$$

6. 已知位勢函數 $V(x)$ 如圖 10-9 所示

$$V(x) = \begin{cases} \infty & x < -\dfrac{a}{2}\text{，或 } x > +\dfrac{a}{2} \\[2mm] 0 & -\dfrac{a}{2} < x < -\dfrac{a}{4}\text{，或}+\dfrac{a}{4} < x < +\dfrac{a}{2} \\[2mm] V_0 & -\dfrac{a}{4} < x < +\dfrac{a}{4} \end{cases}$$

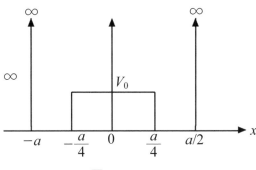

圖 10-9

式中 $V_0 = \dfrac{\pi^2\hbar^2}{8wa^2}$ 爲微擾位勢項。計算 $E_1^{(0)}$ 及 $E_1^{(1)}$

7. 無限方形位阱中的底面改變爲下列 $v(x)$ 的形狀，即

$$v(x) = \varepsilon\sin\left(\frac{\pi x}{b}\right),\ 0 \le x \le b$$

如圖 10-10 所示

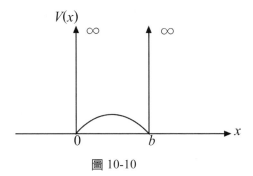

圖 10-10

計算所有激發態的能量偏移。

8. 試以變分法計算位勢函數 $V(x) = g|x|$ 的基態能量，利用三角試探函數如下

$$\psi_t(x) = \begin{cases} c(\alpha - |x|) \,, & |x| \le \alpha \\ 0 \,, & |x| > \alpha \end{cases}$$

如圖 10-11 所示

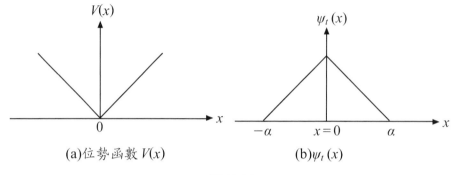

(a)位勢函數 $V(x)$　　　　　(b)$\psi_t(x)$

圖 10-11

9. 利用變分法計算非諧和振盪子的基態能量

$$H = \frac{p^2}{2m} + \lambda x^4$$

與正確的結果比較之，即

$$E_0 = 1.060\lambda^{1/3} \left(\frac{\hbar^2}{2m} \right)^{2/3}$$

註：$\psi_t(x) = $ 高斯函數 $e^{-\alpha x^2}$

參考書目

1. Robert Eisberg and Robert Resnick

   書名：Quantum Physics of Atoms, molecules, Solids, Nuclci, and Particles—— (2nd ed. 1985 年)

   出版書局：John Wiley and Sons, Inc.

2. Euqen Merzbacher

   書名：Quantum mechanics——(3rd ed. 1998)

   出版書局：John Wiley and Sons, Inc.

3. Stephen Gasiorowicz

   書名：Quantum Physics (3rd ed. 2003 年)

   出版書局：John Wiley and Sons, Inc.

4. A.C. Phillips

   書名：Introduction to Quantum mechanics (2004 年)

   出版書局：John Wiley and Sons, Inc.

5. David A. B. Miller

   書名：Quantum mechanics for Scientists and Engineers (2008 年)

   出版書局：Cambridge University Press

Quoted to a useful number of significant figures.

Speed of light in vacuum	$c = 2.998 \times 10^8$ m/sec
Electron charge magnitude	$e = 1.602 \times 10^{-19}$ coul
Planck's constant	$h = 6.626 \times 10^{-34}$ joule-sec
	$\hbar = h/2\pi = 1.055 \times 10^{-34}$ joule-sec
	$= 0.6582 \times 10^{-15}$ eV-sec
Boltzmann's constant	$k = 1.381 \times 10^{-23}$ joule/°K
	$= 8.617 \times 10^{-5}$ eV/°K
Avogadro's number	$N_0 = 6.023 \times 10^{23}$/mole
Coulomb's law constant	$1/4\pi\epsilon_0 = 8.988 \times 10^9$ nt-m^2/coul^2
Electron rest mass	$m_e = 9.109 \times 10^{-31}$kg $= 0.5110$ MeV/c^2
Proton rest mass	$m_p = 1.672 \times 10^{-27}$kg $= 938.3$ MeV/c^2
Neutron rest mass	$m_n = 1.675 \times 10^{-27}$kg $= 939.6$ MeV/c^2
Atomic mass unit (C$^{12} \equiv 12$)	$u = 1.661 \times 10^{-27}$kg $= 931.5$ MeV/c^2
Bohr magneton	$\mu_b = e\hbar/2m_e = 9.27 \times 10^{-24}$ amp-m^2 (or joule/tesla)
Nuclear magneton	$\mu_n = e\hbar/2m_p = 5.05 \times 10^{-27}$ amp-m^2 (or joule/tesla)
Bohr radius	$a_0 = 4\pi\epsilon_0\hbar^2/m_e e^2 = 5.29 \times 10^{-11}$m $= 0.529$Å
Bohr energy	$E_1 = -m_e e^4/(4\pi\epsilon_0) 2\hbar^2 = -2.17 \times 10^{-18}$joule
	$= -13.6$eV

Electron Compton wavelength $\lambda_C = h/m_e c = 2.43 \times 10^{-12}\text{m} = 0.0243\text{Å}$

Fine-structure constant $\qquad \alpha = e^2/4\pi\epsilon_0\hbar c = 7.30 \times 10^{-3} \simeq 1/137$

kT at room temperature $\qquad k300°\text{K} = 0.0258\text{ eV} \simeq 1/40\text{ eV}$

1 eV $= 1.602 \times 10^{-19}$ joule $\qquad\qquad$ 1 joule $= 6.242 \times 10^{18}\text{eV}$

$1\text{Å} = 10^{-10}\text{m}$ $\qquad\qquad$ $1\text{F} = 10^{-15}\text{m}$ $\qquad$ 1 barn (bn) $= 10^{-28}\text{m}^2$

* $hc = 12.408 \times 10^{-7}\text{eV-m}$

$\qquad = 19.878 \times 10^{-26}\text{J-m}$

$$* \ \lambda_c = \frac{\hbar}{m_e c} = 3.9 \times 10^{-13}\text{m} \left.\begin{array}{c} \\ \\ \\ \\ \end{array}\right\}\text{compton's wavelength}$$

$$= \frac{\hbar}{m_e c} = 2.43 \times 10^{-12}\text{m}$$

$$= \frac{\hbar}{m_e c^2} = 1.3 \times 10^{-21}\text{s}$$

國家圖書館出版品預行編目資料

基礎量子力學 = Basic quantum mechainics
／林雲海著. -- 二版. -- 臺北市：五南圖
書出版股份有限公司, 2021.09
　　面；　公分
　　ISBN 978-626-317-156-5（平裝）

1.量子力學

331.3　　　　　　　　　110014307

5BG9

基礎量子力學

作　　者 — 林雲海（408.2）

發 行 人 — 楊榮川

總 經 理 — 楊士清

總 編 輯 — 楊秀麗

副總編輯 — 王正華

責任編輯 — 金明芬、張維文

封面設計 — 簡愷立、姚孝慈

出 版 者 — 五南圖書出版股份有限公司

地　　址：106台北市大安區和平東路二段339號4樓

電　　話：(02)2705-5066　傳　真：(02)2706-6100

網　　址：https://www.wunan.com.tw

電子郵件：wunan@wunan.com.tw

劃撥帳號：01068953

戶　　名：五南圖書出版股份有限公司

法律顧問　林勝安律師事務所　林勝安律師

出版日期　2014年 1 月初版一刷
　　　　　2021年 9 月二版一刷

定　　價　新臺幣540元

經典永恆・名著常在

五十週年的獻禮 —— 經典名著文庫

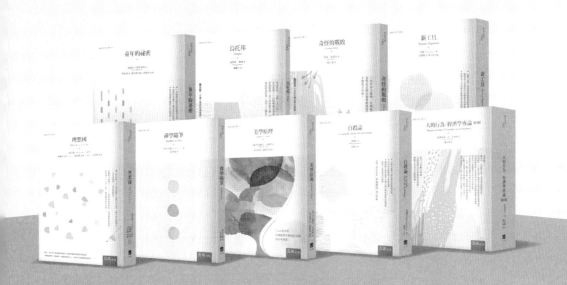

五南，五十年了，半個世紀，人生旅程的一大半，走過來了。

思索著，邁向百年的未來歷程，能為知識界、文化學術界作些什麼？

在速食文化的生態下，有什麼值得讓人雋永品味的？

歷代經典・當今名著，經過時間的洗禮，千錘百鍊，流傳至今，光芒耀人；

不僅使我們能領悟前人的智慧，同時也增深加廣我們思考的深度與視野。

我們決心投入巨資，有計畫的系統梳選，成立「經典名著文庫」，

希望收入古今中外思想性的、充滿睿智與獨見的經典、名著。

這是一項理想性的、永續性的巨大出版工程。

不在意讀者的眾寡，只考慮它的學術價值，力求完整展現先哲思想的軌跡；

為知識界開啟一片智慧之窗，營造一座百花綻放的世界文明公園，

任君遨遊、取菁吸蜜、嘉惠學子！